智能科学技术著作丛书

基于免疫理论的智能
故障检测与诊断方法

田玉玲　著

科学出版社

北京

内 容 简 介

本书以机电设备故障诊断为目标,论述了生物免疫系统的机理及信息处理特性,重点阐述了人工免疫系统的算法、模型及其在故障诊断中的应用。主要内容包括:分层免疫诊断模型总体结构的设计;基于变化点子空间追踪算法的异常检测方法;具有动态环境适应性的学习机制,解决未知及早期故障的诊断方法;构建基于免疫网络的故障传播模型。这些新的设计机制为研究人工免疫系统提供了一个结构框架。

本书可供从事人工智能、故障诊断等领域研究工作的学者、博士生,从事机电设备故障诊断的科技人员,以及高等院校计算机、信息技术、机电一体化等专业的研究生和高年级本科生参考。

图书在版编目(CIP)数据

基于免疫理论的智能故障检测与诊断方法/田玉玲著.—北京:科学出版社,2015

(智能科学技术著作丛书)

ISBN 978-7-03-046473-6

Ⅰ.基⋯　Ⅱ.田⋯　Ⅲ.人工智能-故障检测-研究　Ⅳ.TP18

中国版本图书馆 CIP 数据核字(2015)第 282657 号

责任编辑:裴　育 / 责任校对:桂伟利
责任印制:赵　博 / 封面设计:蓝正设计

科 学 出 版 社 出版
北京东黄城根北街 16 号
邮政编码:100717
http://www.sciencep.com

北京科印技术咨询服务有限公司数码印刷分部印刷
科学出版社发行　各地新华书店经销
*
2015 年 11 月第 一 版　开本:720×1000 1/16
2025 年 1 月第三次印刷　印张:15 1/4
字数:308 000
定价:128.00 元
(如有印装质量问题,我社负责调换)

《智能科学技术著作丛书》序

"智能"是"信息"的精彩结晶,"智能科学技术"是"信息科学技术"的辉煌篇章,"智能化"是"信息化"发展的新动向、新阶段。

"智能科学技术"(intelligence science & technology,IST)是关于"广义智能"的理论方法和应用技术的综合性科学技术领域,其研究对象包括:

· "自然智能"(natural intelligence,NI),包括"人的智能"(human intelligence,HI)及其他"生物智能"(biological intelligence,BI)。

· "人工智能"(artificial intelligence,AI),包括"机器智能"(machine intelligence,MI)与"智能机器"(intelligent machine,IM)。

· "集成智能"(integrated intelligence,II),即"人的智能"与"机器智能"人机互补的集成智能。

· "协同智能"(cooperative intelligence,CI),指"个体智能"相互协调共生的群体协同智能。

· "分布智能"(distributed intelligence,DI),如广域信息网、分散大系统的分布式智能。

"人工智能"学科自 1956 年诞生以来,在起伏、曲折的科学征途上不断前进、发展,从狭义人工智能走向广义人工智能,从个体人工智能到群体人工智能,从集中式人工智能到分布式人工智能,在理论方法研究和应用技术开发方面都取得了重大进展。如果说当年"人工智能"学科的诞生是生物科学技术与信息科学技术、系统科学技术的一次成功的结合,那么可以认为,现在"智能科学技术"领域的兴起是在信息化、网络化时代又一次新的多学科交融。

1981 年,"中国人工智能学会"(Chinese Association for Artificial Intelligence,CAAI)正式成立,25 年来,从艰苦创业到成长壮大,从学习跟踪到自主研发,团结我国广大学者,在"人工智能"的研究开发及应用方面取得了显著的进展,促进了"智能科学技术"的发展。在华夏文化与东方哲学影响下,我国智能科学技术的研究、开发及应用,在学术思想与科学方法上,具有综合性、整体性、协调性的特色,在理论方法研究与应用技术开发方面,取得了具有创新性、开拓性的成果。"智能化"已成为当前新技术、新产品的发展方向和显著标志。

为了适时总结、交流、宣传我国学者在"智能科学技术"领域的研究开发及应用成果,中国人工智能学会与科学出版社合作编辑出版《智能科学技术著作丛书》。需要强调的是,这套丛书将优先出版那些有助于将科学技术转化为生产力以及对社会和国民经济建设有重大作用和应用前景的著作。

我们相信,有广大智能科学技术工作者的积极参与和大力支持,以及编委们的共同努力,《智能科学技术著作丛书》将为繁荣我国智能科学技术事业、增强自主创新能力、建设创新型国家做出应有的贡献。

祝《智能科学技术著作丛书》出版,特赋贺诗一首:

智能科技领域广

人机集成智能强

群体智能协同好

智能创新更辉煌

涂序彦

中国人工智能学会荣誉理事长

2005 年 12 月 18 日

前　言

随着机电设备规模及结构复杂程度的提高，对这些机电设备的维修和保障任务也变得越来越繁重和复杂，出现故障的种类和数量也越来越多。设备出现故障时，降低或失去了其预定功能，甚至会发生严重的灾难性事故。为了提高机电设备系统的可靠性和系统服务的可用性，对故障进行快速检测、定位、诊断和隔离已成为人们关注和研究的焦点。

受生物免疫系统启发的人工免疫系统为智能故障诊断提供了新的方法，该方法具有噪声耐受、多样性、分布式、自体-非自体识别、连续学习、记忆获取等特性，这些特性正是故障诊断领域中所期望的，因此其具有提供新颖的解决问题方法的潜力。作者自 2007 年起就将这一课题作为研究方向，系统开展生物免疫机理、免疫算法与模型及其在故障诊断中的应用研究，取得了一定的成果。本书是作者近几年在这方面研究成果的集中体现。

生物免疫系统具有免疫应答、免疫耐受、免疫网络、危险理论、克隆选择、否定选择、体液免疫、固有免疫系统、适应性免疫系统、多层防御等诸多机制与理论。许多年来，人工免疫系统只选择适应性免疫系统建立模型，而忽略了固有免疫系统在整个免疫功能中的重要作用。并且，大多只采用免疫网络、危险理论、否定选择和克隆选择部分机制进行研究和应用。

本书借鉴目前对生物免疫系统的理解，以已有的免疫算法为基础，提出、讨论并研究包含固有免疫细胞的人工免疫系统的多种设计机制。第 1 章综述人工免疫系统及故障诊断技术的发展和研究现状，在此基础上，概括目前人工免疫系统应用于故障诊断存在的几个关键问题。第 2 章阐述生物免疫系统的结构及功能，并分析人工免疫系统的研究进展。第 3 章提出一种用于故障诊断的分层免疫诊断模型，该模型包括异常追踪检测层、故障诊断层和故障定位层三层结构，分层解决设备的状态监测、故障定位与诊断等关键问题，各层次之间通过提呈抗原以及危险信号进行信息传递与交互，建立异常状态监测与故障诊断一体化的快速反应机制。第 4 章是异常追踪检测层的设计，提出一种基于时间序列的树突状细胞算法异常检测模型，采用多维数据流相关性分析和变化点检测方法对抗原进行检测，遴选出能够反映突变状态的关键点数据作为异常活动候选解，利用加权求和方法进行树突状细胞算法异常检测。

第 5、6 章是故障诊断层的设计,其中第 5 章实现已知故障类型的诊断和未知故障类型的学习,借鉴体液免疫机理,提出双重免疫学习机制,建立包括记忆机制、适应性机制和决策机制的免疫学习系统,实现机电设备的早期故障预示、知识共享;第 6 章构建适用于动态环境变化的诊断模型,使用克隆扩增策略和分级记忆策略完成检测器进化,能够对环境中出现的新状况进行连续学习,有效提高故障诊断的准确性和效率。第 7 章是故障定位层的设计,建立基于独特型免疫网络理论的故障传播模型。利用免疫网络理论构建设备系统的故障传播模型,将设备系统中单元之间故障传播的因果关系映射为免疫系统中细胞之间的交互识别关系。采用免疫网络结构定位故障源点,用免疫网络的动态特性表示诊断中故障对系统影响的时间和空间特性。第 8 章以异步电动机为例,设计试验方案,采集各种故障数据,对所提出的理论方法及所完成的相关成果进行验证。

本书撰写过程中,得到了国家自然科学基金委员会、中国人工智能学会、山西省科技厅的大力支持,在此表示衷心的感谢。感谢国家自然科学基金项目(61472271、50335030)、山西省自然科学基金项目(2013011018-1、2006011031)对本书出版的支持。感谢太原理工大学和科学出版社对本书出版的支持。

受作者学术水平的限制,一些学术观点的不妥之处,恳请专家、学者指正。

目　　录

第1章 绪 论

人们长期生存在充满传染性病原体的环境中,可是在大部分情况下,都能够抵御这些感染,那是因为人类的免疫系统可以保护机体抗御病原体的侵害。生物免疫系统是由具有免疫功能的器官、组织和细胞等组成的复杂多层系统。外部有害病原入侵机体并激活免疫细胞,诱导其发生反应并消灭病原。生物免疫系统的层次防御机制及其强大的信息处理特性提供了一种用于工程问题求解的新方法。

1.1 人工免疫系统的研究进展

免疫系统是生物体中最为复杂的系统,免疫系统的主要功能是保护生物自身免受外部病原体以及其他抗原性异物的侵袭。为了抵御各种威胁,免疫系统必须具有多种重叠机制,这使得生物免疫系统不仅复杂,而且迄今仍有许多机制没有被完全了解。然而,由于生物免疫系统为人工计算模型提供了丰富的资源,所以这种复杂性也体现了其优势。生物免疫系统可以被看作一个多层系统,在各层中都有防御机制,主要的两层包括固有免疫系统和适应性免疫系统。两个子系统通过多重作用时相共同完成免疫防御、免疫自稳及免疫监视作用。固有免疫系统被认为是适应性免疫系统的调控器。

人工免疫系统是借鉴、利用生物免疫系统(主要是人类的免疫系统)各种原理和机制而发展的各类信息处理技术、计算技术及其在工程和科学中应用而产生的各种智能系统。人工免疫系统本质上是依据免疫系统的机理、特征、原理开发的并能解决工程问题的计算或信息系统。它起源于20世纪80年代末90年代初。国外专家在人工免疫系统方面做了大量开创性工作,如美国的Farmer教授[1]、Memphis(Missouri)大学的Dasgupta博士[2]、巴西Campinas大学的De Castro博士[3]、美国New Mexico大学的Forrest教授[4]、英国Kent大学的Timmis博士[5]等。我国是在20世纪90年代末期才开始相继有相关文献出现。

人工免疫系统的免疫智能算法主要根据生物适应性免疫系统机理而产生,主要包括否定选择算法、免疫遗传算法、免疫Agent算法、克隆选择算法、疫苗学说和免疫网络理论,而包含固有免疫机制的算法是树突状细胞算法。

1. 否定选择算法

美国 Forrest 等[4]基于自体-非自体识别机理提出了否定选择算法用于异常检测,其算法主要包括耐受和检测两个最重要的阶段:耐受阶段负责成熟检测器的产生;检测阶段则检测系统发生的变化。

2. 免疫遗传算法

巴西 Campinas 大学的 De Castro[6]提出了免疫网络 aiNet 学习算法,这是一种模拟免疫系统学习过程的进化算法,被成功地应用于数据模式聚类和识别。

3. 免疫 Agent 算法

基于免疫记忆学说和免疫网络学说,Ishida[7]提出了 Agent 结构的人工免疫系统,借助 Agent 技术设计人工免疫系统及其免疫 Agent 算法[8,9]。

4. 克隆选择算法

De Castro 等[3]基于免疫系统的克隆选择理论提出了克隆选择算法,这是一种基于种群、类似进化的算法,它主要有繁殖、基因变异和选择支配。该算法在解决诸如模式识别等复杂机器学习任务方面有显著能力[10,11]。Kim 和 Bentley[12]在此基础上提出了一种动态克隆选择算法,并用于解决连续变化环境中异常检测的问题。

5. 基于疫苗的免疫算法

焦李成等[13]提出一种基于疫苗的免疫算法,该算法是在遗传算法中加入了通过接种疫苗和免疫选择两个步骤构建的免疫算子,以提高算法的收敛速度和防止群体退化[14,15]。

6. 免疫网络理论

1974 年,丹麦医学专家 Jerne[16]提出了独特型免疫网络理论,该理论指出:免疫系统由即使没有抗原的情况下也能互相识别的细胞分子调节的网络构成。继 Jerne 的免疫网络理论研究之后,出现了许多基于独特型网络理论的人工免疫网络的研究与应用。Ishiguro 等[17]提出一种互联耦合免疫网络模型；Tang 等[18]提出一种与免疫系统中 B 细胞和 T 细胞之间相互反应相类似的多值免疫网络模型；Herzenberg 等[19]提出一种更适合于分布式问题的松耦合网络结构。然而，最具影响力的两种人工免疫网络模型是英国 Timmis 等[5]提出的有限资源人工免疫系统(resource limited artificial immune system，RLAIS)和 De Castro 等[6]提出的用于数据分析的人工免疫网络模型(artificial immune network for data analysis，aiNet)。有限资源人工免疫系统是 Timmis 在 Cook 和 Hunt[20]研究的基础上提出的，他还给出了人工识别球(artificial recognition ball，ARB)的概念。时至今日，人工免疫网络仍是人工免疫理论的最为重要的研究部分之一，并在工程领域得到一定的应用。

7. 树突状细胞算法

英国诺丁汉大学的 Danger 小组于 2005 年首次在人工免疫系统中提出了固有免疫子系统的重要性，Danger 小组将固有免疫系统的树突状细胞的功能应用于异常检测的人工免疫系统中，提出了一种树突状细胞算法(dendritic cell algorithm，DCA)[21]。树突状细胞算法借鉴了生物免疫危险理论模式，认为人体免疫应答是由危险信号所引发，并不是由非自体触发。免疫系统并不是抵制一切外来物质，即对非自体物质的抵制也是有针对性的，凡是诱发危险信号的非自体才会引发人体免疫应答。树突状细胞算法是一种基于群体的系统，使用树突状细胞作为代理，每个细胞摄取组织中的抗原，同时接收环境中与抗原相关的信号。树突状细胞融合收集的抗原以及输入的信号，通过加工计算得到输出信号，根据评价得到抗原所处环境的危险程度进而采取相应的措施。与传统的否定选择算法相比较，树突状细胞算法不用大量训练样本，具有简单、快速的特点。

虽然人工免疫系统已经具有诸多算法与模型，但目前还未真正地开辟出一个它所特有的与众不同的研究领域，主要存在的问题可概括为以下几点：

(1)虽然固有免疫系统在生物免疫系统中起着至关重要的作用，固有免疫系统抵御了大部分外来病原体，但迄今人工免疫系统主要是借鉴了生物适应性免疫系统机理建立算法及模型，而极少考虑固有免疫系统的作用，只有近期研究的树突状细胞算法考虑了固有免疫系统的细胞免疫特性，因此需要建立系统化的人工免疫系统的体系结构。

（2）目前，免疫算法及免疫网络模型的研究都忽略了免疫系统中 B 细胞和抗体的划分。生物免疫中，B 细胞和抗体具有不同的细胞功能，B 细胞产生抗体，抗体消灭抗原，而这种 B 细胞和抗体的层次关系在人工免疫系统中缺乏细化与具体化。

（3）现有的免疫算法研究只孤立地借鉴了生物免疫系统中如克隆选择、免疫网络和否定选择等部分机理建立分散的人工免疫系统模型，并没有充分利用完整生物免疫系统的强大组织功能机制建立系统的人工免疫系统模型。

（4）已有的免疫算法的有效性需要进一步改进。

1.2 故障诊断方法评价

随着机电设备功能越来越完善，规模和复杂程度不断增加，对这些设备的维修和保障任务也变得越来越繁重和复杂。由于无法避免外界环境和内部因素的影响，设备故障不可避免。设备出现故障时，降低或失去了其预定功能，甚至会发生严重的灾难性事故。因此，为了能够尽最大可能地避免事故的发生和提高经济效益，设备的可靠性、可用性与安全性问题就日益突出地呈现在人们面前，从而促进了对设备故障诊断技术的研究。故障诊断技术已经发展成为一门涉及与融合信号处理、模式识别、计算机科学、人工智能、电子科学、数学等多学科内容的综合性学科。故障诊断技术的发展很大程度上依赖于上述多个学科技术研究的不断深入和交叉。当然，故障诊断领域的某些特殊之处也促成了一些新兴研究分支领域的出现。

当一个系统的状态偏离了正常状态时，称系统发生了故障，此时系统可能完全、也可能部分地失去其功能[22]。故障诊断就是寻找故障原因的过程，包括状态检测、故障定位及趋势预测等内容。故障诊断是通过研究故障与征兆之间的关系来判断设备状态的，由于实际因素的复杂性，故障与征兆之间的关系很难用精确的数学模型来表示。故障和征兆的混叠使得各故障难以明确地区分，所以诊断中往往得到多个可能的故障结论，使诊断问题变得非常复杂。例如，一个故障在电机上常常表现出多种的故障征兆。笼型异步电动机笼条断裂或开焊时，就会出现振动增加，启动时间延长，定子电流摆动，电机滑差增加，转速、转矩波动，温升增高等故障征兆，而且它们往往都是相关联的。断条故障发生后，如电动机继续运行，随着劣化过程断条数量将越来越多，征兆越来越显著，故障也越来越严重，最终使电机失效报废。一般来说，复杂系统的故障具有层次性、传播性、延时性和不确定性等特性:由于复杂系统的结构及功能的层次性,其故障和征兆也有不同层次;一个元件故障征兆的出现会导致一系列与之相关联的元件故障状态的发生,因此故障具有传播性;故障的发生和发展以及故障的传播具有延时性;由于故障和征兆信息的随机性、模糊性,使故障信息具有不确定性。

随着人工智能技术的发展,故障诊断方法由故障树、对比分析法、逻辑推理法等系统诊断方法发展到当前的专家系统、模式识别等智能化诊断方法。人们大量运用各种理论与方法,如模糊数学、模式识别、人工神经网络技术、专家系统、信息科学理论以及概率统计理论来处理人工智能中的不确定性问题。智能诊断技术为人们提供了用智能技术解决复杂系统故障诊断问题的强有力的工具。

至今已有许多智能方法的最新理论运用于故障诊断,并且取得了很多有价值的成果,如故障树[23]、人工神经网络[24]、支持向量机、模糊集[25]、粗糙集、基于遗传算法的诊断方法和基于深层知识的诊断方法[26,27]等。很多学者从不同的角度对机电设备故障的检测与诊断技术作了较为深入的研究。例如,Immovilli 等[28]针对异步电动机出现故障情况下的电流变化和振动现象问题,提出了一种异步电动机的振动和电流谐波关系的气隙变化模型,采用不同的故障模式进行了实验研究,通过检测电流的变化以及电机的振动信号特征,从而保障电机正常运行。Hu 等[29]提出了一种基于框架方法的采煤机智能提取数据的专家系统的研究方法,这种专家系统包括三个层次:数据采集层、专家系统层和用户层。Yan 和 Gao[30]根据提取的故障特征信息采用相关的诊断机理,设计不同类型的分类器来建立模式识别方法,对当前设备的运行状态、故障及其发展趋势做出准确的判断和决策,对异常工况判断故障部位、性质、程度,提出合理的维修对策等。

智能故障诊断方法主要可以分为:专家系统故障诊断方法、模糊故障诊断方法、故障树故障诊断方法、神经网络故障诊断方法和数据融合故障诊断方法等[31]。

1) 专家系统故障诊断方法

专家系统故障诊断方法,是指计算机在采集被诊断对象的信息后,综合运用各种规则,进行一系列的推理,必要时还可以随时调用各种应用程序,运行过程中向用户索取必要的信息后,就可快速地找到最终故障或最有可能的故障,再由用户来证实。专家系统方法由数据库、知识库、人机接口、推理机等组成。专家系统故障诊断方法的根本目的在于利用专家的领域知识、经验为故障诊断服务,其应用依赖于专家的领域知识获取。知识获取被公认为专家系统研究开发中的瓶颈;另外,在自适应能力、学习能力及实时性方面也都存在不同程度的局限。

2) 模糊故障诊断方法

模糊故障诊断方法利用了模糊集理论中的隶属度函数、模糊逻辑、模糊关系、模糊综合评判、模糊聚类及模糊模式识别等方面的知识,通过研究故障与征兆之间的关系来判断设备状态。由于实际因素的复杂性,故障与征兆之间的关系很难用精确的数学模型来表示,随之某些故障状态也是模糊的。这就不能用"是否有故障"的简易诊断结果来表达,而要求给出故障产生的可能性及故障位置和程度如何,此类问题用模糊逻辑能较好地解决。模糊故障诊断方法计算简单,应用方便,结论明确直观。但由于隶属函数是人为构造的,含有一定的主观因素;另外,对特征元素的选择也有一定的要求,如选择得不合理,诊断精度会下降,甚至诊断失败。

3) 故障树故障诊断方法

故障树是一种体现故障传播关系的有向图,它以系统最不希望发生的事件作为分析的目标,找出系统内可能发生的部件失效、环境变化、人为失误等因素与系统失效之间的逻辑联系,用倒立的树状图形表示出来。该方法的缺点是不能诊断不可预知的故障,且诊断结果严重依赖于故障树信息的正确性和完整性。

4) 神经网络故障诊断方法

神经网络所体现的是人类右半脑的形象思维特征,具有高度非线性、高度容错性、分布并行处理和联想记忆等特性。它使信息处理和信息存储合二为一,具有自组织、自学习和自适应的能力,能接收、处理不精确和随机的信息。例如,BP 网络、Hopfield 网络以及自组织映射网络等。神经网络诊断方法存在的问题是训练样本获取困难、忽视了领域专家的经验知识以及网络权值形式表达方式难以理解。

5) 数据融合故障诊断方法

数据融合是利用计算机对来自多传感器的信息按一定的准则加以自动分析和综合的数据处理过程,以完成所需要的决策和判定。数据融合应用于故障诊断的起因有三个方面:一是多传感器形成了不同通道的信号;二是同一信号形成了不同的特征信息;三是不同诊断途径得出了有偏差的诊断结论。融合诊断的最终目标是综合利用各种信息提高诊断准确率。

每一种新的、有效故障诊断方法的出现,都为故障诊断领域注入了新的活力,也为解决复杂系统的故障诊断问题提供了更多有利手段,但同时也不可避免地存在着一些缺点,归纳起来主要有以下几点:

(1) 故障样本获取困难。故障知识获取是基于知识的故障诊断方法的瓶颈,严重限制了设备智能诊断系统的发展。

(2) 缺乏具有连续学习功能的故障诊断方法,使得对不可预知的故障难以诊断。

(3) 故障传播模型的不确定性。

(4) 数据冗余量较大,需要进行约简。

(5) 故障诊断结果的可解释性差。

复杂系统经常处在动态变化的过程中,其行为特点不好把握,各种故障的发生具有很强的不确定性,所有这些都为有效地获取、表示和利用诊断知识进行智能化诊断带来了很大的困难,因为当新故障征兆出现时,在知识库中找不到最佳匹配,就容易发生漏诊或误诊。所以,迫切需要研究一种有效的、易于执行的设备系统的故障诊断方法。

1.3 基于免疫理论的故障诊断方法研究现状

受生物免疫系统启发的人工免疫系统为智能故障诊断提供了新的方法,该方法提供了噪声耐受、连续学习、记忆获取等特性,不需要非自体样本,能明晰地表达学习知识,具有进化学习机理,结合了分类器、神经网络和机器推理等学习系统的一些优点[32],这些特性正是故障诊断领域中所期望得到的,因此具有提供新颖的解决问题方法的潜力。通过对生物免疫机理的研究,可望产生更有效的设备故障诊断方法。如今人工免疫系统应用研究已扩展到信息安全[33,34]、模式识别[35]、智能优化[36,37]、机器学习[38]、数据挖掘、机器人学、自动控制[39]、故障诊断[40]等诸多领域[41,42],显示出人工免疫系统强大的信息处理和问题求解能力以及广阔的研究前景。

基于免疫系统仿生机理开发的人工免疫系统的应用研究,主要分为人工免疫网络模型和人工免疫算法两个方面。以下根据这两个方面在故障诊断中的应用分别进行阐述。

1.3.1 人工免疫网络在故障诊断中的应用

人工免疫网络作为人工免疫理论的重要研究成果之一,在故障诊断领域已有应用,特别是在人工免疫理论工程应用的早期,发挥了不可替代的作用。日本学者 Ishida[43] 在 1990 年利用免疫系统解决传感器网络故障诊断问题,这是免疫系统在故障诊断,甚至整个工程领域的最早研究成果。

继免疫系统解决传感器网络故障诊断之后,Ishida[44] 又于 1997 年提出了一种可用于实时诊断的动态免疫网络模型。动态免疫网络模型通过 B 细胞之间的相互识别、激励和抑制来达到一些平衡状态。在这个模型中,网络由多个 Agent 构成,每个 Agent 代表一个传感器及其处理机制。Agent 之间通过激励和抑制实现动态的交互作用调节识别过程。通过并行的相互动态作用的免疫细胞进行故障识别。Ishiguro 等[45] 于 1994 年提出基于独特型免疫网络的设备故障诊断系统,将设备系统的故障传播的因果关系映射为免疫系统中免疫细胞之间的相互作用,用免疫细胞之间的交互关系建立故障传播模型。日本学者 Koji等[46] 于 2013 年提出用相似度判定特定故障模式,创建了传感器 Agent 免疫网络,加速了可靠性测试的收敛速度。

在国内,杜海峰等[47] 为解决多级往复式压缩机故障诊断这一复杂问题,提出了一种基于智能互补融合的智能诊断策略。该策略融合了自适应共振网络(ART)和人工免疫网络各自的优点,对监测对象的数据样本进行约简,建立了从故障状态空间到解释空间的映射,进而达到故障诊断的目的。樊友平[48] 等提出一种基于细胞免疫应答理论构建故障诊断智能体的方法,该方法借鉴生物免疫中的独特型网络调节理论,将进化的单一诊断 Agent 对应为免疫系统中的抗体,诊断系统中多 Agent 群体适应度增加量作为抗原,并根据生物系统的相似性理论,构造了诊断多智能体的细胞免疫型智能体重构控制的结构模型。目前,人工免疫网络在故障诊断中的应用主要是基于 Jerne 提出的独特型免疫网络为基础的各种模型,更有效的故障诊断网络模型还有待进一步被开发。

1.3.2　人工免疫算法在故障诊断中的应用

Bradley[49] 提出了基于免疫系统理论的机械故障/耐受机制,采用二进制串的自己-非己识别进行硬件故障的检测。Dasgupta 和 Forrest[42] 将否定选择算法用于检测系统运行中稳态特征的变化,系统将被监测系统的正常运行模式定义为自体,将超过允许偏差的偏移特征值定义为异常模式。该检测算法利用铣刀具的切削力参数作为特征量,对铣刀具断裂进行检测,实验结果表明否定选择算法可有效地用于自动安全临界监测。但该方法并没有涉及对刀具的具体故障类型进行识别,因而不能很好地应用于诊断刀具破损的原因。

2014 年,Koji 等[50]又分析了故障参数延迟的情况,提出了解决多故障发生的免疫诊断方法。Calis 等[51]将改进的否定选择算法应用于故障诊断中,提出了用于感应电机轴承的在线故障诊断的方法。

国内一些学者也对人工免疫算法在机械设备故障诊断领域中的应用进行了研究。其中,刘树林等[52]将改进的否定选择算法应用于故障诊断中,提出了用于旋转机械在线故障诊断的新方法。在该方法中,故障检测器空间按故障模式进行分割,将各种故障模式映射为不同类型的故障检测器,消除了与两种以上故障模式匹配的检测器,使得每类检测器子集对应一种故障模式。但是使用该方法检测故障时,随着匹配域增大,计算量将会大量增加,不利于系统的实时监测和诊断。李涛等[53]提出了一种基于自体集层次聚类的否定选择算法,算法首先对自体数据进行层次聚类预处理,然后用聚类中心取代自体数据点与候选检测器进行匹配,以减少距离计算代价,提高检测器生成效率。焦李成等[54]提出一种基于免疫克隆结合小波变换的新算法,首先利用小波多尺度和低通平滑的特性,构造多层差异影像,再通过免疫克隆算法修正小波变换插零和卷积操作带来的图像空域偏差,对运用瑞利高斯模型分割得到的初始结果进行二次线性插值的匹配,最后经图像融合得到变化检测结果。

此外,在算法的编码机制方面,Gonzalez 和 Dasgupta 等[55]提出一种实值否定选择算法,使用实数值形式来描述自体-非自体空间,通过不断迭代更新检测器的位置生成这种检测器集合。实值否定选择算法使问题空间的表示更简洁,在多数情况下能够将检测器空间映射为求解问题空间,并且应用空间的一些几何性质可以加速否定选择算法的实现,此外表示形式更易于与其他机器学习技术相结合。Dasgupta 和 KrishnaKumar 等[56]又将实值否定选择算法应用于飞行器故障检测,用不同的数据集表示各种故障状态,以检测各种已知和未知故障。

1.3.3 包含固有免疫性的人工免疫系统应用

虽然固有免疫系统在生物免疫系统中担任着重要角色,但具有固有免疫性的人工免疫系统的研究还是一个新课题,研究成果也相对较少。其中最具代表性的是英国 Danger 小组所做的研究工作。

Danger 小组于 2005 年首次在人工免疫系统中提出了固有免疫子系统的重要性,这一小组对固有免疫系统和适应性免疫系统之间的交互通信进行了深入研究。Danger 小组[21]将固有免疫系统的树突状细胞的功能应用于异常检测的人工免疫系统中,提出了一种树突状细胞算法(dendritic cell algorithm,DCA),描述了树突状细胞和抗原的表示过程,并用这种算法检测输入空间中发生的变化。该算法将树突状细胞划分为未成熟、半成熟和成熟树突状细胞。未成熟树突状细胞主要是收集抗原和接收信号,如果未成熟树突状细胞接收到安全信号,则将抗原递呈给半成熟树突状细胞处理;半成熟树突状细胞主要进行提呈抗原、产生协同刺激和产生耐受细胞因子等行为,如果未成熟树突状细胞接收到危险信号,则将抗原递呈给成熟树突状细胞处理;成熟树突状细胞的功能主要是提呈抗原、产生协同刺激和产生反应细胞因子。在文献[57]中,该小组成员 Twycross 等描述了一个固有免疫模型的概念框架,这一框架强调生物固有免疫和自适应免疫系统的基本特性,并设计了这些特性在人工免疫系统中的具体实现。2007 年,Twycross[58] 提出了一种基于固有免疫模型的入侵检测算法,并将适应性免疫系统中的 T 细胞原理引入该算法,通过 T 细胞与树突状细胞的交互,提供了一个更有效的入侵检测方案。

中南大学的龚涛和蔡自兴[59,60] 提出了一种免疫系统的正常模型,并在正常模型的基础上提出了免疫计算的三层测不准有限计算模型,并将该模型应用于移动机器人抗病毒和软件故障诊断仿真实验中。其三层计算模型包括固有免疫计算层、适应性免疫计算层和并行免疫计算层,其中在学习机制中使用了神经网络的学习能力。De Castro[61] 根据所提出的人工免疫系统的三层结构,将人工免疫系统划分为几个相对独立的计算模块:正常模型生成模块、自体/异体检测模块、已知异体识别模块、未知异体学习模块、异体消除模块和系统修复模块,通过各个模块的鲁棒性分析实现问题求解。田玉玲[62,63] 借鉴生物免疫系统的分层防御机理以及层次间的相互刺激作用,提出了用于故障诊断的多层免疫诊断模型,模型包括固有诊断层、故障传播识别层和适应性诊断层三层结构,既能检测已知故障,又能诊断未知故障类型。

近年来,用于异常检测的免疫算法研究主要集中于树突状细胞算法。例如,Amaral[64] 提出基于树突状细胞算法的故障检测系统,用于在线性非时变电路中检测故障;Hart 等[65] 建立了用于自组织无线传感器网络的树突状细胞模型,算法中采用规格化函数自动对抗原及原始信号进行规格化处理,避免了由任意映射或专家领域知识给定的外部信号干预;Gu 和 Greensmith 等[66] 在树突状细胞算法中的数据预处理阶段,采用主成分分析方法进行降维,自动提取重要特征向量分类到各种指定的信号类型,这种算法的缺点是不适合用于实时检测;Chelly 等[67] 提出用粗糙集理论中核与约简的概念对树突状细胞算法进行信号特征提取及分类;Gu 和 Feyereisl 等[68] 采用从树突状细胞

(DCs)库中随机抽取若干 DCs 对当前抗原采样,进而随着输入抗原的增加而成熟分化。这样的设计使得树突状细胞的成熟策略对抗原的评价计算具有滞后性,导致抗原环境发生转变时误检率较高,检测率降低。

综上所述,人工免疫系统在故障诊断、异常检测领域的理论和方法研究已经取得了一定的成果,克服了故障样本获取困难、数据冗余等问题,但还存在很多局限性。与已有的成熟技术相比,仍然存在许多问题,作为一个新的研究领域,其算法还没有形成标准。其中,主要有以下几个方面需要进一步进行研究:

(1)目前用于故障诊断的人工免疫系统还没有形成一个通用的、完整的模型,需要在人工免疫系统中整合更多的生物机制,以实现用于各种设备的统一故障检测与诊断模型。

(2)在实际的大型机电设备异常检测过程中,监测点和数据量巨大,状态监测中测点位的匹配不能较好反映出各监测点的变化。即使检测出有异常发生,也很难分析产生异常的原因和位置。

(3)缺乏具有连续学习功能的故障诊断方法,使得对不可预知的故障难以诊断。根据免疫算法的研究经验,内部学习和决策机制的优化成为难点。虽然有关文献提出了基于克隆选择算法和基于免疫网络的学习算法,但学习的效率与准确率仍未尽如人意。

(4)故障征兆的混叠使得各故障难以明确地区分,诊断中往往得到多个可能的故障结论,因而准确地表达这种故障信息需要进一步的深层知识表示。

(5)目前,大部分故障传播模型都是静态结构,不能有效地描述系统故障特性,特别是系统单元的故障率和故障随时间变化的动态传播特性。

1.4 主要研究内容和研究意义

生物免疫系统的基本功能是对自体和非自体进行区分,而故障诊断技术从本质上讲是在状态参数监测与特征提取基础上的模式分类问题,即把机器的运行状态分为正常和异常两类。同时生物免疫系统的抗体和相应的抗原会发生特异性结合,不同的抗原由不同类型的抗体进行识别,而对未知的抗原还可以通过抗体学习进行辨识,这些特性恰好适用于诊断中识别各种复杂的故障类型。生物免疫系统包括固有免疫和适应性免疫两个子系统,它们通过多重作用时相共同完成免疫功能。许多年来,人工免疫系统只选择适应性免疫系统建立模型,而忽略了固有免疫系统在整个免疫功能中的重要作用。分析固有免疫特性可以建立更有效的基于免疫的模型。利用从固有免疫和适应性免疫协同交互中所获得的生物免疫系统的丰富特性建立人工免疫系统将有巨大的应用前景,这种人工免疫系统具有其他仿生系统所不可比拟的特性,如异构组件和多重作用时相等。

本书主要研究基于免疫机制的分层故障诊断模型的总体结构、异常检测和故障诊断方法、诊断知识的自学习方法及基于免疫网络的故障传播模型等内容,为设备的故障诊断提供了一个比较完整的理论基础,并根据这些理论进行了部分实用化设计和可行性分析。主要研究内容包括:

(1) 借鉴生物免疫中问题求解的方法研究了人工免疫系统的设计及应用,首先研究生物固有免疫系统和适应性系统及其相互关系,固有免疫系统的重要性表明人工免疫系统也应将固有免疫系统和适应性免疫系进行整合。将生物固有免疫系统的特性扩增到人工免疫系统中,增强了人工免疫系统的性能。借鉴目前对生物免疫系统的理解,提出、讨论并研究包含固有免疫细胞的人工免疫系统的许多设计机制。这些新的设计机制为研究将固有免疫系统和适应性免疫系统一体化的人工免疫系统提供一个结构框架。

(2) 设备异常检测中,提取的各种特征参数存在部分与设备故障状态不相关的特征,增加了故障检测的复杂度和计算量,降低了诊断精度,对原始的特征集进行压缩和选择是十分必要的。

(3) 在适应性免疫系统中克隆选择和免疫网络是两种不同的学说,它们在免疫系统中具有不同的作用,分别承担着学习与调节的功能。因此,本书在人工免疫系统中将两种不同的机制设计为不同层次,由克隆选择机制完成学习记忆功能,免疫网络模型描述细胞之间的影响关系。

(4) 生物免疫系统中 B 细胞的作用是产生抗体,并对入侵者作出应答。B 细胞表面载有相同类型的抗体,当 B 细胞被激活后,发生一系列变化,转化成浆细胞,通过生成的抗体来消灭抗原,因此 B 细胞并不能直接与抗原接触,发挥免疫作用。现有的免疫算法及免疫网络中都是将 T 细胞、B 细胞、抗体等功能合而为一,来抽象出检测器概念。但在故障诊断中,对于复杂的故障征兆的混叠问题,这种检测器定义方法很难根据已知故障征兆准确确定故障原因。

(5) 解决连续变化环境中故障诊断问题。在实际应用中,正常和非正常行为是随时会发生改变的,系统必须能够对不断动态变化的运行环境下出现的新状况进行连续学习。

　　(6) 归属于同一故障的不同故障征兆集合可以适当地合并,在空间区域的分布上属于同一故障的各种故障征兆应发生在这种故障的范围内,因此借鉴生物免疫的体液免疫机理,将 B 细胞和抗体的功能区分开。将故障类型映射为 B 细胞,将各种故障征兆及故障特性映射为抗体,用 B 细胞内包含若干抗体更准确地逼近故障征兆与故障的对应关系。将用于识别故障类型的检测器定义为 B 细胞及其所包含的若干抗体。采用这种机制的优势在于,在对抗原进行检测时,可以先使用 B 细胞对抗原进行检测,确定故障范围;然后,使用仅属于该 B 细胞的抗体进一步检测,可以更准确地诊断故障根源,这样就可以解决由于故障征兆的混叠使得各故障难以明确区分的问题。

　　(7) 解决故障单元的影响通过整个系统进行传播的问题。将系统中的基本单元作为网络的节点,把它们之间的影响关系表示为节点间的有向连接,将系统模型转化为线图的形式,并将其拓扑结构映射为 B 细胞免疫网络结构,采用 B 细胞免疫网络结构建立故障传播模型,应用免疫网络特性对复杂系统的故障特征进行分析。

1.5　小　　结

　　本章介绍了人工免疫系统及故障诊断技术的发展,对国内外人工免疫系统和故障诊断方法,特别是对人工免疫系统在故障诊断中的应用研究现状进行了综述;在此基础上,概括了目前人工免疫系统存在的几个关键问题,提出了主要研究内容及研究意义。

第 2 章　免 疫 背 景

生物系统可以被看作一个根本的信息处理系统,已经对工程领域提供了各种切实可行的思想。生命机体的信息处理系统主要包括脑神经系统、遗传系统、免疫系统和内分泌系统。这些系统中脑神经和遗传系统已经通过建立神经网络模型、遗传算法应用于工程问题,并且已经广泛地应用于各种领域。而内分泌系统尽管起着重要作用但相关的工程应用研究还较少,免疫系统由于其复杂性直到近十几年才得到研究,并且随着近年生物学界对免疫机制研究的新进展,人工免疫系统的研究又出现了新的突破。

本章首先阐述生物免疫系统的结构及功能,特别是固有免疫系统和适应性免疫系统的异同及其交互作用,并概括生物免疫系统的信息处理特性;进而分析人工免疫系统的研究进展,对目前见诸文献的免疫算法及免疫模型进行总结介绍。本书提出的人工免疫诊断模型就是在这些免疫算法及模型的基础上,并借鉴生物免疫理论与机制进行研究的。

2.1　生物免疫概述

所有活的生物体都暴露在多种不同的致病微生物和病毒之中,这些微生物被称为病原体。一般来说,生物体都会利用各种不同的机制,包括高温、低pH 和能抵制或杀死入侵的活性分子等来保护自体,免受病原体的侵害。很多高级生物体(脊椎动物)已经进化出了一套更有效的防御机制,这种防御机制被称为免疫系统。能够激励免疫系统特殊响应的物质一般被称为抗原。

为了有效地保护自己,免疫系统应该只对外来抗原进行响应,因此免疫系统必须能够区分自体和非自体。自体-非自体的识别是免疫系统的基本特性,对"非自体"抗原成分,如入侵的病原体、自身衰老细胞或突变产生的肿瘤细胞等进行破坏和排斥,而对"自体"成分,即自身正常的组织细胞则产生耐受,以此维持机体内环境的平衡和稳定。免疫系统通过免疫细胞对这些不同抗原成分产生免疫应答,以实现其基本功能。免疫应答是指机体的免疫细胞对抗原进行识别,继而活化、增殖、分化并最终产生对"非自体"抗原进行清除和排斥、对"自体"成分产生耐受效应作用的过程[69]。

2.1.1　免疫系统的几个概念

1. 抗原的概念

抗原(antigen)是一类能刺激机体免疫系统发生免疫应答,并能与相应免疫应答产物(抗体和致敏淋巴细胞)在体内外发生特异性结合的物质。抗原具有两种特性:免疫原性和抗原性。免疫原性(immunogenicity)是指能刺激机体发生免疫应答,产生抗体和致敏淋巴细胞的能力。抗原性(antigenicity)是指抗原分子能与免疫应答产物抗体或效应 T 细胞发生特异性结合的能力。根据抗原性物质与机体的亲缘关系,抗原可以分为"自体"(self)和"非自体"(non-self)抗原。即与机体种系发生关系越远,其遗传差异越大,其免疫原性越强,称为"非自体"抗原;否则,称为"自体"抗原。一般"非自体"抗原是指来自免疫机体之外的物质,"自体"抗原是指免疫机体自身成分。通常免疫系统对"自体"抗原不产生免疫应答,即不产生克隆抗体消灭"自体"抗原,以保护机体自身组织。对"非自体"抗原则产生免疫应答,即产生相应克隆抗体来消灭外来入侵的"非自体"抗原。一般抗原都是指"非自体"抗原。

2. 抗原决定簇

抗原分子表面能与抗体结合的部位被称为抗原决定簇或表位(epitope)。抗原的抗原性是由表位的性质、数目和空间结构所决定的。一般抗原有两个表位:T 细胞表位和 B 细胞表位。其中抗原 T 表位被 T 细胞所识别,抗原 B 表位被 B 细胞所识别。T 表位反映抗原分子的免疫原性,B 表位反映抗原分子的抗原性。抗原通过抗原决定簇与相应淋巴细胞表面的抗原受体结合,激活淋巴细胞,引起免疫应答。抗原决定簇的大小与相应抗体的抗原结合部位相当。抗原结合价(antigenic valence)是指能和抗体分子结合的抗原决定簇的总数。

3. 抗体的概念

抗体是 B 细胞接受抗原刺激后,所分泌的具有免疫功能,并能与抗原发生特异性结合的免疫球蛋白。B 细胞表面载有相同类型的抗体,当 B 细胞被激活后,其表面的抗体识别特别的外侵者。抗体能够与相应抗原发生特异性结合,从而引起机体的免疫反应,将抗原杀死。

一个抗体受抗原刺激可产生一群抗体,这种现象称为克隆。常见的克隆方法有:

（1）单克隆：是用同一克隆抗体增殖分泌功能、分子结构、遗传标志等都完全相同的一群抗体。

（2）多克隆：是由于某种抗原具有多种表位，可刺激产生具有多种对位的抗体，即增殖分泌出一群抗多种表位的抗体。

（3）基因工程克隆：是将抗体的结构与功能通过 DNA 重组或遗传技术，如采用切割、拼接、交叉、变异等操作产生一群新型抗体。

4. 抗体决定簇

抗体上能够被其他抗体识别的部位，叫独特型（idiotype，Id）抗体决定簇。独特型抗体决定簇形成独特位（idiotope），又叫表位（epitope）。抗体上能够识别抗原表位和其他抗体表位的部位，叫抗体决定簇（paratope），又叫对位。抗体具有表位，反映抗体自身具有抗原的特性，它可以在无抗原作用下像抗原一样刺激其他抗体，而激活其他抗体，产生免疫应答的特征。抗体的对位可以用来识别抗原表位或识别其他抗体表位。这样，抗体便具有识别抗原或其他抗体，反过来又被其他抗体所识别的双重特性。

5. B 淋巴细胞

B 细胞是机体内唯一能产生抗体的细胞，具有数据处理器的作用。B 细胞的作用是产生抗体，并对入侵者做出应答。B 细胞表面载有相同类型的抗体，当 B 细胞被抗原激活后，其表面的抗体识别特别的外侵者。B 细胞主要有三个功能：产生抗体、提呈抗原和分泌细胞因子参与免疫调节。每一个 B 细胞都被设定（基因编码）产生一种特异的抗体。抗体是 B 细胞识别抗原后增殖分化为浆细胞所产生的一种特异蛋白质，能够识别并结合其他特异蛋白质。

B 细胞清除病原体、分泌抗体结合抗原，要受到辅助 T 细胞的激活，当辅助 T 细胞对 B 细胞的刺激超过某一阈值（该阈值与抗体和抗原的结合程度有关）之后，B 细胞开始变大分裂，千百次复制自体，以非常高的频率在基因中点变异，基因对抗体分子编码，该机制在免疫学上称为体细胞高频变异。相反，如果刺激水平降低到一定阈值，B 细胞不再复制自体，到了一定时间则会死亡。

6. T 淋巴细胞

T 细胞是在胸腺中成熟的淋巴细胞，是血液和再循环中的主要淋巴细胞，具有控制处理器的作用。T 细胞的功能主要是调节其他细胞的活动以及直接袭击宿主感染细胞。T 细胞分为两类:毒性 T 细胞和调节 T 细胞。调节 T 细胞又分为辅助性 T 细胞和抑制性 T 细胞。毒性 T 细胞能够清除病毒等入侵者。T 细胞一旦被激活,就会向病毒(细胞)注入毒素,杀死病毒细胞,所以毒性 T 细胞是维护免疫秩序的"卫士",没有毒性 T 细胞,免疫系统就不能实现免疫功能。辅助性 T 细胞的功能主要是刺激 B 细胞,传递当前病毒入侵的信息,激活 B 细胞;抑制性 T 细胞的功能主要是抑制 B 细胞的分裂。没有抑制性 T 细胞,就可能出现免疫过度的现象。

7. 抗原抗体结合力

亲和力是抗原决定簇与抗体决定簇之间的特异性结合力。抗原抗体的结合实质上是抗原表位与抗体超变区中抗原结合点之间的结合。由于两者在化学结构和空间构型上呈互补关系,所以抗原与抗体的结合具有高度的特异性。这种特异性如同钥匙和锁的关系。但较大分子的蛋白质常含有多种抗原表位。如果两种不同的抗原分子上有相同的抗原表位,或抗原、抗体间构型部分相同,皆可出现交叉反应。

2.1.2 免疫系统的功能

免疫系统作为"生命的卫士",可在识别"自体"与"非自体"抗原的基础上,针对外来微生物或其他抗原性异物产生免疫应答反应,从而发挥免疫防御、免疫自稳及免疫监视三大重要功能[70],以清除抗原,维持自身内环境稳定。

1) 免疫防御

免疫防御功能是免疫系统对外来有害物质,特别是耐传染因子的抵抗而发挥的免疫功能。

2) 免疫自稳

免疫自稳是指机体识别和清除自身衰老残损的组织、细胞的能力,这是机体借以维持正常内环境稳定的重要机制,免疫稳定功能的破坏将导致自身免疫性疾病发生。

3) 免疫监视

若体内的正常细胞发生癌变,即正常细胞转化为恶性肿瘤细胞时,免疫系统对其也具有识别和消灭的功能,即免疫系统的免疫监视功能。

除上述功能外,免疫系统功能还有其他很多方面,如近年来有学者研究免疫系统的功能与机体其他系统的相互关系,如神经内分泌、心血管系统,已证明均有相互作用。

2.2　生物免疫多层防御机制

免疫系统通过多层防御机制使生物体免遭各种内、外部病原体的侵袭，形成有效的免疫防护体系。其中最外层包括皮肤、呼吸系统的各种纤毛、分泌物等物理成分，是外部微生物进入体内的天然屏障，阻止多数的病原体；第二层是生理环境，包括体内的温度、体液的 pH 等，使很多抗原难以存活；第三层是固有免疫系统又称先天性免疫，是机体在长期种系发育和进化过程中逐渐形成的一种天然防御机制，对于一切病原体都起作用，而不是专门对付某一类特定的病原体；最后一层是适应性免疫系统又称特异性免疫，具有很强的自适应性，它能适应或学会识别特定种类的抗原，并且保留对它们的记忆以便加速未来的反应。这种多层防御体系使得免疫系统具有很强的分布性和鲁棒性[71]。

免疫系统在各层中都有防御机制。通常概括为身体屏障、固有免疫和适应性免疫等三层防御，如图 2.1 所示。

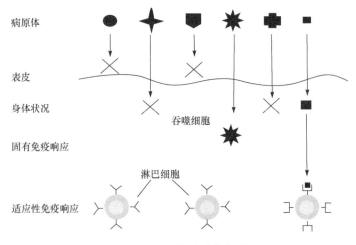

图 2.1　多层免疫防御机制

第一层是身体屏障，由皮肤和黏膜表面组成。完整的皮肤可以防止大多数病原体透过，而且其低 pH 能够抑制大部分细菌的生长。另外，很多病原体通过附着在或穿过黏膜进入人体，这些黏膜提供了一些非特异的机制来防止这一类的入侵。唾液、眼泪和一些黏液分泌物能够冲走潜在的入侵者，并且含有抗菌和抗病原体的物质。

在多层免疫机制中,最主要的两层防御包括固有免疫系统(innate immune system)和适应性免疫系统(adaptive immune system),如图 2.2 所示。两个子系统通过多重作用时相共同完成免疫防御、免疫自稳及免疫监视作用。在履行这些功能的过程中,两者产生免疫应答、发挥免疫作用的方式、作用机制、作用特点均不相同。固有免疫系统可在清除任何抗原的早期发挥直接、迅速的免疫作用;而适应性免疫系统则可在清除抗原的后期及防止抗原再次入侵的过程中发挥强大而持久的作用。固有免疫系统在病毒感染早期通过非特异性抗原识别发挥主要的防御作用,并且具有诱导适应性免疫响应,决定适应性免疫响应的类型等特性;适应性免疫系统的主要特性是特异性抗原识别导致生成特异性抗原的长期记忆[72]。

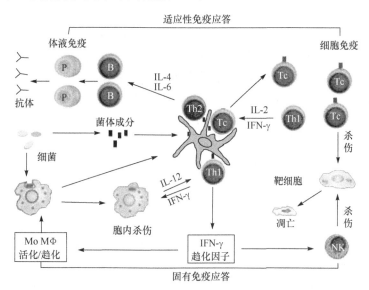

图 2.2　固有免疫和适应性免疫的关联和作用

2.2.1　固有免疫系统

固有免疫也称为非特异免疫性,是生物体在长期种系发育和进化过程中逐渐形成的一系列防御机制,不针对某一特定的抗原成分,故又称非特异性免疫。执行固有免疫功能的有皮肤、黏膜的屏障作用,包括物理阻挡及局部细胞分泌物质的化学抑菌、杀菌作用。

固有免疫在感染早期即可发挥作用,并对特异性免疫的启动和发展有促进作用。

1) 固有免疫应答的作用时相

（1）瞬时固有免疫应答阶段：发生于感染后 0～4h 之内。由皮肤黏膜及其分泌液中的抗菌物质和正常菌群作为物理、化学和微生物屏障完成。

（2）早期固有免疫应答阶段：发生于感染后 4～96h 之内。在某些细菌成分如脂多糖和感染部位组织细胞产生的细胞因子作用下，感染周围组织中的巨噬细胞被募集到炎症反应部位，并被活化，以增强局部抗感染免疫应答能力。同时 MΦ 分泌大量促炎症因子等进一步增强扩大机体固有免疫应答能力和炎症反应。

（3）适应性免疫应答诱导阶段：发生于感染 96h 后。由 APC 和 T、B 淋巴细胞完成启动特异性免疫应答。

2) 固有免疫细胞

执行固有免疫作用的细胞主要包括：巨噬细胞、树突状细胞、NK 细胞等。巨噬细胞是体内执行非特异性免疫的效应细胞，同时在特异性免疫应答的各个阶段也起重要作用；树突状细胞是专职抗原提呈细胞和免疫调节细胞；NK 细胞能直接杀伤某些肿瘤细胞和病毒感染的靶细胞，因此在机体抗肿瘤和早期抗病毒或胞内寄生菌的免疫过程中起重要作用。

3) 固有免疫的特点

固有免疫的主要特点是固有免疫细胞识别多种非自体异物共同表达的分子，而不是抗原表位，因此对多种病原微生物或其产物均可应答，并迅速产生免疫效应。固有免疫系统识别抗原不具特异性，激活后不经克隆扩增即迅速发挥效应，一般不产生记忆性，也不形成免疫耐受。

（1）固有免疫细胞的识别特点。固有免疫细胞通过模式识别、受体识别表达于多种病原体的模式分子而产生免疫应答。固有免疫细胞不表达特异性抗原识别受体，而是以其胞膜表面的模式识别受体直接识别表达于多种病原体表面的病原相关分子模式而活化。固有免疫识别最重要的方面就是它诱导抗原提呈细胞中的协同刺激信号的表达，这种信号会激活 T 细胞，促使适应性免疫应答启动。

（2）固有免疫细胞的应答特点：

① 与生俱有，作用迅速。

② 作用无特异性，对多种病原微生物或其产物均可应答，并迅速产生免疫效应。

③ 无免疫记忆及免疫耐受。

固有免疫系统可在清除任何抗原的早期发挥直接、迅速的免疫作用,也能辨识自体与非自体组织结构,其受体结构是固定的。固有免疫应答在机体非特异抗感染免疫过程中具有重要意义,在适应性免疫应答的启动、调节和效应阶段也起着重要的作用。

2.2.2　适应性免疫系统

适应性免疫系统是个体在生命过程中接受抗原性异物刺激后,主动产生或接受免疫球蛋白分子后被动获得的。适应性免疫系统可在清除抗原的后期及防止抗原再次入侵的过程中发挥强大而持久的作用。适应性免疫中抗体能够识别任何微生物并对其响应,即使对以前从未遇到过的"入侵者"也一样。它能够完成固有免疫系统不能完成的免疫功能,清除固有免疫系统不能清除的病原体。

1. 淋巴细胞

适应性免疫系统最重要的部分是由被称为淋巴细胞的白细胞实现的,它们在骨髓中产生,循环在血液和淋巴系统中,驻留于各种淋巴器官,以实现免疫功能。

B 细胞和 T 细胞是淋巴细胞的主要组成部分。这些细胞在骨髓中产生,起初并没有实现免疫功能的能力。为了具有免疫能力,它们都要经历一个成熟的过程。就 B 细胞而言,它的成熟过程就发生在骨髓里;而对于 T 细胞,它们首先移动到胸腺,在胸腺内成熟。一般地,成熟的淋巴细胞可以视为一个能检测到特异抗原的检测器。在人体内,有数十亿个这样的检测器不断地循环,形成了一个有效的、不规则分布的检测应答系统。

1) 体液免疫

成熟的 B 细胞在它们的表面有独特的抗原绑定受体(ABR)。ABR 与特殊抗原相互作用,导致 B 细胞的增殖和分化,形成能分泌抗体的浆细胞。抗体是绑定到抗原的分子,它能够抑制抗原或促进它们的灭亡。被附着上抗体的抗原可能会被噬菌细胞、补体系统等多种方式消灭,或者被阻止产生任何破坏性功能,如将病毒颗粒绑定到寄主细胞。

细胞免疫主要是由免疫细胞发挥作用、清除抗原,参与清除抗原的细胞称为免疫效应细胞。未成熟 B 细胞表面受体与抗原结合并在辅助性 T 细胞的帮助下逐渐成熟,B 细胞经过克隆选择后,大部分变为浆细胞,部分变为记忆细胞。浆细胞在一段延迟后产生高特异性的抗体,抗体具有识别功能,能够借助机体的其他免疫细胞或分子的协同作用达到排异的效果。

由此可见,B 细胞并不能直接与抗原作用,发挥免疫响应,而是在受到抗原刺激后,发生一系列变化,转化成浆细胞,通过分泌的抗体来消灭抗原。

2) 细胞免疫性

在 T 细胞成熟时,它的表面有独特的 ABR,称为 T 细胞受体。不像 B 细胞 ABR 能够独自地识别抗原,T 细胞受体只能识别抗原缩氨酸,抗原缩氨酸是一种被称为主要组织相容性复合体(MHC)分子的细胞膜蛋白质。当 T 细胞在 cell[1] 遇到与 MHC 分子结合的抗原时,T 细胞增生扩散并分化为记忆 T 细胞和各种效应 T 细胞,细胞免疫性就是由产生的这些效应 T 细胞实现的。不同类型的 T 细胞以一种复杂的方式相互作用,它们能杀死变异了的自体细胞或者激励噬菌细胞。

2. 适应性免疫的主要特征

(1) 抗原特异性:免疫系统能够区分抗原间的微小差异。

(2) 多样性:适应性免疫系统能够产生数十亿不同的识别分子,每一个识别分子都能唯一地识别一种外来抗原的结构。

(3) 克隆选择:有免疫能力的淋巴细胞能通过它们的 ABR 识别特异抗原。在先前每一个 T 细胞和 B 细胞在骨髓(胸腺)里成熟的过程中,就已经通过随机基因重排决定了它与抗原的联系。抗原在系统中的存在和它后来与成熟淋巴细胞的作用会引发一次免疫应答,导致具有独特抗原特异性淋巴细胞的增殖。这一特殊 T 细胞和 B 细胞数量扩充的过程就是克隆选择。克隆选择有助于适应性免疫应答的特异性,因为只有那些受体对给定抗原特别匹配的淋巴细胞才能被克隆,并且参与免疫应答。

(4) 免疫记忆:克隆选择的另一个重要结果是免疫记忆。当具有免疫能力的淋巴细胞首次遇到抗原时,会产生初次免疫应答,这会引起那些能识别特异抗原的淋巴细胞的增殖。大多数增殖的淋巴细胞都会在抗原被消除以后死亡;但是,有一些这类淋巴细胞却被当做记忆细胞而保存了下来。当同样的抗原再次出现时,这些抗原就会很快地被检测出来,激发二次响应。由于记忆细胞的使用,二次响应更快,也更为强烈。

2.2.3　固有免疫与适应性免疫的关系

固有免疫是机体最根本的免疫机制,在各种生物中都普遍存在。适应性免疫只有高等动物才开始出现,其意义在于使免疫应答具有特异性和受到精确调控,减少免疫过程对机体自身的损伤,从而适应高等动物对于保持机体内环境稳定的需要。固有免疫与适应性免疫是相互控制、相互调节、紧密联系不可分割的一个整体。

树突状细胞和巨噬细胞在吞噬病原体的同时,将抗原进行加工提呈,以 MHC-抗原肽的形式供 T 细胞识别。同时,在病原体危险信号的刺激下,它们还高表达 B7 等黏附分子,与 T 细胞表面的 CD28 等结合,提供 T 细胞活化的第二信号。因此,固有免疫细胞的抗原提呈作用是 T 细胞活化从而启动适应性免疫应答的先决条件。同时固有免疫还通过抗原提呈的类型、细胞因子的分泌格局等因素,控制和调节适应性免疫应答的类型和过程。B 淋巴细胞免疫应答产生的抗体,与抗原特异性结合后通过激活补体、介导 ADCC 和调理作用,产生炎症反应,启动固有免疫系统杀伤和吞噬病原体。T 淋巴细胞免疫应答产生的效应 T 细胞和细胞因子,通过激活巨噬细胞和介导炎症反应,起到杀灭细胞内感染病原体的作用。

1) 固有免疫启动适应性免疫应答

固有免疫细胞进行抗原加工和提呈,固有免疫细胞表面协同刺激分子表达增加,这种信号会激活淋巴细胞,启动适应性免疫应答。

2) 固有免疫应答影响适应性免疫应答的类型

固有免疫通过不同的细胞因子调节特异性免疫细胞的分化方向,决定免疫应答的类型。

3) 固有免疫应答协助适应性免疫应答发挥免疫效应

固有免疫细胞和固有免疫分子参与清除病原体。B 细胞产生的抗体在固有免疫细胞及固有免疫分子的参与下,通过调理吞噬、ADCC 等机制,才能有效杀伤病原体。CD4$^+$ 效应 Th1 细胞分泌细胞因子可通过活化吞噬细胞和 NK 细胞,增强其杀伤功能,有效杀伤病原体。

2.3 生物免疫机理

2.3.1 免疫细胞的相互作用及其活化信号

执行固有免疫作用的细胞主要包括:巨噬细胞、树突状细胞、NK 细胞等。巨噬细胞是体内执行非特异性免疫的效应细胞,同时在特异性免疫应答的各个阶段也起重要作用;树突状细胞是专职抗原提呈细胞和免疫调节细胞;NK 细胞能直接杀伤某些肿瘤细胞和病毒感染的靶细胞,因此在机体抗肿瘤和早期抗病毒或胞内寄生菌的免疫过程中起重要作用。固有免疫细胞体现为分类特性。

　　适应性免疫细胞由两类细胞组成:T 细胞和 B 细胞。受到抗原刺激后,B 细胞被激活分泌抗体产生 B 细胞网络,以抵御抗原侵入。而 T 细胞接受抗原刺激后,经过活化、增殖与分化,最终产生效应 T 细胞,并通过效应 T 细胞破坏、清除抗原成分。适应性免疫细胞体现为特异性。其中,巨噬细胞、树突状细胞、T 细胞和 B 细胞等又称为抗原提呈细胞(APC),能摄取、加工、处理抗原,并将抗原肽-MHC 分子复合物提呈给抗原特异性淋巴细胞。

　　免疫系统中固有免疫细胞和适应性免疫细胞通过活化信号实现相互作用,如图 2.3 所示。抗原侵入机体后,首先由抗原提呈细胞对抗原加工处理,摄取了抗原的抗原提呈细胞在引流淋巴器官中聚集,以及淋巴细胞在全身淋巴器官中再循环,这两种机制为特异性淋巴细胞 T 细胞、B 细胞接触和识别抗原提供了保障。同时,诱导 T 细胞、B 细胞活化需要有两种信号的刺激作用。T 细胞活化的第一信号由 T 细胞抗原识别受体(TCR)识别抗原,经 CD3 分子将信号转导至细胞内,T 细胞活化的第二信号(称为协同刺激信号)则由巨噬细胞和 T 细胞表面相应的协同刺激分子相互作用而产生。只有在两种信号的共同作用下,T 细胞才能被诱导活化,才有可能接触到其可识别的特异性抗原,并在这种识别的基础上发生克隆选择,产生对该抗原的免疫应答反应,以清除抗原。

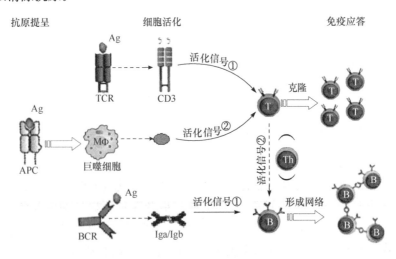

图 2.3　固有免疫细胞和适应性免疫细胞的相互作用及其活化信号

B 细胞的活化同样需要双信号刺激作用,B 细胞通过抗原识别受体 (BCR)识别抗原后,形成抗原与 BCR 的交联,通过 Iga/Igb 分子向 B 细胞内传递活化信号(第一活化信号),致 B 细胞初步活化。但 B 细胞完全活化并发生增殖和分化,则必须依赖活化的 Th 细胞的辅助作用,活化的 Th 细胞向 B 细胞内传递第二活化信号。在双信号的作用下 B 细胞才能最终活化,从而促进细胞分裂和扩增,当 B 细胞数量足够大时产生 B 细胞免疫网络。

2.3.2 初次响应和二次响应

1. 免疫响应

生物免疫系统实现防御功能的最主要机制是免疫响应。免疫响应是机体免疫系统对抗原刺激所产生的以排除抗原为目的的生理过程。这个过程是免疫系统各部分生理功能的综合体现,包括抗原提呈、淋巴细胞活化、免疫分子形成及免疫效应发生等一系列的生理反应。通过有效的免疫响应,机体得以维护机体内环境的稳定。机体内有两种免疫响应类型:一是固有性免疫响应,又称为非特异性免疫;二是适应性免疫响应,又称为特异性免疫。

固有性免疫响应的特征是:①无特异性,作用广泛;②先天具备;③初次与抗原接触即能发挥效应,但无记忆性;④可稳定遗传;⑤同一物种的正常个体间差异不大。非特异性免疫是机体的第一道免疫防线,也是特异性免疫的基础。

适应性免疫响应包括细胞免疫与体液免疫,其特征是:①特异性,即 T、B 淋巴细胞仅能针对相应抗原表位发生免疫应答;②获得性,是指个体出生后受特定抗原刺激而获得的免疫;③记忆性,即再次遇到相同抗原刺激时,仍存在于体内的记忆细胞产生免疫效应,出现迅速而增强的应答;④可传递性,是指特异性免疫响应产物(抗体、致敏 T 细胞)可直接输注使受体获得相应的特异免疫力;⑤自限性,即可通过免疫调节,使免疫应答控制在适度水平或自限终止。

免疫响应的发生、发展和最终效应是一个相当复杂、但又规律有序的生理过程,这个过程可以人为地分成三个阶段。第一阶段是抗原识别阶段,抗原识别阶段是抗原通过某一途径进入机体,并被免疫细胞识别、提呈和诱导细胞活化的开始时期,又称感应阶段。第二阶段是淋巴细胞活化阶段,抗原刺激外加辅助的信号使淋巴细胞活化,活化后的淋巴细胞迅速分化增殖,变成较大的细胞克隆,生成大量的免疫效应细胞。B 细胞分化增殖变为可产生抗体的浆细胞,浆细胞分泌大量的抗体分子进入血液循环,这时机体已进入免疫应激状态。第三阶段是抗原清除阶段,抗原清除阶段是免疫效应细胞和抗体发挥作用将抗原灭活并从体内清除的时期,也称效应阶段。这时如果诱导免疫应答的抗原还没有消失,或者再次进入致敏的机体,效应细胞和抗体就会与抗原发生一系列反应。抗体与抗原结合形成抗原复合物,将抗原灭活及清除。

免疫系统有两种免疫响应方式:初次响应和二次响应。当免疫系统初次遇到一种抗原时,在适应性免疫系统经过多次的克隆变异,识别该抗原的免疫细胞会达到一定浓度,这时抗原被免疫系统识别,这个过程是初次响应,初次应答是对以前从未见过的病原体的应答过程。在初次免疫应答以后,免疫系统首次遭遇异体物质并将其清除体外,但免疫系统中仍保留一定数量的 B 细胞作为免疫记忆细胞,这使得免疫系统能够在再次遭遇相同异物后仍能快速反应并反击抗原,这个过程称为二次免疫应答。

2. 初次响应

当免疫系统初次遇到一种抗原时,适应性免疫系统经过多次的克隆变异,识别该抗原的免疫细胞会达到一定浓度,这时抗原被免疫系统识别。这个过程是初次响应,也称为免疫学习。当抗原初次侵入机体时,Th 细胞将发生一系列复杂的多层次的免疫反应,并向 B 细胞发出信号。当 B 细胞表面的抗体探测到抗原,并且收到 Th 细胞发来的信号时,B 细胞被激活,并且 B 细胞克隆被选择性活化,随之进行增殖与分化。此时其中部分 B 细胞迅速转化为浆细胞,浆细胞产生大量与抗原相应的特异性抗体,抗体与抗原结合使之失去活性,从而消除抗原的影响,称其为初次免疫应答或先天性免疫。也就是说,在初次免疫应答阶段需要首先刺激有限的特异性克隆扩增,才能达到足够的亲和力阈值。

初次响应的过程实际上隶属于免疫识别过程,其结果是识别特定抗原的免疫细胞的个体亲和力提高、群体规模扩大,并且最优个体以免疫记忆细胞的形式得到保存,成为免疫记忆细胞的个体将拥有更长的生命周期和更高的优先识别权。

初次响应的过程速度较慢,免疫细胞需要一定的时间进行免疫学习、识别抗原,并在识别结束后以最优抗原的形式保留对该抗原的记忆信息。当免疫系统再次遇到相同或类似抗原时,由于免疫记忆细胞的作用,固有免疫系统能够快速准确地实现二次响应。

3. 二次响应

在初次免疫应答后,免疫系统首次遭遇异体物质并将其清除体外,但免疫系统中仍保留一定数量的 B 细胞作为免疫记忆细胞,当再次遇到此类物质时系统会更快做出反应,迅速繁殖,转化为浆细胞,产生大量抗体,迅速消灭抗原。这使得免疫系统能够在再次遭遇相同异物后快速反应并反击抗原,这个过程称为二次免疫应答。

二次免疫应答反应性高、增殖快、容易发生类转换,所以表现为潜伏期短、抗体浓度高、持续时间长、无须重新学习。因此,二次应答比初次应答具有更高的亲和力,二次免疫应答对引起初始免疫反应及造成免疫系统 B 细胞和抗体数量迅速增加的抗原是特意的。这种二次免疫应答要归功于免疫系统内存留的 B 细胞,这样当抗原或类似抗原再次入侵时,不用再重新生成抗体,因为已经有抗体存在了,这意味着身体准备抗击一切再感染。二次响应是一个增强式学习过程,并且具有联想记忆功能,可以根据记忆细胞识别结构类似的抗原。同时免疫系统也随着这个过程得到进化,免疫系统的进化是免疫学习、免疫记忆的结果。免疫细胞的克隆选择和遗传变异对免疫系统的进化起着重要作用。变异提供产生高度多样化的抗体可变区,而克隆则只选择那些能够成功与抗原结合的抗体进行,并作为免疫记忆细胞保持下来,如图 2.4 所示。

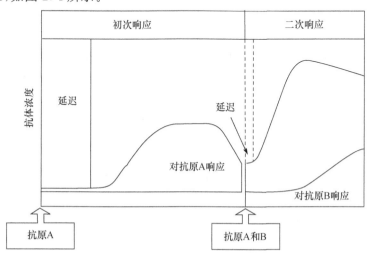

图 2.4　初次响应与二次响应

2.3.3　免疫系统的信息处理特性

从信息处理的观点来看,生物免疫系统存在许多有用的特性[73-75],主要包括以下几点。

(1) 模式识别:免疫系统是由检测外来抗原的细胞群组成,这些细胞能区分自体-非自体模式,这一特性赋予免疫系统辨识入侵的能力。

(2) 特异性:每种抗体或受体只能识别和结合特定的抗原。抗原与抗体发生结合反应的物质基础是抗原的抗原决定基与抗体决定基结合部位之间的结构互补性,二者相互结合。

(3) 交互性:免疫系统的多层防御机制,尤其是固有性与适应性免疫层之间的交互刺激,细胞之间的活化作用以及互相连接细胞的信号交互构成的免疫网络都体现了免疫系统的交互性。

(4) 多样性:免疫系统由多种类型元素组成,包括细胞、蛋白质、分子,所有这些元素协同实现对病原体的防御功能。免疫系统的多样性还体现在免疫系统的多层防御机制,由物理化学层、固有层和适应性层形成的防御系统中各层都有其不同的防御机制。

(5) 异常检测:通过自体-非自体识别机制,免疫系统具有检测新病原体和已知病原体的能力,即免疫系统能够识别以前从未遇到过的病原体。

(6) 噪声耐受:通常免疫受体不会绑定到整个抗原,而只是一部分(缩氨酸)。这样,免疫系统只是通过部分匹配来检测和响应抗原。缩氨酸以抗原提呈细胞(APC)的形式出现在淋巴细胞受体。这些 APC 就好像过滤器,它们能提取重要信息并能去掉分子噪声。

(7) 容错:在免疫系统中没有单一的防御点,它是通过多层机制对外来抗原进行防御的,免疫层次的多样性和它们的构件确保了不可能所有的防御线都同时失效,免疫系统的冗余特性使其具有了容错性。

(8) 分布性:免疫系统的细胞分子分布于生物体全身,从皮肤和黏液所在的物理和化学层到固有和适应性免疫系统,都可以发现免疫系统的元素。免疫系统没有中心控制器,检测和响应能很快在局部执行。

(9) 免疫学习和记忆:从克隆选择的角度,免疫系统通过克隆和变异学习新抗原,并且抗原的相关信息以记忆细胞的形式存储。从免疫网络理论的角度,免疫系统通过免疫细胞抗体浓度的改变进行学习,并将免疫细胞之间的相互连接当做记忆[76]。

近年来,生物学界对生物免疫机制的研究又有了突飞猛进的发展,其中最具轰动性的事件是美国科学家布鲁斯·博伊特勒(Bruce A. Beutler)和法国科学家朱尔斯·霍夫曼(Jules A. Hoffmann)因"发现免疫系统激活的关键原理"、加拿大科学家拉尔夫·斯坦曼(Ralph M. Steinman)因"发现树突细胞及其在获得性免疫中的作用"而获得 2011 年诺贝尔生理学或医学奖。这些被授予 2011 年诺贝尔奖的发现为人们认识免疫系统的激活和调节机制提供了新视角,也为人工免疫系统的深入研究开辟了新的途径。

2.4 人工免疫系统概述

人工免疫系统(artificial immune system, AIS)是受免疫学启发,模拟生物免疫系统功能、原理和模型来解决复杂问题的自适应系统。可通过免疫算法进行人工免疫系统的计算和控制,并将其应用于解决优化计算、信息安全、智能网络、故障诊断、智能机器人等领域的问题。

2.4.1 人工免疫系统研究内容和范围

人工免疫系统结合了如人工神经网络和机器推理等原有一些智能信息处理的特点,在解决大规模复杂性问题方面具有很大的潜力。有鉴于此,近年来人们对人工免疫系统及相应算法的研究逐渐活跃起来。目前人工免疫系统的研究内容和范围主要包括三个方面[77]。

1) 基于免疫的计算智能

目前以生物免疫系统作为发展计算智能技术的启发源泉,已经开发了许多基于免疫系统的计算技术,包括各种基于免疫原理的免疫算法、人工免疫网络和免疫计算系统等。

(1) 免疫算法主要有否定选择算法、克隆选择算法和树突状细胞算法,以及将它们改进后产生的算法,还包括一些针对特定问题提出的基于免疫机理的算法。

(2) 在生物免疫系统基础上建立的人工模型主要包括人工免疫系统模型和人工免疫网络模型。人工免疫网络模型有独特型网络、互联耦合免疫网络、免疫反应网络和对称网络等。

(3) 利用免疫系统抗体多样性的机制改进遗传算法的搜索能力,以及将免疫机制用于人工神经网络[78-80]、模糊系统[81,82]等建立混合型智能计算系统。

人工免疫系统不仅仅是一种计算工具,其涉及的研究内容和应用范围越来越广泛。但从目前的研究和应用来看,大多仍以发展基于免疫原理的计算方法为主。

2) 人工免疫系统的工程应用

工程应用包括各种免疫计算智能技术在工程中的应用研究,建立利用免疫系统原理及特性解决工程问题的人工智能系统,如智能网络、故障诊断、智能机器人、各种计算机安全和网络入侵检测系统等[83-86]。

3) 人工免疫系统的理论研究

人工免疫系统的理论研究主要是借助数学模型、非线性、复杂、混沌、计算智能等理论深入研究人工免疫系统的机制,包含固有免疫系统的人工免疫的新框架。

2.4.2　基于免疫的计算智能

从计算方面看,生物免疫系统是一种并行和分布的自适应系统,具有进化学习、模式识别和联想记忆等功能。免疫系统可以学习识别相关模式,记忆已有模式,用组合学高效地建立模式检测器。自然免疫系统是发展解决智能问题技术的启发源泉,研究人员已经开发了许多基于免疫原理的免疫算法、人工免疫网络和计算系统及模型等。

（1）依据生物免疫系统原理开发新的智能计算算法,免疫算法主要有否定选择算法、克隆选择算法、免疫遗传算法,以及将它们改进后产生的算法,还包括一些针对特定问题提出的基于免疫机理的算法,可把这些算法统称为免疫算法。目前免疫算法方面的研究较活跃,发展较迅速。

（2）在生物免疫系统基础上建立免疫人工模型,包括人工免疫网络模型和人工免疫系统模型。人工免疫网络模型有 aiNet、免疫多值网络和免疫PDP 网络等,人工免疫系统模型有骨髓模型和二进制免疫系统模型等。各种免疫网络学说,如独特型免疫网络、互联耦合免疫网络、免疫反应网络和对称网络等,可用于建立人工免疫网络认知模型,目前应用最广的是独特型免疫网络。

（3）一方面利用免疫系统抗体多样性的机制改进遗传算法的搜索优化,以及将免疫机制用于人工神经网络、模糊系统[87,88]等建立混合型智能计算系统;另一方面,利用免疫系统自身具有的进化学习机制和学习外界物质的自然防御机制,可以建立解决机器学习等问题的新型机器学习系统[89],还可发展用于解决数据分析等问题的新型智能人工免疫系统。

(4) 随着生物界对固有免疫机制重要性的发现,人工免疫系统也对固有免疫系统及免疫系统的激活和调节机制进行了研究,特别是树突状细胞算法为人工免疫系统的深入研究开辟了新途径。

人工免疫系统不仅是一种计算工具,其涉及的研究内容和应用范围会越来越广泛。

2.4.3 人工免疫系统的工程应用

工程应用包括各种免疫计算智能技术在工程中的应用研究,建立利用免疫系统原理及特性解决工程问题的人工智能系统。目前人工免疫系统的应用主要集中在如下几个方面。

1. 自动控制

自动控制是人工免疫系统应用的重要方向之一。免疫系统能够在动态变化的环境中维持其自身的稳定,是一个鲁棒性很强的自适应控制系统,它能够处理环境干扰和不确定性。这种自适应机制为未知环境中的动态问题求解提供了一套崭新的思路。KrishnaKumar[90]提出免疫化神经网络辨识和控制的思想,实现了不确定系统快速在线辨识和自适应控制;Mitsumoto 等[91]提出了基于免疫机理的分布式机器人群体数量决策方案,实现了分布式自治机器人群体的自组织;Takahashi 等[92]基于 T 细胞免疫反馈规律设计出一种免疫反馈控制器,实现了对非线性对象的有效控制;Dasgupta[93]借鉴独特型网络理论和免疫系统的识别反应机理,构造了基于人工免疫系统的多智能体决策和控制框架;Kim[94]利用免疫网络算法优化 PID 控制器参数,实现了对非线性对象的自适应 PID 控制。

2. 模式识别

免疫系统是一个动态随机系统,通过抗体与抗原的亲和作用实现对外来入侵的抗击。人工免疫系统基于该机理进行模式识别。Cooke 等[95]基于免疫机理模拟解决了 DNA 序列的模式识别问题。De Castro 等[96]采用状态空间表示待识别的模式,研究了基于克隆选择机理的字符识别问题。Hunt 等[97]建立了基于 Java 实现的人工免疫系统构架 Jisys,用于模式识别,该模型集成分类器系统、神经网络、机器推理和基于实例的检索等优点,具有噪声忍耐、无监督学习的能力,能外在地表达学习内容。Ahmad 等[98]开发了基于人工疫苗的学习系统,将记忆细胞和抗体引入学习过程以提高性能,学习系统结合神经网络和注入接种材料的人工免疫系统,并利用免疫抑制和自身免疫进行抗体变异。田玉玲和任澎[99]基于生物体液免疫机理,提出区分 B 细胞与抗体功能的思想,设计了用于模式识别的人工体液免疫模型。

3. 故障诊断

免疫系统的一些机理为故障诊断研究领域提供了新思路。日本学者 Ishida等[100]研究基于 PDP 网络模型的学习算法在分布式故障诊断中的应用,将免疫网络模型用于故障诊断中的特征识别。Dasgupta 等[101]基于免疫系统的否定选择机理,提出了一个高效检测算法用于检测系统和进程中稳态特征的变化。故障诊断是从免疫系统直接映射而来的人工免疫系统应用领域,并且已经取得了一定的研究成果,深入挖掘人工免疫系统仿生机理将有助于进一步开展基于人工免疫系统的故障诊断方法研究。

4. 优化计算

免疫系统能够并行地处理不同类型的抗原,其多样性抗体进化机理可以用于寻优搜索。例如,可以利用免疫系统的抗体浓度控制机制改造遗传算法,克服遗传算法的早熟问题。当前,在优化方面的应用比较多,如同步电机参数优化[102];VLSI 印刷线路板布线优化[103];函数测试、旅行商问题求解[104]。戚玉涛和焦李成等[105]提出一种求解复杂多目标优化问题的混合优化算法,在免疫多目标优化算法中引入分布评估算法对进化种群进行建模采样;孙奕菲和焦李成等[106]将人工免疫系统视为一种复杂信息网络进行问题寻优,并利用和谐管理的概念构造相应的规则集来控制其进化过程。

5. 网络安全

计算机网络的安全问题与免疫系统所遇到的问题具有惊人的相似性,两者都是要在不断变化的环境中维持系统的稳定性。免疫系统具有良好的多样性、耐受性、免疫记忆、分布式并行处理、自组织、自学习、自适应和鲁棒性等特点,引起研究人员的普遍关注。Forrest 及其研究小组最早开展了基于人工免疫系统的信息安全研究,并提出计算机免疫系统,从而增强了计算机与网络系统的安全性;Kim 等[107]基于克隆选择和否定选择机理研究网络的入侵检测问题;在病毒检测方面,D'Haeseleer 等[108]使用否定选择算法来检测被保护数据和程序文件的变化。

除了上述几个方面,人工免疫系统在图像处理、金融机构风险预测分析、安防系统等领域也有相关应用。

2.5　人工免疫系统的结构

2.5.1　工程免疫系统结构

为了建立通用的人工免疫系统基准,De Castro 和 Timmis[109]于 2003 年提出一种用于工程的人工免疫系统结构,是人工免疫系统的抽象模型,其结构包括四个基本元素。

(1) 应用领域:根据领域需求建立目标函数,建立人工免疫系统的应用模型。

(2) 问题描述:选择用于人工免疫系统组件的有关描述方法,定义免疫元素的数学表达。

(3) 亲和力计算:定量描述人工免疫系统中的元素与外界环境、元素与元素之间的交互方式。

(4) 免疫算法:包括控制系统随时间动态变化的过程,即免疫算法定义了人工免疫系统的行为变化。

这一结构的原理包括:建立免疫器官、细胞、分子抽象模型的一种描述,一组用于量化元素之间的交互作用的亲和力函数集,一组控制人工免疫系统动态特性的多功能算法。

人工免疫系统的描述受到应用领域的影响,De Castro 和 Timmis 提出状态空间表示方法,这种表示法实际上是将问题域描述为抗原的不同模式,人工免疫系统用抗体的自体模式集与抗原相互作用,抗体对抗原识别的程度由多种不同的亲和力计算方法表示。免疫算法利用这种问题描述方式对控制抗体产生的具体免疫机制建立模型。按照问题描述、亲和力计算和免疫算法工程结构的三个步骤,可以产生应用领域的人工免疫系统解决方案。

工程免疫系统结构可以看作一种分层结构,如图 2.5 所示。分层方法提供了结构中生成每个元素的递进方式。为了构建系统,首先需要明确一个应用领域或目标函数。在此基础上,再来考虑系统元素的问题描述方式。一旦选定了描述方式,通常需要一种或多种亲和力计算方法来量化系统元素之间的交互作用。目前已有多种亲和力计算方法,如 Hamming 距离和 Euclidean 距离。最后一层主要包含用以控制系统动态行为的算法应用。

所提出的算法包括：否定和肯定选择算法、克隆选择算法、骨髓算法、免疫网络算法等。

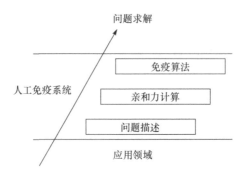

图 2.5　工程免疫系统结构[109]

2.5.2　人工免疫系统的概念结构

2005 年，Stepney 等[110,111]提出了一种受生物启发的概念结构，所提出的概念结构采用交叉学科方法。为了实现人工免疫系统的设计，通过一系列观测获得生物免疫作用的重要特征，并进行建模。概念框架第一步是探测、观察生物学理论，利用生物学观测和实验的结果提供生物系统的局部视图，并用局部视图建立生物理论的抽象描述和模型，这些模型可能是数学模型和计算模型。从模型的实施和有效性验证，可以获得对生物过程的一些深入认识，引导我们构建仿生算法，并构建计算框架。这些计算框架为工程领域问题的设计与分析提供了原理，如图 2.6 所示。

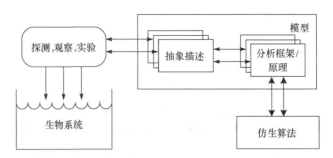

图 2.6　人工免疫系统的概念结构[111]

2.5.3　包含固有免疫性的人工免疫系统模型

人工免疫系统极少以固有免疫系统建立模型,并且目前还不存在集成固有免疫和适应性免疫设计人工免疫系统的体系结构。Hart 和 Timmis[112]对人工免疫系统目前的研究及应用进行了评价。他们指出,虽然人工免疫系统已有了很多成功的应用研究,但是在该领域还有许多潜在的、有价值的、有待开发的研究内容,在目前的人工免疫系统研究中忽视了某些重要的部分,限制了人工免疫系统研究的进展。他们认为有三个方面的研究将会在人工免疫系统领域发挥重要的作用。

1) 包含固有免疫系统的人工免疫系统模型的建立

生物免疫系统可以被看成是一个多层系统,主要的两层包括固有免疫系统和适应性免疫系统。两个子系统通过多重作用时相共同完成免疫功能。免疫系统的固有免疫和适应性免疫构成了一个异构组件系统,并具有多重作用时相,应用这些特性建立完整的免疫系统模型,能够获得更好的免疫性能。然而,迄今人工免疫系统主要是以生物适应性免疫系统建立模型,而极少考虑固有免疫系统的作用。可以验证基于固有免疫系统建立的人工免疫系统模型具有更好的特性。例如,可以利用固有免疫系统中的信号机制,应用其概念结构模型抽象出有用的机制。

考虑树突状细胞对适应性免疫应答的特殊重要性,Greensmith 等[21]于2005 年首次提出一种基于危险理论的全新算法——树突状细胞算法(dendritic cell algorithm, DCA)。树突状细胞算法是基于树突状细胞群体的算法,对抗原和抽象信号形式的数据流进行相关检测,输出信息表明抗原的异常程度。DCA 首次将固有免疫系统扩增到人工免疫系统中,增强了人工免疫系统的性能。

2) 生物体是一个有机的整体,具有保持自我平衡的能力

免疫系统不是孤立存在的,还会受到其他系统的影响和调节,其中最重要的是神经系统和内分泌系统。这种系统间的调节是一种整体平衡的调节,对机体更好地适应外界环境起到重要的作用。

3) 免疫系统具有连续学习能力

生物机体在整个生命周期中,其免疫系统时刻都在产生新的免疫细胞,以适应外界环境和内部自身的变化[113,114]。这一特性有别于大部分其他的生物启发的学习算法,如遗传算法、神经网络等。免疫系统的这种终生学习特性可应用于具有连续学习的问题求解。

人工免疫系统源于生物免疫理论的启发,而生物免疫系统是一个非常复杂的系统,迄今仍然是不完备的,生物医学领域的许多免疫现象还没有完全研究清楚,许多问题需要进一步医学实践检验。因此,人工免疫系统同样面临许多理论难题和应用难题。许多生物免疫机制及特性还未概括应用于人工免疫系统中[115,116]。

2.6　免疫算法及模型

2.6.1　否定选择算法分析

否定选择算法模拟免疫细胞的成熟过程,删除那些对自体产生应答的免疫细胞,从而实现自体耐受。此算法包括耐受和检测两个最重要的阶段。耐受阶段负责成熟检测器的产生,模拟 T 细胞在胸腺的检查过程;检测阶段则检测系统发生的变化,模拟生物免疫系统 T 细胞的非自体识别过程。算法的具体步骤如下:

(1) 随机产生大量的候选检测器。

(2) 对每个候选检测器,计算其与每一个自体元素间的亲和力,若这个候选检测器能识别出自体集中的任何一个元素(即亲和力达到指定阈值),则被删除;否则认为该检测器成熟,将其加入检测器集合。

(3) 将待检测数据与成熟检测器集合中的元素逐个进行比较,如果出现匹配,则证明待测数据为非自体(异常)数据。

1. 特征空间中否定选择算法概念图示(图 2.7)

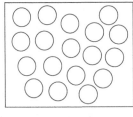

Step 1:
随机产生包含 n 个检测器的初始检测器群体来覆盖特征空间,图中每一个○表示一个检测器。

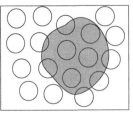

Step 2:
使用训练数据定义自体空间区域,来表示系统的正常状态。

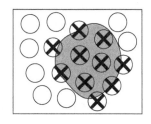

Step 3:
将与自体区域重叠的所有检测器删除,剩余的检测器用于检测非自体。

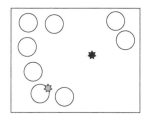

Step 4:
加入新的抗原并计算它和相邻检测器之间的亲和力。如果亲和力大于阈值,则该检测器被激活,并且将该抗原定义为异常状态(◉);否则该抗原为正常状态(★)。

图 2.7 特征空间中否定选择算法概念图示

2. 否定选择算法的模型描述

1) 自体-非自体的表示

每一个自体由 l 位的自体基因组成:$Self = (S_1, S_2, \cdots, S_l)$。

每一个非自体由 l 位的非自体基因组成:$N\_Self = (ns_1, ns_2, \cdots, ns_l)$。

2) 否定选择算法中的规则表述

(1) 检测器成熟规则 R_{ns}^m:与任何一个自体都不相匹配的候选检测器设置为成熟检测器。

(2) 成熟检测器检测规则 R_{ns}^d:若待测数据与成熟检测器相匹配,则待测数据为异常数据。

3) 否定选择算法流程

第一步:定义自体、非自体种群,候选检测器种群和成熟检测器种群。对于一个问题域 $X \in \{x_1, x_2, \cdots, x_l\}$,分为两个集合:自体集合(Self)和非自体集合(N_Self),其中有

$$Self \bigcup N\_Self = X, \quad Self \bigcap N\_Self = \varnothing \tag{2.1}$$

检测器种群分为候选检测器和成熟检测器,并且检测器种群属于问题域 X,候选检测器种群 $Det = \{Det_1, Det_2, \cdots, Det_n\}$ 和成熟检测器种群 $Det^m = \{Det_1^m, Det_2^m, \cdots, Det_k^m\}$,其中候选检测器种群规模为 n,成熟检测器规模为 k,且

$$Det_i = (d_1, d_2, \cdots, d_l), i \in [1, n]; \quad Det_j^m = (d_1, d_2, \cdots, d_l), j \in [1, k] \tag{2.2}$$

　　第二步：随机检测器成熟过程。利用检测器成熟规则 R_{ns}^m，计算每一个自体检测器与候选检测器的亲和力，确定具体阈值 η，生成成熟检测器。具体规则如下：

$$R_{ns}^m(\text{Det}) = R_{ns}^m(\{\text{Det}_1, \text{Det}_2, \cdots, \text{Det}_n\}) = \{\text{Det}_1^m, \text{Det}_2^m, \cdots, \text{Det}_k^m\}$$

(2.3)

R_{ns}^m 规则具有计算候选检测器与自体的亲和力以及选择成熟的检测器两个过程：

　　（1）计算亲和力大小。最常用的三种计算抗原抗体亲和力的方法如下。

Euclidean 距离：

$$\text{aff} = \sqrt{\sum_{i=1}^l (d_i - s_i)^2}$$

(2.4)

Manhattan 距离：

$$\text{aff} = \sqrt{\sum_{i=1}^l |d_i - s_i|}$$

(2.5)

Hamming 距离：

$$\text{aff} = \sum_{i=1}^l \delta, \begin{cases} \delta = 1, & d_i \neq s_i \\ \delta = 0, & \text{其他} \end{cases}$$

(2.6)

通过亲和力计算，生成一个候选检测器的亲和力集合：

$$\text{Aff}(\text{Det}) = \text{Aff}(\{\text{Det}_1, \text{Det}_2, \cdots, \text{Det}_n\}) = \{\text{aff}_1, \text{aff}_2, \cdots, \text{aff}_n\} \quad (2.7)$$

　　（2）确定阈值 η，通过对每一候选检测器与自体的亲和力进行比较产生成熟检测器：

$$\text{compare}(\text{Aff}) = \text{compare}(\text{aff}_1, \text{aff}_2, \cdots, \text{aff}_n) = \{\text{Det}_1^m, \text{Det}_2^m, \cdots, \text{Det}_k^m\}$$

(2.8)

如果大于阈值，说明匹配自体，这样的检测器就要删除；如果小于阈值，说明不匹配自体，这样的检测器就成为成熟检测器，加入成熟检测器集合。

　　第三步：成熟检测器成熟过程。利用成熟检测器检测规则 R_{ns}^d，成熟检测器及时发现外来集合 $\text{Ex} = \{\text{Ex}_1, \text{Ex}_2, \cdots, \text{Ex}_t\}$（其中 $\text{Ex}_i = (ex_1, ex_2, \cdots, ex_l)$，$i \in [1, t]$）的非自体（抗原）及自体集合中的非自体（自体变异），具体过程如下：

$$\begin{aligned} R_{ns}^d(\text{Ex}) &= R_{ns}^d(\{\text{Ex}_1, \text{Ex}_2, \cdots, \text{Ex}_t\}) \\ &= \{\text{N\_Self}_1, \text{N\_Self}_2, \cdots, \text{N\_Self}_w\}, \quad t \geqslant w \end{aligned}$$

(2.9)

$$\begin{aligned} R_{ns}^d(\text{Self}) &= R_{ns}^d(\{\text{Self}_1, \text{Self}_2, \cdots, \text{Self}_r\}) \\ &= \{\text{N\_Self}_1, \text{N\_Self}_2, \cdots, \text{N\_Self}_u\}, \quad r \geqslant u \end{aligned}$$

(2.10)

2.6.2 克隆选择算法

克隆选择算法用来解释抗体是如何识别抗原的。生物免疫系统的克隆选择学说早在 1958 年就由 Bunret 建立,而计算机领域的克隆选择算法模型却直到 1999 年才由巴西的 De Castro 和 Von Zuben[3] 明确提出。该算法模拟生物免疫系统的学习进化过程,其中涵盖的免疫机制包括:

(1) 高频变异:变异率与亲和力成反比,与抗原亲和力较低的免疫细胞需经历高频变异来寻找具有更高亲和力的免疫细胞。

(2) 克隆删除:低亲和力细胞的死亡。免疫细胞经过变异可能产生许多低亲和力的免疫细胞,这些细胞因得不到与抗原结合的机会而死亡。

(3) 克隆增殖:亲和力最高的个体选择和复制。根据免疫细胞与抗原的亲和力大小对免疫细胞进行克隆繁殖,亲和力越高,克隆繁殖的机会越大,克隆的数目越多。

(4) 受体编辑:随机产生一些新抗体来替换群体中的某些个体,变异可能导致局部极值,受体编辑则扩大了搜索范围,加大找到全局最优值的可能性。

克隆选择算法能够完成机器学习和模式识别的任务,并可以用来解决模式识别和优化问题。主要过程是选择亲和力高的生成免疫细胞的副本,亲和力低的则进行变异。选择是克隆选择的前提,基于亲和力的选择有很多方法,如精英选择、基于等级的选择、双级选择、联赛选择等。受体编辑和高频变异在克隆选择中扮演了重要角色,前者提供一种消除局部极值的能力,后者可使免疫应答快速成熟。

克隆选择算法的基本步骤:

(1) 初始群体的产生,包括记忆群体 M。

(2) 根据与抗原的亲和力大小从初始群体中选择 n 个最佳个体。

(3) 克隆 n 个最佳个体,克隆的规模与亲和力的大小成正比。

(4) 克隆后的个体产生变异,变异概率与抗体的亲和力成反比。

(5) 在新产生的群体中重新选择一些好的个体加入记忆群体,母体中的一些个体被新群体中的其他优于母体的个体取代。

(6) 插入若干新个体替换掉亲和力低的个体以保持群体多样性。

克隆选择算法具有以下特点:

(1) 多样性:为数不多的检测器却可以满足所有免疫识别的需要。

(2) 最优化:由于具有较高亲和力的抗体细胞在选择和分解过程中占有优势,所以可以产生较多目标很强的检测器,从而对检测器的识别更有效。

（3）局部搜索能力：分裂过程中突变的存在使得检测器可以在局部的范围内发生变化，以提高识别能力。

（4）淘汰性：具有较低亲和力的淋巴细胞将会被淘汰，从而使得免疫系统的识别能力不断地提高。

（5）学习记忆性：在第一阶段响应结束时，有部分的检测器就被永久地保存下来，从而可以在以后产生第二阶段响应，以迅速识别抗原。

1. 特征空间中克隆选择算法概念图示（图 2.8）

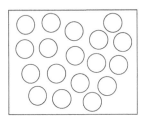

Step 1:
随机生成包含n个检测器的初始检测器群体，图中每一个○是一个检测器。

Step 2:
出现新的抗原(抗原✦)，选择与其距离最近的检测器进行克隆，其中抗原与检测器的距离可选择一种指定计算方法，如Euclidean计算方法。

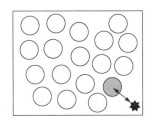

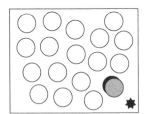

Step 3:
根据检测器和抗原之间的亲和力大小克隆距抗原最近的检测器，检测器的克隆数目与亲和力成正比，亲和力越大，生成的检测器数目越多。

Step 4:
对克隆生成的检测器进行变异，变异的距离和亲和力成反比。亲和力越大，变异检测器之间的距离越大。

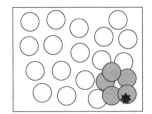

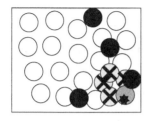

Step 5:
找到最佳匹配的克隆检测器,并且将其归类到识别该抗原的检测器中。删除其他冗余的克隆体,并用随机产生的新检测器替代。重复 Step 2～Step 5,直到满足循环终止条件。

图 2.8 特征空间中克隆选择算法概念图示

2. 克隆选择算法模型描述

1) 检测器和抗原的表示

每一个检测器由 l 位的检测器基因组成:$Ab=(ab_1,ab_2,\cdots,ab_l)$。

每一个抗原由 l 位的抗原基因组成:$Ag=(ag_1,ag_2,\cdots,ag_l)$。

2) 克隆选择算法中的规则表述

(1) 克隆选择规则 R^s_{cs}:根据亲和力大小,选择亲和力高的检测器进行克隆增殖。

(2) 克隆增殖规则 R^p_{cs}:对克隆选择出的优秀检测器种群,根据亲和力大小,进行不同规模的增殖。

(3) 高频变异规则 R^h_{cs}:根据亲和力大小,对不同检测器进行变异。

(4) 免疫记忆规则 R^m_{cs}:选取亲和力最高的检测器进入记忆细胞集合,成为记忆细胞。

3) 克隆选择算法流程

(1) 定义抗原与随机检测器种群。目标抗原由 l 位抗原基因组成,表示为:$Ag=(ag_1,ag_2,\cdots,ag_l)$;随机生成规模为 n 的检测器种群,表示为:$Det=\{Ab_1,Ab_2,\cdots,Ab_n\}$,其中每个检测器由 l 位检测器基因组成,表示为:$Ab=(ab_1,ab_2,\cdots,ab_l)$。

(2) 克隆选择。利用克隆选择规则 R^s_{cs},根据亲和力大小,对检测器进行选择。具体规则 R^s_{cs} 如下:

$$R^s_{cs}(Ab)=R^s_{cs}(\{Ab_1,Ab_2,\cdots,Ab_n\})=\{Ab'_1,Ab'_2,\cdots,Ab'_n\} \quad (2.11)$$

并且生成一个变异的概率 $p,p=\{p_1,p_2,\cdots,p_n\}$。这个选择概率集合 $\{p_1,p_2,\cdots,p_n\}$ 是与 $\{Ab'_1,Ab'_2,\cdots,Ab'_n\}$ 相对应的,即亲和力大的检测器选择概率就大。R^s_{cs} 规则由计算检测器与抗原的亲和力大小和排序两部分组成:

① 计算亲和力大小。以 Euclidean 距离计算为例,抗原检测器亲和力

$$\text{aff} = \sqrt{\sum_{i=1}^{l} (\text{ab}_i - \text{ag}_i)^2}$$

② 计算完亲和力之后生成一个亲和力的集合:$\text{Aff} = \{\text{aff}_1, \text{aff}_2, \cdots, \text{aff}_n\}$,然后通过排序生成新的检测器序列:$\text{rank}(\text{Aff}) = \text{rank}(\{\text{aff}_1, \text{aff}_2, \cdots, \text{aff}_n\}) = \{\text{Ab}'_1, \text{Ab}'_2, \cdots, \text{Ab}'_n\}$。另外,选择概率 p 的值由式(2.12)计算:

$$p_i = \frac{\text{aff}_i}{\sum_{i=1}^{n} \text{aff}_i}, \quad i \in [1, n] \tag{2.12}$$

根据 $R^s_{\text{cs}}(\text{Ab}) = R^s_{\text{cs}}(\{\text{Ab}_1, \text{Ab}_2, \cdots, \text{Ab}_n\}) = \{\text{Ab}'_1, \text{Ab}'_2, \cdots, \text{Ab}'_n\}$ 选择出 $\varepsilon \times n$ 个优秀检测器,即种群 $\{\text{Ag}'_1, \text{Ag}'_2, \cdots, \text{Ag}'_{\varepsilon \times n}\}$ 进入克隆增殖过程,对应的选择概率为 $\{p_1, p_2, \cdots, p_{\varepsilon \times n}\}$。

(3) 克隆增殖。利用克隆增殖规则 R^p_{cs},对克隆选择出来的优秀检测器种群进行克隆增殖,每一个检测器的增殖规模与每个检测器选择概率有关[117,118]。具体规则如下:

$$R^p_{\text{cs}}(\{\text{Ag}'_1, \text{Ag}'_2, \cdots, \text{Ag}'_{\varepsilon \times n}\})$$
$$= \{^1\text{Ag}'_1, {}^2\text{Ag}'_1, \cdots, {}^{p_1}\text{Ag}'_1\} \bigcup \{^1\text{Ag}'_2, {}^2\text{Ag}'_2, \cdots, {}^{p_2}\text{Ag}'_2\}$$
$$\bigcup \cdots \bigcup \{^1\text{Ag}'_{\varepsilon \times n}, {}^2\text{Ag}'_{\varepsilon \times n}, \cdots, {}^{p_{\varepsilon \times n}}\text{Ag}'_{\varepsilon \times n}\} \tag{2.13}$$

其中,$\text{Ag}'_i = {}^j\text{Ag}'_i (i \in [1, \varepsilon \times n], j \in [p_1, p_{\varepsilon \times n}])$。检测器亲和力越大,检测器增殖的规模就越大。

(4) 高频变异。利于高频变异规则 R^h_{cs},对亲和力小的检测器进行变异,变异频率就是之前的选择频率 $\{p_1, p_2, \cdots, p_{\varepsilon \times n}\}$。对亲和力低的 $n - \varepsilon \times n$ 个检测器进行变异,亲和力越小,变异的概率就越大。具体规则如下:

$$R^h_{\text{cs}}(\{\text{Ab}'_{n-\varepsilon \times n+1}, \text{Ab}'_{n-\varepsilon \times n+2}, \cdots, \text{Ab}'_n\})$$
$$= \{^{1-p_{n-\varepsilon \times n+1}}R^h_{\text{cs}}(\text{Ab}'_{n-\varepsilon \times n+1}), {}^{1-p_{n-\varepsilon \times n+2}}R^h_{\text{cs}}(\text{Ab}'_{n-\varepsilon \times n+2}), \cdots, {}^{1-p_n}R^h_{\text{cs}}(\text{Ab}'_n)\}$$
$$= \{\text{Ab}^h_1, \text{Ab}^h_2, \cdots, \text{Ab}^h_{\varepsilon \times n}\} \tag{2.14}$$

(5) 免疫记忆。利用免疫记忆规则 R^m_{cs},从检测器集合中选取 $\eta \times n$ 个优秀检测器进入记忆细胞集合,成为记忆细胞。具体规则如下:

$$R^m_{\text{cs}}(R^p_{\text{cs}}(\{\text{Ag}'_1, \text{Ag}'_2, \cdots, \text{Ag}'_{\varepsilon \times n}\})) = \{\text{Ag}'_1, \text{Ag}'_2, \cdots, \text{Ag}'_{\eta \times n}\} \tag{2.15}$$

2.6.3　aiNet 免疫网络模型

人工免疫网络是受生物计算模型启发,基于免疫网络理论的思想和概念提出的。借鉴了生物免疫中 B 细胞之间的交互作用(激励与抑制)以及克隆和变异过程机理。目前多数免疫网络模型是基于 Jerne[16] 的独特型免疫网络理论提出的。免疫网络是反映免疫系统动力学行为特性的物质基础,如何模拟免疫系统与外在环境发生作用的动态结构及其自适应学习能力是免疫网络算法研究的核心内容之一。

医学专家 Jerne 提出的独特型免疫网络理论指出,免疫系统由即使没有抗原的情况下也能互相识别的细胞分子调节的网络构成。此后,生物科学领域中,人们又提出的一些免疫网络模型主要包括:独特型免疫网络、互联耦合免疫网络、免疫反应网络、对称网络和多值免疫网络等。受生物免疫网络的启发,已经建立了各种人工免疫网络模型,其中主要包括:独特型网络模型,Tang 等提出一种与免疫系统中 B 细胞和 T 细胞之间相互反应相类似的多值免疫网络模型,Herzenberg 等提出一种更适合于分布式问题的松耦合网络结构,De Castro 等提出的 aiNet 免疫网络,Timmis 于 2000 年提出的可视化有限资源人工免疫系统。除此之外,还有免疫 Agent 模型、动态免疫网络模型、对称性网络、免疫反应网络等。人工免疫网络仍是人工免疫理论的最为重要的研究部分之一,并在工程领域得到一定的应用。

本节以 aiNet 免疫网络模型为例介绍免疫网络的基本原理。De Castro 等[6] 于 2001 年提出 aiNet(an artificial immune network for data analysis)网络模型,它是一个加权的不完全连接图,用进化策略控制网络的动态性与可塑性。aiNet 模拟免疫网络对抗原激励的反应过程,包括抗体-抗原识别、免疫克隆增殖、亲和力成熟以及网络抑制。

1. 模型概述

aiNet 网络模型忽略 B 细胞和抗体的区别,具有减少冗余、描述数据结构、包括聚类形状等特征。它的知识分布在细胞中,通过网络细胞亲和力和浓度的变化进行学习。它具有较大的高度特异细胞数量和多样性,以及噪声耐受能力、概括能力和自动联想记忆能力。

aiNet 称为细胞的节点集合组成,它实际上是一个边界加权图,无需全部连接,节点对集合即为边界。每一个连接的边界具有一组分配的权或连接强度。经过动态不断的识别调整,最终会输出记忆细胞矩阵和细胞间亲和力矩阵。记忆细胞矩阵表示抗原群体的网络内映像,负责映射数据集合中的聚类到网络聚类,如图 2.9 所示。一个假设的网络结构由 aiNet 产生,图 2.10 给出细胞表示和连接强度,其中,虚线表示连接应被剪除,目的是检测聚类和定义最终的网络结构。抗体-抗原的亲和力通过其间的距离度量。

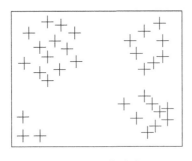

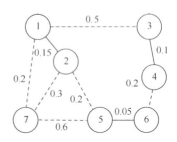

图 2.9　网络聚类　　　　　　图 2.10　aiNet 网络结构

aiNet 网络模型中的克隆免疫响应过程针对的是每一个存在的抗原模式。其中,存在两个压缩步骤,分别为克隆压缩和网络压缩。克隆压缩是针对去除自体识别细胞而言,而网络压缩是针对网络克隆不同单元的相似性而言。在 aiNet 网络模型中,抗体细胞要对抗原细胞进行竞争识别,竞争成功的抗体细胞会引导网络活化和细胞扩增,即实现克隆扩增过程,而竞争失败的抗体细胞会被清除,即为克隆压缩过程。除此之外,抗体与抗体之间也会进行识别,由此产生网络压缩。

可以说 aiNet 网络模型的最终目的是建立一个记忆集合,用来识别和表示数据结构组织,该模型用于数据聚类分析能表现出良好的性能,aiNet 网络模型具有以下优点:

(1) aiNet 用于数据聚类分析时,免疫记忆数据能以清晰可视化效果反映原始数据之间的聚类结构;

(2) 可通过抑制阈值参数调节控制生成的记忆细胞数目;

(3) 通过抗体之间的相互抑制,在一定程度上确保了抗体种群的多样性;

(4) 对样本空间搜索能力强;

(5) 适用于高维数据聚类。

2. 调节机制

在模型中通过竞争获取生存的权力,竞争通过亲和力来衡量。与抗原亲和力高的细胞(抗体)通过克隆选择原理进行克隆分裂,那些亲和力过低的抗体就会被消除。另外,抗体与抗体之间的识别会产生网络的抑制,在这个模型中,抑制机制通过消除那些识别自我的抗体来实现,也就是那些彼此太相似的抗体。整个模型通过一定的学习和调整机制最终留下一些记忆节点,这些节点就表示训练数据的压缩形式。记忆节点的数量与训练集合的特性和抑制阈

值 σ_s 有关, σ_s 用于提供对记忆数据的特殊性和大小的控制。

模型的学习过程如下:

(1) 随机地产生一些网络中的抗体,作为最初的网络节点,它们都是用一定长度的串表示。

(2) 把训练集合中所有的数据(抗原)都提呈给网络学习,每次一个数据。在每一次的学习过程中,选中的数据和网络中的所有节点接触,并且计算它们之间的亲和力。

(3) 一定数量亲和力高的抗体被选中,并根据它们之间的亲和力进行克隆,克隆的数目与亲和力成正比:亲和力越高,复制的克隆数目越多。之后,克隆产生的抗体会经历一个变异的过程:亲和力越低,变异率越高。在这个最终克隆集合中,选择亲和力高的抗体成为记忆抗体,加入原来的网络中。

(4) 新的网络还需要进行一些调整,删除冗余的数据。在这个过程中,需要计算新的记忆抗体与原来的抗体之间的亲和力(相似性),亲和力小于一定阈值就被消除。同时,与抗原的亲和力小于一定值的抗体也被消除(识别能力)。另外,还需要随机产生一些新的抗体加入网络中。

3. aiNet 网络模型算法

在 aiNet 算法中,每个被激励的抗体的克隆数目 N_C 由式(2.16)可见,即

$$N_C = \sum_{i=1}^{n} \mathrm{round}(N - D_{ij}N) \qquad (2.16)$$

其中, N 是网络中的抗体数目;round()表示四舍五入的函数; D_{ij} 是抗体 j 和抗原 i 之间的距离。

1) aiNet 网络模型算法中采用的符号定义

为了描述免疫网络中抗体与抗原的相互识别,采用状态空间理论,用 $\mathbf{R}$ 表示状态空间。假设 $X = \{x_1, x_2, \cdots, x_n\}$ 是待测对象的全体,其中 $X_i = [x_{i1}, x_{i2}, \cdots, x_{im}]^{\mathrm{T}}$ 表示第 i 个样本的 m 个特征值, x_i 可以用状态空间 $\mathbf{R}^m$ 中的一个点 r 来表示。将这个点 r 作为抗原,抗体与抗原之间的相互作用可以表示为连接图形式。

在 aiNet 中,随机生成的抗体不断进化,产生记忆抗体集 M 和连接强度矩阵 S 以近似地刻画抗原的特征和结构,集合 M 表示抗体群的网络内部影像,连接强度矩阵 S 来度量网络细胞之间的相似性,所以 S 也称为相似性矩阵,描述网络结构。然后用最小生成树检测和描述网络聚类的结构,并用可视

化技术将最终形成的网络特征和结构形象地表达出来。一般情况下,用抗体 Ab 表示算法产生反映抗原特征的数据,用抗原 Ag 表示待分析的数据,Ag-Ab 在状态空间中通过它们的亲和力互相作用,而亲和力的大小反映了它们的相似性。算法中采用的符号定义如下:

Ab:抗体指令集($Ab \in \mathbf{R}^{N \times L}$,$Ab = Ab_{(d)} \bigcup Ab_{(m)}$)。

$Ab_{(m)}$:所有的记忆抗体指令集($Ab_{(m)} \in \mathbf{R}^{m \times L}$,$m \leqslant N$)。

$Ab_{(d)}$:d 为要插入网络中的抗体($Ab_{(d)} \in \mathbf{R}^{d \times L}$)。

Ag:抗原集合($Ag \in \mathbf{R}^{M \times L}$)。

f_i:表示抗原 $Ag_{(j)}$ 与所有的记忆抗体 $Ab_{(i)}$($i = 1, 2, \cdots, N$)亲和力的向量,它的亲和力与 Ag-Ab 之间的距离成反比。

S:连接强度矩阵,表示抗体与抗体之间的相似性,其中 $S_{i,j}$($i, j = 1, \cdots, N$)是矩阵的某个元素。

C:表示从一个固定抗体 Ab 产生克隆抗体的集合($C \in \mathbf{R}^{N \times L}$)。

C^*:表示经过变异选择后的集合。

d_j:表示集合 C^* 中的所有抗体与抗原 Ag_j 之间亲和力的向量。

ζ:成熟的抗体被选择的比例。

M_j:抗原 Ag_j 的记忆克隆。

M_j^*:最后留下的 Ag_j 的记忆克隆。

σ_s:抑制阈值。

2) aiNet 学习算法的描述

在每一次循环中,执行:

(1) 对每个抗原 Ag_j($j = 1, \cdots, M, Ag_j \in Ag$),执行:

① 计算抗原和所有抗体的亲和力 $f_{i,j}$($i = 1, \cdots, N$),$f_{i,j} = 1/D_{i,j}$($i = 1, \cdots, N$):

$$D_{i,j} = \| Ab_i - Ag_j \|, \quad i = 1, \cdots, N \tag{2.17}$$

② 选择最高亲和力的 n 个抗体组成子集 $Ab_{(n)}$。

③ 这 n 个抗体将根据与抗原的亲和力 $f_{i,j}$ 成比例地进行克隆,生成克隆集 C:亲和力越高,克隆集越大,即 N_C 越大,N_C 表示每一个受激励细胞产生的克隆数。

④ 集合 C 服从于亲和力成熟过程的变异,生成变异集 C^*,C^* 中的每一个抗体将以一定的速率 α_k 变异,速率与其父抗体和抗原的亲和力 $f_{i,j}$ 成反比,亲和力越高,变异越小。

$$C_k^* = C_k + \partial_k(\mathrm{Ag}_j - C_k); \quad \partial_k \propto \frac{1}{f_{i,j}}; \quad k=1,\cdots,N_C; i=1,\cdots,N \quad (2.18)$$

⑤ 决定抗原和 C^* 元素之间的亲和力 $d_{k,j}=1/D_{k,j}$。

$$D_{k,j} = \parallel C_k^* - \mathrm{Ag}_j \parallel, \quad k=1,\cdots,N_C \quad (2.19)$$

⑥ 从 C^* 中选择 $\xi\%$ 具有最高亲和力 $d_{k,j}$ 的抗体,把它们存储于记忆克隆矩阵 M_j 中。

⑦ 细胞凋亡。对所有 M_j 中的记忆克隆细胞,进行亲和力 $d_{k,j}$ 与自然死亡阈值 σ_d 的比较,如果 $d_{k,j}>\sigma_d$,则删除该细胞。

⑧ 决定记忆克隆细胞间的亲和力 $S_{i,k}$:

$$S_{i,k} = \parallel M_{ji} - M_{jk} \parallel, \quad \forall i,k \quad (2.20)$$

⑨ 克隆抑制。删除 M_j 中那些亲和力小于抑制阈值的元素,即 $S_{i,k}<\sigma_s$ 的记忆细胞。

⑩ 将新生成的记忆抗体加入网络:

$$\mathrm{Ab}_{\{m\}} \leftarrow [\mathrm{Ab}_{\{m\}}; M_j^*] \quad (2.21)$$

(2) 计算所有 $\mathrm{Ab}_{\{m\}}$ 中的记忆抗体之间的亲和力:

$$S_{i,k} = \parallel \mathrm{Ab}_{i\{m\}} - \mathrm{Ab}_{k\{m\}} \parallel, \quad \forall i,k \quad (2.22)$$

(3) 网络抑制。删除亲和力 $S_{i,k}<\sigma_s$ 的抗体。

(4) 建立全部的抗体集合 $\mathrm{Ab} \leftarrow [\mathrm{Ab}_{\{m\}}; \mathrm{Ab}_{\{d\}}]$。

3) 测试终止条件

为了评估 aiNet 的收敛性,提出一些可选择的条件:

(1) 停止循环在预先定义的循环次数之后。

(2) 停止循环在抗体数量达到预先定义的网络中抗体数时。

在上述算法中,步骤①～⑦描述了克隆选择和亲和力成熟过程,步骤⑨～(3)描述的是免疫网络的行为。从上述学习算法中可以看出,一个克隆免疫响应由一个抗原引起,特别注意的是,在步骤⑨和(3)中存在克隆抑制和网络抑制。在此算法描述的学习阶段之后,网络中的抗体代表暴露其中的抗原内映像。

这个网络的输出可以看作一个抗体集合($\mathrm{Ab}_{\{m\}}$)和一个亲和力矩阵 S。其中抗体矩阵就是数据的压缩形式,而 S 决定网络中各个抗体之间的联系。

2.6.4　树突状细胞算法

1. 危险理论模式

近代生物免疫学指出,生物机体具有识别"自体"和"非自体"的功能,并能排除非自体。当抗原性异物进入机体组织后,机体可以识别出"自体"和"非自体",并产生免疫特异性应答,排除抗原性异物,从而维持自身的生理平衡和稳定。基于生物免疫学,近年来各种各样的自体-非自体模式(SNS)的人工免疫模型相继被国内外学者提出,此类模型中计算机系统可以识别"自体"和"非自体"。但该模型也存在其局限性,随着自体和非自体数量的增加,自体和非自体之间的界限越来越模糊,导致了基于 SNS 模型的应用有很大的误检率。模型中的自体不一定都是无害的,而非自体也不一定都是有害的,也就是如何真正区分自体和非自体的问题。

Matzinger[119]在 1994 年提出生物免疫危险理论模式,开创了一种有别于"自体-非自体"的全新免疫应答模式——"危险理论"。危险理论认为人体免疫应答是由危险信号所引发,并不是由非自体触发。免疫系统并不是抵制一切外来物质,即对非自体物质的抵制也是有针对性的,只有诱发危险信号的非自体才会引发人体免疫应答[120]。引起机体发生免疫反应的是"危险",并且"危险"并不等同于"非自体"[121],因为仅凭"非自体"并不会导致机体免疫反应。生物机体需要多加防范的是"危险",而不是"非自体",同时也应该认识到并不是所有自体-非自体的识别都会导致"危险"的发生。免疫应答是由产生于多种不同危险信号之间相互关联的"危险"引起的,并且机体免疫系统的建立也不局限于自体-非自体识别。与 SNS 识别模型相比,危险理论的优点显而易见。首先,不需要搜集自体集合,这就避免了 SNS 识别模型中搜集自体集合困难的问题;其次,不需要对样本进行大量的训练,因此检测过程更加简单;再次,只对那些影响机体产生危害的抗原进行免疫应答,在一定程度上降低了误检率。

在 Matzinger 的研究基础上,2002 年,英国 Nottingham 大学的 Aickelin 及其研究小组将危险理论应用于人工免疫系统。同时,该小组的 Greensmith 等[21]在 2005 年第四届国际人工免疫学会议上提出一种基于"危险理论"的全新算法——树突状细胞算法,并将其应用于入侵检测系统、静态机器学习数据集分类、离线条件下的小规模网络端口扫描检测[122]等领域。树突状细胞算法比传统免疫算法具有更好的扩展性,不用大量训练样本,具有简单、快速的特点。树突状细胞算法代表了人工免疫系统领域研究重点的转变,由完全基于适应性免疫系统功能逐渐聚焦于固有免疫系统机理。

2. 树突状细胞算法

从外界环境摄取复杂抗原并将其表达在自身表面以被淋巴细胞识别的过程就是抗原提呈,树突状细胞(dendritic cells, DCs)就是目前所知功能最强大的专职抗原提呈细胞。生物免疫系统中免疫应答是从树突状细胞开始的复杂过程。DCs 是一种抗原提呈细胞(APC),它从淋巴系统迁移到机体组织(tissue),摄取抗原和蛋白质碎片,同时采集抗原所处环境中的分子作为危险信号。摄取抗原并采集信号之后从机体组织返回淋巴结(lymph node),并将抗原提呈给 T 细胞以识别抗原。另外,DCs 能够处理环境分子,并释放特定的细胞因子(cytokines)以影响 T 细胞分化过程,DCs 进行决策并驱动 T 细胞进行免疫应答。树突状细胞有三种状态:未成熟 DCs(immature DC, iDC)、半成熟 DCs(semi-mature DC, smDC)和完全成熟 DCs(mature DC, mDC)。本质上,DCs 是一种生物异常检测器,它们融合了多种输入信号,处理大量抗原,为 T 细胞提供与组织健康状况相关的环境信号。

树突状细胞算法就是从生物免疫系统中的抗原提呈的角度出发,对输入抗原抽象出"输入信号"(摄取抗原)进行计算得到"输出信号"(抗原表达),由此得到抗原的"危险程度",再根据预先设定的阈值做出评价。树突状细胞算法是一种基于群体的系统,使用树突状细胞作为代理,每个细胞摄取组织中的抗原,同时接收环境中与抗原相关的信号。树突状细胞算法融合收集的抗原以及输入的信号,通过加工计算得到输出信号,根据评价得到抗原所处环境的危险程度进而采取相应的措施。

树突状细胞算法针对生物免疫学中的树突状细胞抽象出一个与之相对应的数据结构,它是基于树突状细胞群体的算法,对抗原和抽象信号形式的数据流进行相关检测,输出信息表明抗原的异常程度。群体中每个 DCs 执行抗原和信号采集,其中记录了达到成熟的阈值、输入以及输出信号、曾采样过哪些抗原和当前 DCs 的状态等信息。本质上,树突状细胞算法就是通过模仿人体免疫系统中 DCs 的状态改变而抽象出来的。为了描述算法中 DCs 的状态,也相应地定义了三种信号参数:①协同刺激分子浓度 csm(concentration of costimulatory molecules):主要用于判定 DCs 是否进行状态转换;②半成熟细胞因子 semi(smDC cytokines):主要用于判定 DCs 的"安全程度";③成熟细胞因子 mat(mDC cytokines):主要用于判定 DCs 的"危险程度"。树突状细胞算法中的"采样"过程主要是指对当前抗原摄取危险信号 DS(danger signal)、PAMPs (pathogen associated molecular patterns)、安全信号 SS(safe signal)和促炎性信号 IS(inflammation signal),再根据由专家经验得出的权值矩阵以及权值计算公式计算出输出信号并进行累加的过程,这里促炎性信号 IS 对于 DCs 成熟和抗原提呈不是必需的,但是它可以增强其他信号的作用。当协同刺激分子浓度 csm 值达到设定好的阈值时,则认为该 DCs 可以进行状态转换。然后根据 semi 和 mat 两个输出信号的值判断状态转移的方向,如果 mat>semi,则该 DCs 转变为 mDC,否则转变为 smDC。

经过免疫学家对 DCs 生物机理的深入研究以及实验验证,总结出了树突状细胞算法中各种信号之间的带权计算公式,如式(2.23)所示,公式中的权值可根据实际的应用进行相应的调整:

$$C_X = 2\frac{(W_P C_P) + (W_{SS} C_{SS}) + (W_{DS} C_{DS})(1+IS)}{W_P + W_{SS} + W_{DS}}, \quad X \in \{csm, semi, mat\}$$

$$(2.23)$$

其中,C_X 表示输入信号的浓度;W_X 表示相应信号的权值。

抗原周围环境的成熟程度用被提呈为成熟环境次数占此类抗原被提呈总次数的百分比表示,即成熟环境抗原值 mcav(mature context antigen value),mcav 也同样表示该抗原对机体的危险程度,其值可由式(2.24)计算获得:

$$mcav = \frac{mat}{semi + mat} \qquad (2.24)$$

其中,mat 表示采样过该抗原之后变成成熟 DCs 的数量;semi 表示采样过该抗原之后变成半成熟 DCs 的数量。

树突状细胞算法流程如图 2.11 所示。

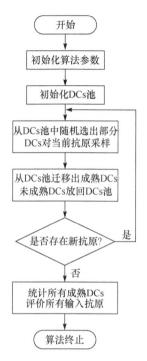

图 2.11 树突状细胞算法流程图

2.7 小 结

生物免疫系统是一个多层系统,在各层中都有不同的防御机制,其中主要的两层包括固有免疫系统和适应性免疫系统。固有免疫在机体非特异抗感染免疫过程中具有重要意义,在适应性免疫应答的启动、调节和效应阶段也起着重要的作用。本章在深入学习生物免疫机理,并分析了人工免疫系统算法及结构的基础上,指出目前免疫算法存在的问题主要包括:

(1)迄今人工免疫系统主要是以生物适应性免疫系统建立模型,而极少考虑固有免疫系统的作用。

(2)目前免疫算法研究都忽略了区分 B 细胞和抗体的层次关系。

(3)一般克隆选择算法中检测器变异方式通常带有随机性,效率比较低,并且效果不一定明显。

（4）目前研究只孤立地借鉴了生物免疫系统中部分机理建立分散的人工免疫系统模型，并没有充分利用完整生物免疫系统的强大组织功能机制建立一个系统的人工免疫模型。

针对上述问题，在第 3～8 章所提出的分层免疫模型及其算法的研究中将考虑建立一种较完整的面向故障诊断的人工免疫系统结构。

第3章 面向故障诊断的分层免疫模型

本章提出一种用于故障诊断的分层免疫诊断模型,该模型包括异常追踪检测层、故障诊断层和故障定位层三层结构。模型借鉴了生物免疫系统的多种重要机制,不仅考虑系统对抗原的多层防御结构及其作用时相,还包括树突状细胞的模式识别。模型采用将固有应答与适应性应答相互激活的机制,克隆选择与免疫网络模型的相互激励机制相结合的原理,同时还使用初次免疫应答及体液免疫机理处理系统中出现的未知故障的诊断。

3.1 引　　言

随着机电设备规模及结构复杂程度的增加,对这些机电设备的维修和保障任务也变得越来越繁重和复杂,出现故障的种类和数量也越来越多,并且由于系统中节点之间的依赖关系,还会导致故障的相互传递等复杂问题。为了提高机电设备系统的可靠性和系统服务的可用性,对故障进行快速检测、定位、诊断和隔离已成为人们关注和研究的焦点。

生物免疫系统的防御机理与故障诊断系统的检测原理相类似:免疫系统保护生物机体免受病原体侵袭,而故障诊断系统检测异常避免故障发生;免疫系统能够检测"自体"细胞与"非自体"细胞,并有效识别抗原类型,而故障诊断系统能够检测设备正常状态与异常状态,并区分故障类别和故障部位。为此,将借鉴生物免疫系统启发设计的人工免疫系统应用于故障诊断中,提出面向故障诊断的免疫模型的设计与研究。

大型机电设备故障诊断是个复杂的过程,虽然业界已经开展了许多研究工作,从不同的出发点提出了许多故障诊断技术,但仍存在许多问题尚未解决,特别是故障的检测率低、故障传播模型的不确定性等问题。在对机电设备故障诊断系统的需求广泛调研的基础上,我们发现机电设备故障诊断系统需要满足如下的基本要求:

(1)设备异常检测中,提取的各种特征参数存在部分与设备故障状态不相关的特征,特征参数之间有一定冗余,增加了故障检测的复杂度和计算量,降低了诊断精度。因此,在进行故障状态检测与诊断之前,对原始的特征集进行压缩和选择是十分必要的。

(2) 根据复杂系统中信号的传播属性,有信号传播的基本单元之间连接比较紧密,而无信号传播的相对比较稀疏,需要对有信号传播和无信号传播的单元分别设计检测诊断的方案。

(3) 故障诊断系统的故障定位深度需要达到被测设备的关键元器件级,故障定位精度要求高。

(4) 设备故障机理非常复杂,其故障原因与其征兆之间的关系并非完全是一一对应的关系,某一故障可能对应若干征兆,而某一征兆可能对应若干故障。在各故障的征兆区域出现重叠时,能够明确区分故障类型。

(5) 针对复杂系统的故障诊断知识很难达到准确而完备、故障样本获取困难的问题,诊断系统需要具有自学习功能,能不断补充和完善诊断知识,逐步使系统的诊断能力达到最优。

针对上述几点需求,有针对性地设计适用于机电设备故障诊断的分层免疫诊断系统,该系统采用如下的技术思路:

(1) 采用分层诊断方法分层次解决异常检测和故障诊断问题,设计分层故障诊断模型[123,124]。

(2) 把设备系统的实时监测信息作为免疫诊断系统的外部信号来描述问题的行为特征。

(3) 采用 B 细胞免疫网络作为故障定位的故障传播模型,设计基于免疫网络的故障传播网络结构模型。并引入分步诊断的思想设计一种有效的诊断方法,将故障诊断分为粗糙诊断和精确诊断,先利用粗糙诊断实现故障的初步定位,再采用精确诊断进行深入诊断。

(4) 系统采用多维数据流相关性分析和变化点检测方法对抗原进行检测,遴选出能够反映突变状态的关键点数据作为异常活动候选解,设计一种时间序列数据的异常检测算法。

(5) 针对故障征兆的混叠使得各故障难以明确区分问题,用 B 细胞以及 B 细胞内的成熟抗体集定义检测器,可以更准确地逼近故障征兆与故障起因的对应关系,并将检测器作为记忆细胞存储于记忆故障库。

(6) 为了保证系统能适应动态变化环境,具有自我补充、自我完善的自学习能力,研究以记忆细胞库作为学习样本的基于免疫细胞及克隆变异因子的双重学习方法。

借鉴生物免疫系统的分层防御机理以及层次间的相互作用,提出用于机电设备故障诊断的分层故障诊断模型,将固有免疫系统扩增到人工免疫系统中[125],增强了人工免疫系统的性能。将故障检测与诊断功能进行整合,研究机电设备异常检测与故障诊断的免疫算法与模型,分层解决设备的状态检测、故障定位与诊断等关键问题,建立异常状态检测与故障诊断一体化的快速反应机制。分层诊断模型包含异常追踪检测、故障诊断和故障定位三层结构。第一层是异常追踪检测层,该层在获取设备运行状态数据的基础上,提出基于变化点子空间追踪的异常检测方法,利用最小的计算资源获得更高的稳定性和检测率。第二层是故障诊断层,实现已知故障类型的诊断和未知故障类型的学习,包括早期故障类型的检测、连续免疫学习机制和各种知识库的建立与存储;针对复杂系统中故障样本获取困难的问题,建立包括记忆机制、适应性机制和决策机制的免疫学习系统,实现机电设备的早期故障预示、知识共享;并且构建了适用于动态环境变化的诊断模型,模型中的成熟检测器库和记忆检测器库分别使用克隆扩增策略和分级记忆策略完成进化,能够对环境中出现的新状况进行连续学习,产生新的检测器进行异常检测,有效提高故障诊断的准确性和效率。第三层是故障定位层,以免疫网络机理建立免疫网络故障传播模型,检测诊断故障节点的影响通过整个系统进行传播的问题,以确定故障源点。分层诊断模型的各层次之间通过提呈抗原以及激活信号进行信息传递与交互。

3.2　分层免疫模型结构

生物免疫系统是一个庞大而复杂的系统,涉及很多细胞分子,采用了许多种机制。本章针对故障检测诊断问题提出一种分层故障诊断模型,该模型借鉴了生物免疫系统的多种重要机制,不仅考虑了系统对抗原的多层防御结构及其作用时相,还包含了危险理论的异常辨识机理,模型采用将固有应答与适应性应答的相互激活机制以及克隆选择与免疫网络模型的相互激励机制相结合的原理,同时还使用了初次免疫应答及体液免疫机理处理系统中出现的未知故障的诊断。

借鉴生物免疫系统的分层防御机理以及层次间的相互激活作用,模型采用分层检测与诊断的思想,提出用于故障检测和诊断的分层故障诊断免疫模型。分层故障诊断模型采用三层结构,如图 3.1 所示。

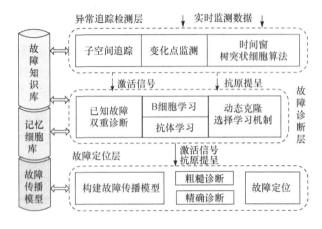

图 3.1　分层故障诊断模型

1. 异常追踪检测层

在获取设备运行状态数据的基础上,提出一种时间序列数据的异常检测树突状细胞算法。采用多维数据流相关性分析和变化点检测方法对抗原进行检测,遴选出能够反映突变状态的关键点数据作为异常活动候选解;基于变化点子空间追踪算法提取特征集,准确地获取及分类各种输入信号子空间;针对树突状细胞算法中信号及参数的定义存在高度随机性问题,在算法的上下文评估中加入动态迁移阈值的概念,累积一定窗口时间内的抗原评估,有效减少了误判率。算法能够利用更少的存储空间和计算资源,有效提高异常检测的检测率与准确率,具有更高的稳定性。

2. 故障诊断层

首先对第一层检测到的异常信号进行故障辨识,实现故障在发生概率上相互独立的已知故障类型的快速诊断;然后以自适应的方式解决未能识别的故障类型以及早期故障类型的识别与诊断,利用适应性免疫系统的免疫学习及免疫记忆特性,以体液免疫机理、克隆因子和变异因子为基础,设计适应性免疫故障诊断,提出双重故障检测机制和基于体液免疫的连续学习算法,采用 B 细胞和抗体双重学习机制概括在抗原数据中发现的模式,实现未知故障类型以及早期故障的检测与自学习;并且根据动态克隆选择算法对环境的适应性,提出针对成熟检测器的基于增值策略和分级记忆策略的诊断模型,其中克隆扩增策略意在提高成熟检测器群体的质量,而分级记忆策略则主要是通过对记忆检测器的记忆特性的评价,来实现对记忆检测器群体的动态更新。在故障诊断层,通过对诊断知识的不断补充和完善,克服故障知识的不完备问题,使系统的诊断能力达到最优;同时系统通过记忆初次响应的诊断结果,可以更快更准确地实现类似故障的二次响应。

3. 故障定位层

故障传播诊断是解决故障单元的影响通过整个系统进行传播的诊断问题。将系统中的基本单元作为网络的节点,把它们之间的影响关系表示为节点间的有向连接,将系统模型转化为线图的形式,并将其拓扑结构映射为 B细胞免疫网络结构,采用 B 细胞免疫网络结构建立故障传播模型,应用 B 细胞免疫网络特性对复杂系统的故障特征进行分析。故障传播模型中,设备系统中单元之间的故障传播的因果关系被映射为免疫系统中细胞之间的交互识别关系,由 B 细胞网络描述故障节点传播关系,T 细胞描述测点回路,实现基于免疫网络的故障传播模型的设计,将免疫网络的动力学特性应用于故障诊断中,并且采用粗糙和精确分步诊断方法,实现准确的故障定位。

分层故障诊断模型中,诊断系统把实时监测数据作为外部信号来描述问题的行为特征,所面临的首要问题是对实时监测的特征向量进行正常/异常识别。异常追踪检测层首先对检测数据进行预处理,遴选出能够反映异常状态的关键点数据定义各类输入信号和当前检测抗原;利用树突状细胞算法通过权值计算得到输出信号,根据评估得到抗原所处环境的危险程度,进而采取相应的措施。对第一层检测到的危险抗原提呈至第二层进一步进行故障类型诊断,并向故障诊断层发出危险激活信号。激活故障诊断层后,对第一层传递来的危险抗原,用故障知识库中的成熟检测器集合对其进行已知故障的诊断,检测诊断的过程包含 B 细胞初步检测和抗体的确定性检测两个过程。对早期故障及未知故障则需要用适应性学习算法对异常数据进行耐受训练,产生能识别异常数据的新检测器,并将其保存到记忆细胞库,同时将新检测器反馈回故障知识库中保存,当类似故障再次出现时,可以利用故障知识库进行快速响应。为解决故障节点的影响通过整个系统进行传播的问题,需要将异常抗原提呈给故障定位层,并发出激活信号,根据故障传播模型选择与该测点有影响关系的节点进行测试,确定故障源点。层次间的信号交互如图 3.2 所示。

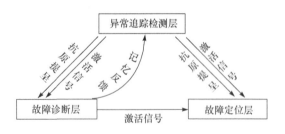

图 3.2　层次间信号交互图

3.3　故障诊断问题定义

为了定量描述免疫细胞分子和抗原之间的相互作用,Perelson 提出所有的免疫事件都在状态空间 U 中发生。这是一个多维空间,每个轴表示一个物理量,用该方法可以描述系统的运行状态。状态空间模型可以描述出抗体和抗原之间的相互作用,在状态空间中的每一个检测器和抗原都有一个特定的位置,而且检测器或抗原的变异会改变它们在状态空间中的位置。

故障诊断状态空间由反映设备运行的几个主要信息参数构成,系统状态可以用特征向量表示。故障免疫诊断模型中使用的一些相关定义如下:

定义 3-1　系统状态空间。由目标系统的一些信息参数所构成的特征向量称为系统状态特征向量,记为 $V = (V_1, V_2, \cdots, V_n)$,其中 $V_i (i = 1, 2, \cdots, n)$ 表征系统的一个特征属性。由系统状态特征向量构成的空间即为系统状态空间,记为 U,分正常和异常两种情况,分别记为 U_{normal} 和 $U_{abnormal}$。信息参数根据具体的系统来选定,要尽可能反映出系统运行时的全貌。

定义 3-2　自体集。当系统处于正常运行状态时,收集的系统状态特征向量所组成的集合即为自体集,用 S 来表示。它是系统正常状态空间的一个子集,即 $S \subset U_{normal}$。为尽量避免把正常数据误诊为异常,自体集应尽可能反映系统正常状态的全局,可以用模糊聚类的方法使得自体集中每个自体都具有一定代表性,从而能较完全地覆盖系统正常状态空间。

定义 3-3　抗原。系统的异常和故障映射为抗原。假设待检测的数据特征向量为抗原,定义抗原为 $Ag(ag_1, ag_2, \cdots, ag_L)$。设备系统中各种类型的故障映射为抗原、检测器的多样性,不同故障映射不同的抗原以及识别各种抗原的各类检测器。

定义 3-4　检测器。定义检测器 D 为 B 细胞及其抗体集——B-抗体检测器。将故障类型映射为 B 细胞,故障征兆及各种故障原因映射为抗体。检测器可以根据故障征兆检测某一故障范围所包含的故障类型。检测器由 B 细胞及其 B 细胞中的抗体集构成,所以一个检测器可以定义为 $D_j = B_j + \{Ab\}$,其中 B 细胞 B_j 由 B 细胞中心 $o'(x_1, x_2, \cdots, x_L)$($L$ 为状态空间的维数)和半径 R_B 确定。抗体由抗体中心 $o''(ab_{j1}, ab_{j2}, \cdots, ab_{jL})$ 和半径 r_{ab} 确定。检测器集合要尽可能多地覆盖非自体空间。

定义 3-5　亲和力。亲和力是某一指定抗体与抗原的匹配规则,即识别强度。设抗体 Ab 与抗原 Ag 之间的距离为 $d(Ab, Ag)$,采用 Euclidean 距离计算公式:

$$d(Ab, Ag) = \sqrt{\sum_{i=1}^{L}(ab_i - ag_i)^2} \tag{3.1}$$

定义亲和力为

$$f(Ab, Ag) = \frac{1}{1 + d(Ab, Ag)} \tag{3.2}$$

设当前抗体的半径为 r_{ab},则抗体识别抗原的阈值设定为

$$\theta = \frac{1}{1 + r_{ab}} \tag{3.3}$$

如果亲和力超过阈值,即 $f(Ab, Ag) \geqslant \theta$,则当前抗体能够检测抗原。

3.4　异常追踪检测层

为了实现用于故障诊断的分层免疫模型设计,本系统模拟生物固有免疫系统中的树突状免疫细胞引导适应性免疫系统中淋巴细胞的免疫应答,树突状细胞在免疫识别、免疫应答和免疫调控中发挥着重要作用,不仅能摄取、加工、处理抗原,而且是机体内功能最强的抗原提呈细胞,可将未能识别的抗原提呈给适应性免疫系统中的淋巴细胞,同时为淋巴细胞活化提供信号,从而启动适应性免疫应答。目前认为树突状细胞是连接固有免疫和适应性免疫的关键环节,其在维持免疫平衡中也起着至关重要的作用[126]。

利用这些细胞的交互,异常追踪检测层是待检测数据提交的第一层,首先采用多维数据流相关性分析方法对检测数据进行预处理,然后基于免疫学的树突状细胞算法能够将抗原序列以及一系列信号进行融合实现异常检测。本层针对异常检测问题,提出改进的基于时间序列的树突状细胞算法,采用变化

点检测子空间追踪方法自动对抗原及原始信号进行规格化处理。在基于时间序列的树突状细胞算法中,抗原的定义是全部检测信息构成的矩阵序列,基于多维数据流相关性分析,采用滑动时间窗的变化点检测方法对数据进行检测;利用子空间追踪算法实现抗原数据的采样过程,并通过在算法中加入动态迁移阈值的概念改进算法的识别效率。算法强调对检测数据流的关键变化点的检测分析,以及对输入信号的降维处理,使算法能够利用最小的计算空间获得更高的稳定性和检测率。

基于时间序列的异常追踪检测方法主要包括如下步骤:

(1) 对检测数据进行预处理,遴选出能够反映异常状态的关键点数据进行数据流检测分析。

(2) 截取变化点前后的一个时间段的实时数据,标记为变化点的时间序列,将其定义为当前检测抗原。

(3) 时间序列符号化。将数值形式表达的时间序列依据某种变化规则转换成由离散的符号表示的符号序列;用一个时间序列数据流模式,定义适合于多维数据流分析的滑动数据流窗口模式。

(4) 提取特征子集分配到算法的各类输入信号,包括危险信号(DS)、安全信号(SS)和抗原的病原体相关分子模式 PAMPs。

(5) 树突状细胞算法融合处理后的抗原以及各类信号,通过权值计算得到输出信号,根据评估得到抗原所处环境的危险程度,进而采取相应的措施。

3.4.1　子空间追踪的信号压缩

首先对大量监测数据进行预处理,对于大型设备的异常检测,数据流的维数通常很高,需要频繁计算高维矩阵的相乘、转置、求逆等极为耗时的操作,数据流产生的数据量理论上是无限的,无法量化所有的流数据,本节采用多维数据流相关性分析方法对检测数据进行预处理,在采样的同时对信号数据进行适当压缩,将嵌在高维空间中的输入信号变换成存在于维数更小的空间中的信号,在能够包含足够的信息量的同时,减少采样数据节省存储空间。

利用子空间追踪算法实现抗原的“采样”过程,对输入信号进行预处理。将 n 个输入数据流采用子空间追踪算法压缩为 r 个隐含变量的约简表示,其中 $r \ll n$。数据子空间中排在最前面的 r 个基向量的压缩显示了最大变化值。使用特征子空间方法,必须在信号数据变化时,能够追踪时变数据和协方差矩阵的特征值和特征向量。在每个新数据点到达时更新这种表示,采用迭代协方差矩阵来增量更新最前 r 个基向量和隐含变量。这个过程使用一种近似和迭代的方法,算法可以实时更新数据模式。使用降维来构造数据的约简表示,然后当新的数据点到达时,将迭代地更新该子空间,并随着时间的推移逐渐遗忘旧的数据样本。因此,它检测到的变化是所有数据流的相对变化,而不是每个单独数据流的历史变化。子空间追踪的主要目标是递归 r 个主要的特征值,以及时间递归更新的协方差矩阵相关的特征向量。

3.4.2　变化点检测

在异常发生后,数据流的分布规律和平常相比发生了变化,变化点是候选的异常事件,异常总是与输入数据的变化相关联,但是一些变化点也对应着输入数据中正常的周期性变化。变化点检测方法可以在分布规律发生变化时,实时地检测到相关的变化点,本节采用时间序列变化点检测方法。对一个随机过程 $\{X_n\}$,以顺序的方式获得时间序列,检测时间序列是否在统计分布规律上发生变化。定义 Δ 时间内滑动窗口,统计时间序列数据流特征的变化情况,并在下一时间间隔内对上一时间窗口序列值进行修正,从而达到实时检测的目的。在异常发生时,监测数据流的多个特征通常会同时发生变化,通过标记特征变化情况,能够有效放大异常数据流与正常数据流之间的差异,提高检测精度。

为了检测设备运行异常状态,采用滑动窗口无参数 CUSUM 检测算法在线检测并行的多维数据流。CUSUM 算法具有计算量小、无须建立数学模型、不受参数设置影响等特性,它能够快速反映出数据流特征的变化情况,并在下一时间间隔内对序列值进行修正,得到更准确的检测序列。该算法只累积一定窗口时间内的输入数据流和在此期间出现的异常变化点个数,当它们超过一定的阈值时,则表明有异常发生。

3.4.3　时间序列符号化

时间序列符号化表示是一种将时间序列数据离散化的方法,具有离散化、非实数表示的特点,其基本思想是将数值形式表达的时间序列依据某种变化规则转换成由离散的符号表示的符号序列,用一个时间序列数据流模式,定义适合于多维数据流分析的滑动数据流窗口模式。符号化表示是一种有效的离散化的时间序列降维方法,时间序列的近似表示有多种方法,其中时间序列符号化聚集近似(symbolic aggregate approximation,SAX)方法是允许降维和支持下界的简单高效的符号表示法,具有计算简单和效率高等优点。时间序列符号化聚集近似算法的实现包括规格化、PAA 降维和离散化三个步骤。

在树突状细胞算法中,"抗原"的概念表示一个符号化的有限序列,抗原的定义是全部被检测点的检测信息构成的矩阵序列,该序列相当于检测系统中一种可能引起系统异常的状态,检测的目的是发现引起异常和故障的抗原序列。在多维数据流中,将抗原定义为变化点前后的 N 个数据流,对标记变化点的时间序列进行符号化近似表示。

3.4.4　输入输出信号

选择包含正常、异常类型相关度高的数据集,用上述子空间追踪算法分别对其进行训练,采用变化点子空间追踪方法提取出每一类输入信号的特征子空间向量,包括危险信号、安全信号和病原体相关模式信号子空间集。一旦预处理信号类型的特征被确定,下一步则进行树突状细胞算法的输入输出关联、上下文评价和树突状细胞分类等过程。对输入信号进行预处理是为了获得以下输出信号:

(1) 协同刺激分子值 csm:主要用于判定树突状细胞是否进行状态转换。

(2) 半成熟细胞因子 semi:主要用于判定树突状细胞的"安全程度"。

(3) 成熟细胞因子 mat:主要用于判定树突状细胞的"危险程度"。

3.4.5　动态迁移阈值

当检测到数据流的相对变化时,标记时间序列的变化点,并将标记变化点的时间序列定义为当前抗原,将当前抗原和输入信号进行权值求和运算,利用树突状细胞算法进行阈值评估,判定异常。

树突状细胞是根据协同刺激分子值 csm 的大小进行状态转换,并进一步对抗原进行危险度判定的。csm 值的计算需要一个累加的过程,对于排在细胞集尾部的数据就有可能因 csm 值未达到迁移阈值而导致细胞无法成熟,所以需多次迭代运行。

这里对树突状细胞算法的评估方法进行改进,在算法中加入动态迁移阈值的概念,通过控制未成熟树突状细胞(iDC)的迁移阈值,加速或者减缓 iDC 的分化成熟,有效改进算法的检测效率;加入数据变化点之后的 $k(=n-i)$ 个抗原数据为 $X_{i+1}, X_{i+2}, \cdots, X_n$,设当前抗原的评估系数为 β,A_i 为抗原特征向量,计算每个后续抗原与当前变化点抗原的亲和力 F。

系统的第一层对检测数据进行预处理,以及异常信号跟踪检测,通过权值计算得到输出信号,根据评估得到抗原所处环境的危险程度,进而采取相应的措施,将对应危险度高的抗原定义为危险抗原,对第一层检测到的危险抗原提呈至第二层和第三层进一步进行故障类型和故障点的判断。

3.5　双重免疫故障诊断层

故障诊断层既能实现对已知故障类型的快速诊断,又能以自适应的方式解决未能识别的故障类型以及对早期故障类型进行识别与诊断,算法采用 B 细胞和抗体双重学习机制概括在抗原数据中发现的模式,实现未知故障的检测与学习;并且根据系统动态环境的变化,提出针对成熟检测器的基于增值策略和分级记忆策略的诊断模型。

3.5.1　故障知识库

故障知识库中以 B 细胞及抗体形式保存现有的已知故障类型检测器,并且各故障类型在发生概率上相互独立,即一个单元故障的发生不会对其他单元的信号状态造成影响。每种预测故障类型对应一个 B 细胞及若干抗体组成的检测器。

故障知识库中检测器的生成过程是先确定 B 细胞,再在 B 细胞内生成抗体。其中,抗体的数量和 B 细胞的大小成正比,并且抗体所能检测的有效范围,即检测半径,由该抗体到所属 B 细胞中心之间的距离确定。各细胞内的抗体分别经过耐受达到成熟,抗体的耐受过程包括克隆因子、变异因子和抗体评估。通过克隆变异因子,能够有效地扩展抗体的检测范围,并有机会获得更佳的抗体;而通过对抗体的评估,可以使冗余抗体消亡。故障检测器的生成过程如下:

1) 定义 B 细胞

首先将某一已知故障类型的样本特征向量作为抗原 $Ag(ag_1, ag_2, \cdots, ag_L)$ 的信息,并以抗原信息为中心在状态空间内生成一个新的 B 细胞 $B_j(x_1, x_2, \cdots, x_L)$,其中 $x_i = ag_i$。新产生的 B 细胞的半径定义为

$$R_B = \max(ag_{imax} - \overline{ag_i}) + \psi \tag{3.4}$$

其中,ψ 为常数。

2）抗体生成

对于 B 细胞 $B_j(x_1, x_2, \cdots, x_L)$，在其内部产生数量为 N 的抗体，并且 B 细胞越大，其包含的抗体数目越多，即抗体生成的数量与 B 细胞半径成正比，即

$$N = \frac{K \times R_B}{\Gamma} \tag{3.5}$$

其中，R_B 为该 B 细胞的半径；Γ 为状态空间跨度；K 为抗体生成常数。初始抗体随机产生，经过以下耐受过程，得到成熟抗体集。

3）克隆因子

首先根据抗体与所属 B 细胞的中心之间的距离将抗体进行升序排列，然后对 B 细胞内的所有抗体进行克隆，由于每个 B 细胞产生的抗体数量为 N，所以克隆出的抗体的总数量为

$$N_C = \sum_{i=1}^{n} \text{round}\left(\frac{\beta \times N}{i}\right) \tag{3.6}$$

其中，β 是繁殖系数；N 是现有抗体的总数量。

4）变异因子

变异因子通过粒子群优化算法的寻优公式进行指导，采用有方向性的变异，发挥抗体间的信息共享，使抗体能够向着有益的方向移动。

5）抗体评估

由于抗体的克隆变异操作，使抗体数量增加，同时抗体位置的变化，使抗体检测范围可能出现相互重叠的现象，所以需要计算抗体之间的重叠度。如果抗体检测范围的重叠度大于阈值，则将该抗体删除。

在每一个 B 细胞内，重复执行抗体的克隆变异因子和抗体评估过程，如果 B 细胞的抗体能够检测足够有效的空间，则 B 细胞耐受完毕，将其作为有效检测器存储于故障知识库中。检测器生成的伪代码描述如下：

```
Procedure 检测器生成算法
定义状态空间;
for j=1:B 细胞数目
    确定 B 细胞 B_j 的中心;
    确定 B 细胞 B_j 的半径;
    在 B 细胞 B_j 内随机产生 N 个的抗体;
    do{
        for i=1:N
            计算抗体 Ab_i 与 B_j 之间的距离 D_i;
```

```
            i=i+1;
        end for;
            对抗体群按 Dᵢ升序排序;
        for i=1:N
            对抗体 Abᵢ产生 N_{Ci}个副本;
            for k=1:N_{Ci}
                随机初始化抗体初速度;
                计算抗体的速度;
                计算抗体的位置;
                计算抗体的检测半径;
                计算抗体的重叠度 W(Ab);
                if(W(Ab)>ε)
                    删除该抗体;
                    随机加入一个新抗体;
                end if;
                k=k+1;
            end for;
            i=i+1;
        end for;
    } while (抗体达到成熟);
    j=j+1;
end for;
```

3.5.2　已知故障类型诊断

已知故障类型诊断模块通过故障知识库中的检测器对危险抗原进行诊断,若识别成功,则系统输出故障类型并告警;否则将未能识别的危险抗原提呈至诊断学习机制,学习和概括在危险抗原数据中发现的模式,以生成能够识别该抗原的新故障检测器。

已知故障类型诊断模块用故障知识库中的成熟检测器集合对抗原进行诊断,其过程分为 B 细胞初步检测和抗体的确定性检测两个步骤。

1. B 细胞初步检测

(1) 定义待测数据为抗原 $Ag(ag_1, ag_2, \cdots, ag_L)$,定义距离变量初值 $D=0$。

（2）读取故障知识库中的一个检测器，采用 Euclidean 距离公式计算该检测器的 B 细胞中心到抗原的距离 D'，如果 $D' < D$，则将 D' 赋予 D。

（3）如果检测器未读取完毕，则返回步骤（2）；否则，执行步骤（4）。

（4）将抗原到 B 细胞中心的距离 D 与 B 细胞的半径 R_B 进行比较，如果 $D < R_B$，则抗原可能属于该检测器可检测的故障类别，然后进行下一步抗体检测；否则，选取距离抗原较近的 B 细胞进行比较。

（5）如果所有的检测器都不能检测到该抗原，则该抗原为未知故障类型，提呈抗原进行适应性学习。

2. 抗体的确定性检测

在 B 细胞检测中，如果存在检测器能够检测到该抗原，则为了更准确地判断抗原是否属于该故障类型，需要用 B 细胞中的抗体进一步对抗原进行检测。抗体检测的具体步骤如下：

（1）读取能够识别抗原的检测器中的抗体集合。

（2）计算抗原与抗体之间的亲和力。

（3）如果亲和力大于等于阈值，则抗体能够检测该抗原，输出相应的故障类型并结束；否则，抗体未能检测到该抗原。

（4）读取检测器中的其他抗体，返回步骤（2），直到检测器中的所有抗体读取完毕。

（5）如果所有的抗体都未能检测该抗原，则读取其他检测器进行 B 细胞诊断。

（6）如果其他检测器的抗体都未能成功检测到抗原，则输出已检测到抗原的检测器故障类型作为告警参考。

以下是利用故障知识库中的检测器对抗原进行检测的伪代码：

```
Procedure 用检测器检测抗原算法
提取抗原 Ag;
B_dec=0;
Z=1;
for i=1:B 细胞数量
    设距离变量 D 初值为 0;
    for j=Z:B 细胞数量
        读取 B 细胞 Bj;
        计算抗原 Ag 与 Bj 之间的距离 D';
```

```
    if(D' < D)
        D = D';
        Z = j;
    end if;
    j = j + 1;
end for;
    读取第 Z 个 B 细胞;
    if(D < Bⱼ的半径 Rₐ)
        B_dec = 1;
        Ab_dec = 0;
        for k = 1:Bⱼ内的抗体数量
            计算抗原与抗体 k 的距离 d;
            if(d < 抗体检测半径 r)
                抗原被检测器 Bⱼ 所识别;
                Ab_dec = 1;
                break;
            end if;
            k = k + 1;
        end for;
        if(Ab_dec = 0)
            抗体学习;
            break;
        end if;
    end if;
    i = i + 1;
end for;
if(B_dec = 0)
    B 细胞学习;
end if;
```

已知故障诊断具有故障类型已知、响应迅速、无免疫记忆及免疫耐受等特点。但对早期故障及未知故障则需要进一步进行危险抗原模式学习和概括。如果存在故障节点的传播影响,则需将抗原提呈给故障定位层进行诊断。

3.5.3　双重免疫学习机制

把上一阶段未能识别的异常数据作为抗原进行在线学习,以生成能够识别该抗原的新故障检测器,其作用是学习和概括在抗原数据中发现的模式。抗原被提呈到这一模块后,如果激活信号程度超过了启动阈值,就触发了适应性免疫应答,连续学习模块经历一个免疫系统进化的过程,即克隆选择学习过程。在这个过程中,检测器的抗体群将发生变异克隆,生成记忆细胞。

基于免疫克隆选择学习算法与粒子群优化算法,并借鉴生物免疫 B 细胞和抗体的关系,将 B 细胞和抗体的功能区分开来,利用 B 细胞生成抗体,抗体消灭抗原的机理,提出一种基于体液免疫的双重学习方法。所提出的免疫故障诊断模型的整个检测诊断的过程分为故障知识库生成、故障检测和抗原学习三个阶段。

故障知识库生成阶段利用特征向量进行样本训练,首先定义 B 细胞,结合专家经验确定出故障类型,一种故障类型对应生成一个 B 细胞,在 B 细胞内产生若干抗体,用训练后生成的 B 细胞及 B 细胞内的抗体构成检测器保存在故障库中。

故障检测阶段利用故障知识库中的检测器对目标系统的实时数据进行检测,首先将待测数据作为抗原用检测器的 B 细胞进行匹配,如果抗原属于某一个 B 细胞的故障,则进一步用 B 细胞内的抗体集进行检测。故障检测阶段可能会出现以下四种不同的检测结果:

（1）所有 B 细胞都未能检测到待测抗原。

（2）某一 B 细胞能检测到抗原,且该 B 细胞内的抗体也能检测到抗原,这说明待检测抗原属于 B 细胞对应的故障类型。

（3）多个 B 细胞能检测到该抗原,而仅有一个 B 细胞内的抗体能匹配抗原,这说明抗原出现在 B 细胞重叠的区域。

（4）存在能检测到抗原的 B 细胞,但所有 B 细胞内的抗体都未能匹配抗原。

根据以上对指定抗原的检测结果,其中第(1)、(4)种结果都未能准确诊断出故障类型,抗原属于未知或早期故障,需要进一步通过学习获得准确故障诊断结果,并且根据其检测结果需要有两种不同的学习方案。①B 细胞学习:所有检测器的 B 细胞都不能识别该抗原。②抗体学习:存在识别该抗原的 B 细胞但不存在识别抗原的抗体。

1. B 细胞学习

1) B 细胞定义

对抗原进行 B 细胞学习,首先需要确定 B 细胞的中心位置及覆盖区间。

将抗原出现的中心点坐标作为 B 细胞的中心位置,而 B 细胞的半径区域则需要根据特征向量考虑以下几个因素:

(1) 所有故障征兆区间与自体区间应没有任何重叠。系统无故障正常状态的特征向量与故障状态具有明确区分,不能混淆。表现在状态空间的区域内,自体区间与所有故障类型的区域应有明显的区间划分界限,各种故障的征兆区间不允许落入自体区域范围内。

(2) 根据对各种故障的征兆分析,确定该抗原所描述的故障征兆与其他故障是否具有相同的征兆,即各故障之间有无征兆混叠现象。如果抗原的故障征兆可以与其他故障明确区分,没有相同征兆,其故障区间和其他故障的区间没有任何重叠,则定义 B 细胞的区间与其他 B 细胞区间没有重叠。

(3) 如果该抗原所描述的故障征兆与其他故障具有相同的征兆,即不同类型的故障具有相同的征兆,则故障区间出现重叠,即检测抗原的 B 细胞区间与其他 B 细胞区间具有重叠。故障征兆彼此混叠,难以将这些故障明确区分,因而准确地表达这种故障信息需要进一步的深层知识表示。所以,统一考虑在所建立的 B 细胞区间内定义能表征这种故障各种征兆的抗体集,通过抗体的区分更准确地逼近故障征兆与故障的对应关系。

2) 抗体定义

在 B 细胞内定义抗体,抗体的数量和 B 细胞的大小成正比,并且抗体所能检测的有效范围即检测半径,由该抗体到所属 B 细胞中心的距离决定。选择具有代表性的故障征兆分布于 B 细胞中心位置。各细胞内的抗体分别经过克隆因子和变异因子,以达到成熟,经过耐受过程的成熟抗体更逼近测点的故障信息,并利用这些最终的成熟抗体与 B 细胞组成新的检测器保存于记忆细胞库。同时选择一个最佳抗体返回至故障知识库,当这种类型的故障再次出现时,系统就能够正确地将其检测出来。

B 细胞及抗体学习的结果将生成新的检测器,其 B 细胞及抗体的空间区域分布如图 3.3 所示。检测器学习的详细过程将在第 5 章进行描述。

2. 抗体学习

抗体学习是针对存在识别抗原的 B 细胞而不存在匹配抗体的情形进行学习的过程。若存在识别抗原的 B 细胞,而 B 细胞

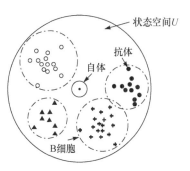

图 3.3　B 细胞及抗体表示

内不存在匹配抗原的抗体,这说明故障的征兆在故障的区间内不存在,或故障原因不在抗体集中,即出现系统未知的故障征兆和故障原因,B细胞所对应的故障征兆不完备,需要在B细胞内对新的故障征兆进行抗体学习。抗体学习过程中,根据抗原的信息,在B细胞内生成识别抗原的相应抗体。

适应性免疫学习过程既有免疫系统的学习特性,又发挥了其记忆功能。在抗体耐受的变异过程中结合粒子群优化克隆选择竞争产生匹配抗原的最佳成熟抗体模式,将B细胞及其抗体构成的检测器保存到记忆故障知识库,并选择一个最佳检测器返回至故障知识库,当这种类型的故障再次出现时,系统就能够快速、高效地进行二次响应。

3.5.4　仿真实例

采用异步电动机的实验数据,以匝间绝缘下降故障的实验数据为例,对所提出的故障诊断模型的未知故障类型的学习和已知故障类型的识别进行验证。

图3.4给出的分别是使用原始数据和短时傅里叶算法对电机正常运行时的电流采样信号进行降噪处理的结果。图3.5是电机发生匝间绝缘下降故障时电流采样信号进行降噪处理后的原始数据和短时傅里叶算法的结果。

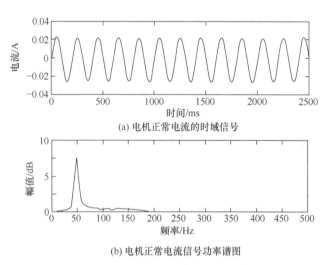

(a) 电机正常电流的时域信号

(b) 电机正常电流信号功率谱图

图3.4　电机正常电流的时域信号与功率谱图

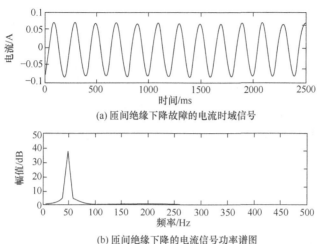

(a) 匝间绝缘下降故障的电流时域信号

(b) 匝间绝缘下降的电流信号功率谱图

图 3.5　匝间绝缘下降故障时的电流波形

取实验中电流信号进行特征分析。通过对电机正常与故障时在某些故障电流信号特征低频段的幅值进行对照,可见其幅值有很大差别,可以作为特征值进行故障的诊断。根据电机发生故障时在其电流信号中出现的特征频率,实际中选取电流信号的 S_1(25~75Hz)、S_2(75~125Hz)、S_3(125~175Hz)、S_4(175~225Hz)、S_5(225~275Hz)、S_6(325~375Hz)六个频段作为故障特征数据,如表 3.1 所示。

表 3.1　电机正常和故障时电流的峰值对照(单位:dB)

状态 \ 频段	S_1	S_2	S_3	S_4	S_5	S_6
电机正常	7.37	0.59	0.45	0.18	0.19	5.14
匝间绝缘下降故障	39.25	2.28	1.01	0.55	0.98	0.29

将匝间绝缘下降故障的六个频段的特征值构成特征向量,并经过归一化处理后定义为抗原,将其作为本书建立的分层免疫诊断模型的输入样本数据。假设当前知识库中无该故障类型的检测器存在,则首先将抗原作为未知故障模式传递给连续学习模块进行在线学习,学习结果保存于记忆细胞库,并反馈到故障知识库中。其次,采集匝间绝缘下降故障另一时间片的检测数据,经特征提取后,作为分层免疫诊断模型的抗原输入,进行已知故障检测。

1. 未知故障学习

首先读取自体库中的自体检测器对抗原集进行检测,根据自体检测器与抗原之间距离的比较,系统检测到异常状态;然后读取故障知识库中的已知故障检测器分别对抗原集进行故障诊断,已知的故障检测器均未能识别该抗原,系统出现未知故障类型,需要对新抗原进行 B 细胞及抗体学习。

首先对抗原进行在线 B 细胞学习,并定义新检测器为 B_Stator,生成的 B 细胞为

(0.1970,0.0314,0.0032,0.0136,0.0532,0.1204,B_Stator)

再对抗原进行抗体学习,经过定义抗体、克隆变异因子、检测器评估等过程生成检测器 B_Stator,设定 B_Stator 检测器为匝间绝缘下降故障检测器,所产生的 B 细胞为

(0.1970,0.0314,0.0032,0.0136,0.0532,0.1204,B_Stator)

所包含的部分抗体为

(0.1936,0.0343,0.0027,0.0173,0.0570,0.0082,0.0073,B_Stator)
(0.1932,0.0407,0.0066,0.0192,0.0570,0.0095,0.0130,B_Stator)
(0.1907,0.0391,0.0077,0.0184,0.0591,0.0061,0.0133,B_Stator)
(0.1966,0.0367,0.0074,0.0106,0.0621,0.0063,0.0116,B_Stator)
(0.1962,0.0375,0.0017,0.0104,0.0577,0.0135,0.0112,B_Stator)
(0.1988,0.0361,0.0034,0.0162,0.0500,0.0065,0.0121,B_Stator)

在学习过程中抗体对抗原最佳亲和力的变化如图 3.6 所示,可以看出,使用本算法进行学习,最佳亲和力的收敛速度相对较快,并且学习精度也较高。

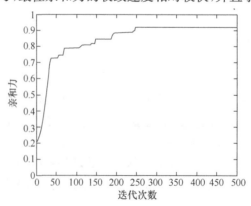

图 3.6　亲和力收敛曲线

2. 已知故障检测

以上以匝间绝缘下降故障数据为例介绍了未知故障的学习过程,这种学习过程是对抗原的初次响应,学习结束所产生的新检测器 B_Stator 除了保存于记忆细胞库,还要将其反馈回故障知识库中保存。当下一次这种故障类别再次出现时,系统能够快速有效地识别响应,即免疫系统的二次响应。

从匝间绝缘下降故障的实验数据中取 10 组特征数据作为测试样本,用免疫系统对抗原集进行二次响应。

首先用自体检测器检测抗原,抗原集与自体检测器的距离为:(0.3686,0.3821,0.3768,0.3816,0.3714,0.3681,0.3723,0.3766,0.3678,0.3693),抗原集未在自体区域内,系统出现异常状态。

读取故障知识库中的检测器分别对测试样本进行检测。经过检测器的 B 细胞及抗体识别,B_Stator 检测器能够检测到该抗原,可以确定电机发生了匝间绝缘下降故障。

所提出的双重免疫诊断系统对新抗原做出初次响应时,由于知识库内没有相应的检测器,系统首先会有一定的响应延迟,之后逐渐进入学习阶段,此时的响应速率较低,抗体浓度增加较慢。学习结束后,由于初次响应的学习结果 B_Stator 检测器已保存于故障知识库中,当系统再次遇到这类抗原时,就会激发二次响应。当抗原集提呈给系统时首先由已知故障诊断模块进行检测,故障知识库中的检测器 B_Stator 能够快速识别该抗原,并能诊断出其故障类型为定子匝间绝缘下降故障。从图 3.7 中可以看出,系统对抗原进行初次响应和二次响应时的响应时间及产生抗体个数的比较。

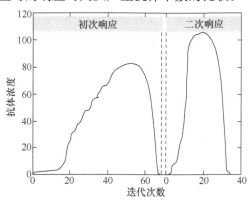

图 3.7　初次、二次响应比较曲线

3.6　动态克隆选择学习机制

标准的克隆选择算法在检测系统环境异常的实际应用过程中暴露出一个很严重的问题,即要求系统处在一个相对稳定的状态下进行,3.5 节的学习算法也是针对正常和异常行为之间不会随时间相互改变的情况而设计的。而在实际应用中,今天被认为是正常的行为到了明天就可能成为非常危险的行为。Kim 和 Bentley 于 2002 年提出了一种动态克隆选择算法(dynamic clonal selection algorithm,DynamiCS),并用于解决连续变化环境中异常检测的问题,实现了对不断变化的网络环境中入侵行为的检测。相对于之前的标准克隆选择算法,动态克隆选择算法做了以下的改变:一是一次只针对自体集的一个小子集来学习正常的行为,二是其检测器能在以前被认为是正常的行为变为非正常时被替换掉。

动态克隆选择算法由三类检测器集合:未成熟检测器、成熟检测器、记忆检测器协同工作。算法通过把随机的抗原当作初始的未成熟检测器,然后把未成熟检测器与给定的抗原集合进行否定选择,与自体抗原匹配的未成熟检测器被删除,新的未成熟检测器不断生成,直到未成熟检测器的数量达到非记忆检测器集合的最大值。并引入三个参数:耐受期(T)、激活阈值(A)、生命期(L),实现对动态改变的抗原集合的适应性。

基于克隆选择和免疫记忆机理,借鉴动态克隆选择算法对动态环境的适应性运行机制,提出适用于机电设备故障诊断的免疫算法,设计基于克隆扩增策略和分级记忆策略的故障诊断模型。克隆扩增策略意在提高成熟检测器群体的质量,而分级记忆策略则主要是通过对记忆检测器记忆特性的评价,来实现对记忆检测器群体的动态更新。故障诊断模型中的成熟检测器库和记忆检测器库分别使用克隆扩增策略和分级记忆策略完成进化,能够对环境中出现的新状况进行连续学习,产生新的检测器进行异常检测,有效提高了故障诊断的准确性和效率。

3.6.1　成熟检测器的克隆扩增

传统的动态克隆选择算法未成熟检测器与成熟检测器的群体数量相互制约,致使检测率不能达到满意效果。基于克隆选择机理,并借鉴动态克隆选择算法的动态学习和识别能力,提出一种针对成熟检测器的增值策略。算法对成熟检测器的克隆扩增策略、初始检测器群体的产生、未成熟检测器的自体耐受以及未成熟检测器的补入条件进行了设计。该算法通过调整未成熟检测器的补入条件,解除了未成熟检测器与成熟检测器群体数量的制约关系,设计对成熟检测器群体进行有效性评估的方法,据评估结果对成熟检测器群体实施克隆扩增策略,并将相似度较高的冗余检测器删除;由检测器的有效性确定克隆规模,对成熟检测器群体中有效性高的检测器实施克隆扩增策略,在适当增加成熟检测器数量的同时,提高了记忆检测器的数量和质量,最终提高了算法检测率并有效抑制了误检率,增强了检测器种群的多样性,改善了算法的适应性。

基于克隆扩增策略的免疫算法的设计主要包括以下过程。

1. 初始检测器群体的产生

初始检测器的状态都是未成熟检测器,产生初始检测器包含两种方式:
(1) 对训练抗原集中自体抗原变异产生部分未成熟检测器。
(2) 随机生成部分未成熟检测器,以增强种群多样性。

2. 未成熟检测器的自体耐受

未成熟检测器不具备检测入侵抗原的能力,在执行检测任务之前,必须对其进行自体耐受,将其转化为成熟检测器。否定选择算法是对免疫细胞成熟过程的模拟,将经历耐受的检测器视为成熟检测器。算法主要包括耐受和检测两个阶段,成熟检测器是在耐受阶段产生的。采用 De Castro 和 Timmis 提出的带变异的否定选择算法实现未成熟检测器的自体耐受,令每个未成熟检测器与自体数据进行匹配,对匹配成功的未成熟检测器进行有导向的变异,使其远离自体。

3. 成熟检测器的克隆扩增

对成熟检测器的克隆扩增是依据有效性评估的评估结果对高效成熟检测器的增值过程,也是一个学习和优化过程,其实质是在一代进化中,在成熟检测器附近,根据有效性评估的评估结果,产生一个变异检测器群体,扩大其搜索空间。经历克隆和变异操作后,成熟检测器群体中优质检测器的数量增多,检测器的检测能力得以提升,同时也增加了其成为记忆检测器的可能性。克隆扩增策略主要包括选择有效性高的检测器、对高效检测器实施克隆、对克隆群体实施变异以及消除冗余的成熟检测器四个步骤。

3.6.2　分级记忆检测器

针对传统免疫算法在故障检测中存在的稳定性低、检测性能差等问题,基于克隆选择和免疫记忆机理,提出一种基于分级记忆策略的免疫算法。依据对记忆检测器进行性能评估的结果,对检测器群体实施分级策略,并对不同级别的检测器子群体施以不同的进化策略。

在实际的设备运行环境中,新的行为模式会不断产生,要确保故障检测系统告警的准确性,需对系统当前行为模式做出快速准确的判断。记忆检测器在非自体抗原检测中扮演着重要角色,记忆检测器的高有效性将在很大程度上改善故障检测系统的性能。在记忆检测器群体中,对于第 N 代的行为模式,有些检测器显现出高有效性,而有些检测器则与非自体抗原完全不匹配;但在第 N 代显现低有效性的检测器群体中,有部分检测器确在第 $N+i$ 代显现出高有效性。基于此,提出基于分级记忆策略的免疫算法。

免疫记忆是一种复杂的防御机制,在个体的生命周期内,其记忆细胞群体的数量基本保持不变,且记忆细胞群体数量的保持不是静态的,而是一个新的记忆细胞不断产生,以及缺少抗原刺激的记忆细胞不断死亡的动态过程。已经有诸多的研究揭示了记忆细胞群体数量的稳定性,却鲜有文献探讨记忆细胞所具记忆特性的优劣。依据所提出的有效性评估机制,对检测器特性的优劣进行评价,并根据评估结果对记忆检测器群体 R 实施分级操作,以期提高系统检测性能。

记忆检测器的分级记忆策略设计:先根据式(3.7)对记忆检测器群体 R 中的每个检测器进行有效性评估,设检测器为 x,则其有效性值 $P(x)$ 为

$$P(x) = \frac{x.\,\mathrm{match}}{x.\,\mathrm{age}} \tag{3.7}$$

其中,$x.\,\mathrm{age}$ 和 $x.\,\mathrm{match}$ 分别代表检测器 x 的年龄和 x 与抗原的匹配次数。$P(x)$ 值越大,表示 x 检测能力越强,若由式(3.7)求得结果中存在 $P(x_1) = P(x_2)$,且有 $x_1.\,\mathrm{age} < x_2.\,\mathrm{age}$,则设定 $P(x_1) > P(x_2)$。然后将评估结果按有效性高低进行降序排列,按 $7:2:1$ 的比例将记忆检测器群体 R 分成三个子群体 R_1, R_2, R_3,显然有 $R_1 \cup R_2 \cup R_3 = R$。对 R_1, R_2, R_3 分别实施下述操作:

(1) 检测器子群体 R_1 保留为记忆检测器,并以概率 P 对 R_1 中检测器实施直接进化策略;

（2）将 R_2 中的检测器 $x_i(i=1,2,\cdots,n)$ 映射到 M 中，以对其进行重新测试评估；

（3）R_3 作为未成熟检测器的虚拟基因库，将 R_3 中检测器的变异体补入到 I。

1）R_1 的进化策略

R_1 是记忆检测器群体 R 中对当前环境适应性最强、检测有效性最高的检测器群体，进化策略是对优质的记忆检测器 R_1 实施克隆操作，由克隆操作产生的检测器应该能够与联想的非自体抗原匹配，并对记忆检测器的克隆体实施变异操作，以使检测器有更多的机会匹配新的非自体抗原。

2）R_2 的进化策略

将记忆检测器子群体 R_2 映射到成熟检测器群体 M 中，在经历数代进化后，若其与当前环境匹配，则可重新入选为记忆检测器。

3）R_3 的进化策略

作为有效性最差的检测器群体，对 R_3 实施局部逃逸能力较强的均匀变异，将其作为未成熟检测器的虚拟基因库，以减少未成熟检测器的淘汰率。

基于分级记忆策略的免疫算法由记忆检测器群体 R、成熟检测器群体 M 和未成熟检测器群体 I 协调工作，可适应动态改变的抗原集合。检测系统边检测边学习，通过对抗原的动态学习实现对检测器群体的动态更新。

3.7　故障传播诊断层

复杂系统的故障具有纵向传播和横向传播两种特性。纵向传播特性是指低层次的某子系统出现故障后，其异常的输出征兆影响到较高层次的子系统，引起较高层次系统输出异常以至出现故障。横向传播特性是指在同一层次中，故障在具有一定连接关系的被测单元之间的传播方式。故障横向传播特性产生的原因在于同层各单元间信息的相互交流，一个单元不正常会直接影响到接收其信息的其他单元，故障就这样在模块间的信息交流中不断被传播。由此可见，由于系统中元器件构成的复杂性，使得系统的故障传播的网络拓扑结构会非常复杂。

分层免疫诊断模型中的故障定位层用于解决故障单元的影响通过整个系统进行传播的问题。对复杂系统进行结构分解，将系统分离成多个相互之间有一定关联的子系统或零部件。将系统中的基本单元作为网络的节点,把它们之间的影响关系表示为节点间的有向连接,将系统模型转化为线图的形式,并将其拓扑结构映射为 B 细胞免疫网络结构,采用 B 细胞免疫网络结构建立故障传播模型,应用 B 细胞免疫网络特性对复杂系统的故障特征进行分析。将复杂的网络传播拓扑结构分解为三种基本结构类型:线型结构、聚集型结构、发散型结构,分别对这三种基本的故障传播模型的诊断方法进行讨论,而所有的网络传播拓扑结构都可以由这三种基本类型组合而成。引入分步诊断的思想,将故障诊断分为粗糙诊断和精确诊断,先利用粗糙诊断过程实现故障的初步定位,再采用精确诊断方法进行深入诊断。

3.7.1　故障传播模型

在故障定位层,将免疫网络的动力学特性应用于故障诊断中,实现基于免疫网络的故障传播模型的设计。以图 3.8 为例,在这种表示方法中,将每个基本单元作为一个具有特异性的 B 细胞,故障传播的方向与免疫网络中的 B 细胞之间的激励与抑制的方向相对应。B 细胞免疫网络中,从影响端到故障源的箭头为激励作用,而从故障源到影响端的一符号表示抑制作用,$b(a_4)$ 表示相邻节点 A_4 对节点 A_3 的激励,$d(a_1)$ 表示节点 A_1 对节点 A_2 的抑制率,这种激励与抑制的关系对应于自然免疫网络中的激励与抑制。

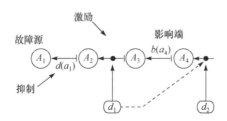

图 3.8　B 细胞网络故障传播模型

在 B 细胞网络模型中,将系统中的每个传感器监测点对应于不同的 T 细胞,将 T 细胞的调节作用结合到 B 细胞网络中。用 T 细胞回路描述每个测点所包含的节点集合。根据各测点的检测状态,从异常监测点向故障源方向搜索,综合判断发生故障的节点范围。

故障传播模型表示的是某一故障会对哪些测点及测点的信号指标产生影响。在图 3.8 中,d_1、d_2 分别为节点 A_1,A_2,A_3,A_4 之间的两个测点,测点只包括正常和故障两个状态。现假设系统中 A_2 节点故障,故障传播模型表示了

A_2 故障会对测点 d_1、d_2 产生影响,造成这两个测点的信号出现异常现象;假设系统中 A_3 节点故障,A_3 故障会对测点 d_2 产生影响,而对测点 d_1 没有任何影响。

为了实现精确故障诊断,对故障传播网络中每个节点定义一个反映设备状态的变量 A_i,称之为故障发生率。所定义变量 A_i 的值在 0~1 范围内,其含义为:若某一元件的故障发生率增加,则元件发生故障的可能性就增加;反之则下降。故障传播网络结构中的故障发生率对应于免疫网络中 B 细胞的浓度。

某一节点的故障发生率是随其两边相邻节点的激励和抑制而变化的,而激励和抑制的大小又基于相邻节点的故障发生率而改变,这正是独特型免疫网络模型的动力学特性。激励和抑制的值反映了故障的传播强度。

如果相邻节点 A_i 与 A_{i+1} 之间没有激励与抑制,则 B 细胞 i 与 $i+1$ 具有相同的故障发生率。如果 A_i 与 A_j 有故障传播关系,发生故障时,则 B 细胞 i 被 $i+1$ 所激励,而 B 细胞 $i+1$ 被 i 所抑制,此时,B 细胞 i 的故障发生率 A_i 比 $i+1$ 的故障发生率 A_{i+1} 要大,这就意味着第 i 个节点是可能的故障节点。

故障的传播是沿着信息流的方向进行的,用故障发生率的微分方程描述故障的传播特性,其中考虑了故障传播时间因素、故障传播强度以及故障发生概率。第 i 个节点的故障发生率 A_i 考虑其相邻节点的激励与抑制,用下列方程表示:

$$\frac{\mathrm{d}A_i(t)}{\mathrm{d}t} = \{b(a_{i+1}(t)) - d(a_{i-1}(t)) - k\}a_i(t) \tag{3.8}$$

$$a_i(t+1) = \frac{1}{1 + \exp(0.5 - A_i(t+1))} \tag{3.9}$$

式中,$b(a_{i+1}(t))$ 和 $d(a_{i-1}(t))$ 分别表示在 t 时刻相邻节点对节点 i 的激励和抑制;k 表示保持免疫网络的全局稳定性而定义的平衡因子。方程(3.9)是标准的故障发生率计算公式,其值在 0~1 范围内。

3.7.2　基于故障传播模型的诊断过程

诊断过程采用分步诊断,分为粗糙诊断和精确诊断两步进行。

(1) 粗糙诊断——计算故障源候选解。首先根据故障传播模型的网络结构,用粗糙诊断方法进行故障源候选节点筛选。定义每个测点 d_i 所包含的节点集合。对网络中所有显示正常状态的测点的节点集合进行并集运算 $\bigcup_j\{y_j\}$,对所有显示异常状态的测点的节点集合进行交集运算 $\bigcap_i\{x_i\}$,再对其结果计算交集 $S = (\bigcap_i\{x_i\} \bigcap \bigcup_j\{y_j\})$,则故障源集合为 $\bigcap_i\{x_i\} - S$。

如果能诊断出故障源节点,则算法结束,否则继续根据故障发生率的动力学微分方程进行更精确的诊断,对初步确定的可能故障节点子集进行进一步隔离,缩小可能发生的故障范围。

(2) 精确诊断——基于微分方程的故障发生率计算。假设第一步粗糙诊断的结果为故障源候选点集合 $\{z_i\}$,利用考虑了故障传播动态特性的故障发生率的计算方程(3.8)和(3.9)对 $\{z_i\}$ 集合中的每个节点计算故障发生率,根据所求得的故障发生率进行故障源节点排序,将故障发生率最大的节点确定为故障节点。因此,利用故障传播模型进行故障诊断的过程分为两个阶段,即基于故障传播模型的故障源候选节点筛选和故障发生率计算。

3.8 小　　结

本章主要对分层免疫诊断模型的整体设计进行详细描述,模型中第一层异常追踪检测层在第 4 章进行详细介绍,第二层故障诊断层和第三层故障定位层的详细研究内容将分别在第 5、6 章和第 7 章中介绍。所提出的故障诊断方法,可以实现对已知故障类型的快速及时的故障检测与诊断,对新故障类型以及早期故障进行学习识别与诊断,并对动态环境的变化采用适应性检测器连续学习。同时该模型将设备系统故障传播的因果关系与免疫系统中抗体之间的相互作用相对应,使用这种方法系统能找出最优的测点组合诊断所有的故障。

第4章　基于时间序列树突状细胞算法的异常检测方法

首先,介绍树突状细胞的生物免疫机理,对树突状细胞算法进行概括与分析,设计一种动态迁移阈值树突状细胞算法,加入后续抗原对当前采样抗原的评价因子,并根据计算结果动态地变换迁移阈值,以提高算法的稳定性和识别率。其次,提出基于时间序列树突状细胞算法的异常检测模型,抗原的定义是全部检测信息构成的矩阵序列,基于多维数据流相关性分析,采用滑动时间窗的变化点检测方法对数据进行检测;利用子空间追踪算法实现抗原数据的采样过程;并通过加入动态迁移阈值的概念改进算法的识别效率。算法强调对检测数据流的关键变化点的检测分析,以及对输入信号的降维处理,使算法能够利用最小的计算空间获得更高的稳定性和检测率。

4.1　引　　言

目前,在人工免疫系统研究中,以否定选择算法、克隆选择算法和免疫网络最具代表性,而后产生了许多与之相关的改进、创新与应用。但是,正如Aickelin 等指出的,现有的大多数人工免疫研究成果都是基于 20 世纪 70 年代至 80 年代生物免疫研究成果的产物。近年来,生物学界对生物免疫机制的研究又有了突飞猛进的发展,特别是获得 2011 年诺贝尔生理学或医学奖的"树突细胞及其在获得性免疫中的作用"和"在先天免疫激活方面"的两项重大发现,为人们认识免疫系统的激活和调节机制提供了新视角,也为人工免疫系统的深入研究开辟了新的途径。另外,Matzinger[121]提出的生物免疫危险理论模式,开创了一种有别于著名的自体-非自体的全新免疫应答模式——危险理论。并由英国诺丁汉大学的 Aickelin 等首次将"危险理论"引入人工免疫系统。Greensmith[21]于 2005 年首次提出一种基于危险理论的全新算法——树突状细胞算法(dendritic cell algorithm,DCA),树突状细胞算法是基于树突状细胞群体的算法,对抗原和抽象信号形式的数据流进行相关检测,输出信息表明抗原的异常程度。

　　树突状细胞算法代表了人工免疫系统领域研究重点的转变,由完全基于适应性免疫系统功能逐渐聚焦于先天性免疫系统机理[127]。传统免疫学依赖于模式系统来识别病原体,但树突状细胞算法并不依靠否定选择算法中使用的模式匹配来识别抗原。因此,树突状细胞算法比传统免疫算法具有更好的扩展性。

　　树突状细胞算法是针对免疫学中的树突状细胞抽象出的一个与之相对应的数据结构,算法使用一组异构 Agent 来支持一个二元选择,能够将抗原序列和一系列信号进行组合实现异常检测。它的根本原理是对符号化的抗原数据流和抽象信号形式的多维时间序列进行相关检测,以获得与给定的上下文环境相关度最大的输出结果。树突状细胞算法对未知入侵具有快速、准确的识别能力,适用于对分布式系统进行实时检测。树突状细胞算法已经应用于故障诊断[128]、图像分类[129]和异常检测[130]等多种领域中。例如,Liu 和 Ke[131]针对软件系统中无法准确定位异常发生点等问题,提出了修改 PAMPs 信号的树突状细胞算法;Hart 等[65]建立了用于自组织无线传感器网络的树突状细胞模型;文献[66]在树突状细胞算法的数据预处理阶段,采用主成分分析(PCA)方法进行降维,自动提取重要特征向量分类到各种指定的信号类型中;文献[67]提出用粗糙集理论中核与约简的概念对树突状细胞算法进行信号特征提取及分类。以上算法的缺点是信号的提取不能根据数据流的变化及时更新,因此不适合用于实时检测系统。

　　针对树突状细胞算法在环境状态转变时存在误分类,且随着状态转变的次数越多错误率越高的问题,本章首先对标准树突状细胞算法进行改进,提出一种动态阈值的树突状细胞算法,算法通过设置动态阈值,加入后续抗原对当前采样抗原的评价因子,以及具有放大其他信号功能的发炎信号等策略对其进行改进,提高了算法的稳定性和识别率;其次,针对异常检测问题,将信号处理技术与改进的算法相结合,提出了一种基于时间序列的树突状细胞算法异常检测模型。首先需要对检测数据进行信号预处理,遴选出能够反映异常状态的关键点数据进行数据流检测分析,并提取特征子集分配到算法的各类输入信号,包括危险信号、安全信号和 PAMPs(pathogen associated molecular patterns,抗原的病原体相关分子模式),然后采用加权求和方法进行树突状细胞算法异常检测。显然,按照这个步骤,抗原和输入信号的预处理阶段起着至关重要的作用,它直接影响到算法的检测结果。模型强调对检测数据流的关键变化点的检测分析,以及对输入信号的降维处理,使算法能够利用最小的计算资源获得更高的稳定性和检测率。

4.2　树突状细胞的免疫功能

免疫反应的产生首先是由抗原提呈细胞(antigen presenting cells, APC)捕获抗原,经其加工、处理后将抗原信息传递给 T、B 淋巴细胞,从而诱发一系列特异性免疫应答。因此,抗原提呈细胞是机体免疫反应的首要环节,能否进行有效的抗原提呈直接关系到免疫激活或免疫耐受的诱导。抗原提呈细胞包括专职性抗原提呈细胞(如树突状细胞、巨噬细胞、B 细胞等)及非专职性抗原提呈细胞(如内皮细胞、成纤维细胞、上皮及间皮细胞等)。其中,树突状细胞是目前所知的机体内功能最强的专职性抗原提呈细胞,树突状细胞具备激活 T 细胞的独特能力,而后者在适应性免疫系统中具有生产抗体的关键作用。有别于其他抗原提呈细胞,树突状细胞最大的特点是能够显著刺激初始型 T 细胞(naive T ceils)增殖,而巨噬细胞、B 细胞仅能刺激已活化的或记忆性 T 细胞,因此树突状细胞是机体免疫反应的始动者,在免疫应答的诱导中具有独特的地位。

4.2.1　树突状细胞

树突状细胞(dendritic cell, DC)于 1973 年被 Steiman 和 Cohn 首次从脾脏中分离出来,随后的一系列研究发现其在免疫识别、免疫应答和免疫调控中发挥着重要作用,是目前所知的机体内功能最强的抗原提呈细胞,因其成熟时伸出许多树枝样或伪足样突起而得名。因此,有关树突状细胞的免疫生物学基础研究及其与临床疾病发生、发展和治疗的应用性研究是当今免疫学领域的前沿热点。有别于其他抗原提呈细胞,树突状细胞最大的特点是能够显著刺激初始 T 细胞进行增殖,而 MΦ、B 细胞仅能刺激已活化的或记忆性 T 细胞,因此树突状细胞是机体免疫应答的始动者,在免疫应答的诱导中具有独特的地位。对树突状细胞的研究不仅有助于深刻了解机体免疫应答的调控机制,而且可以通过调节树突状细胞的功能来调节机体的免疫应答,对肿瘤、移植排斥、感染、自身免疫性疾病的发生机制的认识和防治措施的制定具有重要意义。

树突状细胞作为现今公认的体内功能最强的专职抗原提呈细胞,一方面可通过抗原提呈和分泌细胞因子启动、调控细胞免疫和依赖 T 细胞的特异性体液免疫;另一方面也可诱导调节性 T 细胞或清除相应的 T 细胞克隆而达到免疫抑制或诱导免疫耐受的作用,目前认为树突状细胞是连接固有免疫和适应性免疫的关键环节,其在维持免疫平衡中也起着至关重要的作用。

树突状细胞从淋巴系统迁移到机体组织,摄取抗原和蛋白质碎片,同时采集抗原所处环境中的分子作为危险信号,摄取抗原并采集信号之后从机体组织返回淋巴结,并将抗原提呈给 T 细胞以识别抗原。另外,树突状细胞能够处理环境分子,并释放特定的细胞因子以影响 T 细胞分化过程。树突状细胞进行决策并驱动 T 细胞进行免疫应答。

4.2.2　树突状细胞的抗原处理与提呈功能

在各脏器中分布的未成熟树突状细胞,尤其是皮肤中的树突状细胞,在遇到外来抗原时,能摄取处理抗原,然后迁移至淋巴器官激发免疫应答,在迁移过程中未成熟树突状细胞逐渐成熟,摄取抗原的能力下降,而抗原提呈功能增强。

1. 树突状细胞摄取抗原的途径

树突状细胞除了活跃的吞饮功能外,也具有一些功能性受体,介导颗粒性抗原的吞噬处理。树突状细胞摄取抗原可分为三条途径。第一条途径是通过巨吞饮作用,即细胞骨架依赖型的、由膜皱折和形成大囊泡的液相内吞作用,树突状细胞可吞饮非常大量的液体,每小时可达其细胞体积的一半,在抗原浓度为 10^{-10} mol/L 时即可由巨吞饮作用使抗原得到提呈。第二条途径是受体介导的内吞作用,受体介导的内吞具有高效性、选择性及饱和性的特点,借助细胞膜表面的受体可以有效地捕捉到浓度很低的相应抗原。树突状细胞不表达特异性受体,但表达 FcγRⅡ受体,可有效捕捉抗原抗体复合物;表达甘露糖受体,可摄取甘露糖化及岩藻糖化抗原。在树突状细胞成熟过程中,其 FcR 及甘露糖受体均出现下调的现象,从而使树突状细胞摄取抗原的能力下降。第三条途径是吞噬作用,吞噬是细胞摄取大颗粒或微生物的一种内吞方式。

2. 树突状细胞对抗原的处理与提呈

外来抗原物质被摄入树突状细胞后,经蛋白溶解处理后得到 13～25 氨基酸长度的片段,与 MHCⅡ类分子结合,形成复合物表达于树突状细胞表面,再提呈给 $CD4^+$ T 淋巴细胞。在此过程中,抗原肽与 MHCⅡ类分子的结合是一个很复杂的过程。

树突状细胞内抗原肽的产生及与 MHCⅡ类分子的结合可能存在两个不同的部位,第一个部位是主要部位 MHCⅡ类器室(major histocompatibility complex class Ⅱ compartment,MⅡC),MⅡC 是树突状细胞内一种富含 MHCⅡ分子的多层膜结构,具有某些溶酶体特性。MHCⅡ类分子/Ii 复合体在粗面内质网产生,穿过高尔基体,定向输送至 MⅡC,由 HLA-DM 分子去除与 MHCⅡ类分子结合的 CLIP,使抗原肽与 MHCⅡ类分子结合。第二个部位是次要部位,即早期内吞体,其中含有成熟的由细胞膜表面内化后循环回来的 MHC Ⅱ类分子。

不同成熟阶段的树突状细胞,其 MHC Ⅱ类分子在细胞内分布不同。未成熟树突状细胞将抗原及新合成的 MHC Ⅱ类分子积聚在 MHC 内,有利于抗原加工及抗原肽:MHC Ⅱ类分子复合物的合成,但新合成的抗原肽:MHC Ⅱ类分子复合物仍被滞留在 M Ⅱ C 内,这样可避免抗原在外周组织中被过早提呈。当外周组织中的树突状细胞在迁移至淋巴器官的过程中逐渐成熟后,树突状细胞内的抗原肽:MHC Ⅱ类分子复合物迅速表达在细胞表面,从而达到有效提呈的目的。

外源性抗原经树突状细胞通过 MHC Ⅱ类分子途径提呈后,可强烈激发相应 $CD4^+$ T 细胞克隆的增殖,其体外抗原提呈能力是巨噬细胞的 $10 \sim 100$ 倍。由树突状细胞经巨吞饮及吞噬两种方式摄入的外源性抗原,也可通过胞浆的 TAP 依赖途径或内吞体的 TAP 非依赖途径以 MHC Ⅰ类分子途径提呈给 $CD8^+$ T 细胞。外源性脂类抗原主要通过 CD1 途径被树突状细胞加工和提呈。对这些不同的抗原加工提呈途径的作用机制,尤其是面对同一种外源性抗原的入侵,树突状细胞的上述三种途径是如何相互配合并通过何种机制完成抗原的加工提呈,并不完全清楚。

4.2.3　树突状细胞与免疫激活和耐受

树突状细胞对于 T、B 细胞具有直接或间接的激活作用。树突状细胞表达多种趋化性细胞因子,具有趋化 T 细胞的作用。树突状细胞还具有结合 T 细胞的作用,提呈于树突状细胞膜表面丰富的抗原肽,它们与大量的 TCR 结合,使 T 细胞表面 TCR 的占据量增加,有利于 T 细胞的激活。树突状细胞高表达 ICAM-1 等黏附分子,更有助于与 T 细胞的进一步结合。除了为 T 细胞提供抗原肽:MHC 分子复合物这一抗原信号(第一信号)外,树突状细胞还为 T 细胞提供了充足的第二信号,因为成熟树突状细胞表达高水平辅助刺激分子。此外,树突状细胞所分泌的 IL-12 对于初始 T 细胞产生应答具有重要的影响。树突状细胞还能通过诱导 Ig 类别的转换、释放某些可溶性因子等直接调节 B 细胞的增殖与分化。

树突状细胞还能诱导免疫耐受,它是目前发现的在胸腺内对发育过程中 T 细胞进行阴性选择最重要的细胞,通过排除自身应答性克隆,参与中枢免疫耐受的诱导。血循环中的抗原可以到达胸腺,由胸腺树突状细胞提呈,外周血树突状细胞也可能携带外周抗原进入胸腺,并由胸腺树突状细胞实现对某些外来抗原的体内致耐受作用。树突状细胞也可在外周参与外周免疫致耐受作用。

利用树突状细胞的免疫激活作用,可将其用于某些疾病的防治,如应用病原体抗原体外致敏的树突状细胞过继回输的方式治疗多种感染性疾病、应用肿瘤抗原致敏的树突状细胞回输机体治疗肿瘤等;在移植免疫中,供体的非成熟树突状细胞倾向于诱导免疫耐受,而成熟树突状细胞倾向于引发免疫排斥,因此若预先去除移植物中树突状细胞或用非成熟树突状细胞诱导免疫耐受,均可延长同种移植物的存活时间;树突状细胞在自身免疫性疾病和超敏反应性疾病发生发展中起一定的促进作用,阻断或降低树突状细胞的抗原提呈细胞功能,或用非成熟树突状细胞诱导特异性外周免疫耐受可以达到防治此类疾病的目的。

4.2.4　树突状细胞的三种状态及激活信号

本质上,树突状细胞是一种生物异常检测器,它们融合了多种输入信号,处理大量抗原,为 T 细胞提供与组织健康状况相关的环境信号。正常情况下绝大多数体内树突状细胞处于非成熟(immature)状态,其表达低水平的辅助刺激分子和黏附分子,体外激发 MLR 能力较弱,但具有极强的抗原内吞和加工处理能力。树突状细胞在摄取抗原或接受到某些刺激因素后,可以分化成熟(mature),其 MHC 分子、辅助刺激分子、黏附分子的表达显著提高,体外激发 MLR 能力很强,但其抗原摄取加工能力大大降低。树突状细胞在成熟过程中,同时发生迁移(migration),由外周组织(获取抗原信号)通过淋巴管和血循环进入次级淋巴器官,然后激发 T 细胞应答。根据周围组织液中内源性和外源性信号的不同,树突状细胞可以有三种不同的状态:未成熟树突状细胞、半成熟树突状细胞和完全成熟树突状细胞[132,133]。

1. 树突状细胞的三种状态

1) 未成熟树突状细胞(immature DC,iDC)

髓系树突状细胞在从前体发育为具有强免疫刺激功能的成熟树突状细胞的过程中,需经过一个未成熟阶段,此阶段树突状细胞的功能对于免疫应答来说十分重要。未成熟树突状细胞是树突状细胞的初始状态,驻留在组织中,首要功能是收集和移除组织液中的各种碎片并对其加工处理(这些碎片可能是自体细胞分子,也可能是外来物质)。iDC 需要主要组织相容性复合体(major histocompatibility complex,MHC)分子的配合,才能将抗原提呈给 T 细胞。iDC 还能分泌一些趋化性细胞因子及具有炎症介质作用的细胞因子。因此,iDC 具有摄取和加工处理抗原的功能,但其刺激初始 T 细胞的能力很弱。iDC 具有很强的摄取和加工抗原的能力,并能够通过其表面的趋化因子受体,通过血液和淋巴系统迁移入淋巴结和脾;受炎症刺激因素的影响,它们能从非淋巴组织,进入次级淋巴组织并逐渐成熟,树突状细胞在摄取抗原后,也可自发成熟转变为完全成熟或半成熟树突状细胞。

2) 半成熟树突状细胞(semi-mature DC,smDC)

细胞正常死亡时会释放凋亡细胞因子(如 TNF-α 因子),当其浓度达到一定程度时,未成熟树突状细胞就会转变成半成熟(或亚成熟)树突状细胞,并从机体组织迁移到淋巴结中,smDC 释放协同刺激分子(costimulatory mole-cule,csm)并将收集的抗原提呈给 T 细胞,但是 smDC 释放抗炎性细胞因子(IL-10)抑制抗原与 T 细胞匹配,从而使机体对该抗原耐受。

3) 完全成熟树突状细胞(mature DC,mDC)

mDC 可以提呈抗原并表达炎性细胞因子来激活 T 细胞。成熟期树突状细胞主要存在于淋巴结、脾及派氏集合淋巴结。它们受趋化性细胞因子的作用,归巢至 T 细胞区,同时本身也分泌一些趋化性细胞因子,从而保持与 T 细胞的接触。iDC 在机体组织中收集抗原,当其周围的危险信号和 PAMPs 达到一定浓度时就会从组织迁移到引流淋巴结中,由于它们表达高水平抗原肽,在淋巴结中的 T 细胞与树突状细胞提呈的抗原高概率地匹配,所以它们能有效地将抗原提呈给初始 T 细胞并激活 T 细胞引起免疫应答。iDC 在迁移过程中转变成 mDC 并产生促炎性细胞因子(IL-12)和协同刺激分子。

体内树突状细胞多呈非成熟状态,表达低水平的共刺激因子和黏附分子,具有极强的细胞内吞能力,在摄取抗原与接受某些刺激因素后(如脂多糖),迅速通过淋巴管的内皮细胞,经输入淋巴管引流迁移至次级淋巴器官。在迁移过程中,摄取抗原的能力下降,处理和提呈抗原的能力提高,高表达共刺激分子,成为成熟的树突状细胞。在次级淋巴器官的 T 细胞区,树突状细胞将抗原提呈给抗原特异性的 T 淋巴细胞,从而激活静止状态的 T 细胞,触发 T 细胞的增殖和分化。同时其分泌的炎性细胞因子和趋化因子能够吸引和活化天然免疫细胞以形成免疫应答与调控的网络。树突状细胞作为免疫系统中功能最强大的专职抗原提呈细胞,是连接固有免疫和适应性免疫的桥梁。

2. 树突状细胞的三类信号

树突状细胞通过下面三类信号转导途径来激活静息的 T 淋巴细胞。

(1) 第一信号来自抗原识别,树突状细胞的 MHC 分子与胞内加工处理后的抗原肽形成复合体,并表达于树突状细胞表面,为激活静息的 T 淋巴细胞提供第一信号。

（2）第二信号又称协同刺激信号，由 APC 表面和 T 细胞表面黏附分子对的相互作用提供。共刺激分子及黏附分子与 T 淋巴细胞膜表面的配体结合，提供第二信号。

（3）树突状细胞合成和分泌一些重要的细胞因子，提供第三信号。

T 细胞被激活需要来自这三类已知的途径共同作用的信号刺激。在接受树突状细胞递呈抗原的过程中，只有三条信号同时识别，T 细胞才能充分活化，激活免疫反应。

3. 树突状细胞的重要属性

树突状细胞具有如下重要属性：

（1）iDC 能够沿着不同路径分化，成为 mDC 或者 smDC。

（2）每个 iDC 能够对组织中多种抗原进行采样。

（3）iDC 除了采样抗原之外，还采集信号，引起细胞因子上调从而启动抗原提呈。

（4）smDC 和 mDC 两者都具有抗原提呈能力。

（5）smDC 和 mDC 输出不同的细胞因子，提供了抗原所在的环境信号。smDC 和 mDC 输出信号反映了输入信号的组合和浓度。

机体组织产生 iDC，收集和感知环境抗原信息，当 iDC 感知到的信号是细胞正常死亡产生的信号，则转换到半成熟状态；如果 iDC 感知到病原体相关模式（PAMPs）或细胞非正常死亡产生的信号，则转换到成熟状态，该过程如图 4.1 所示。

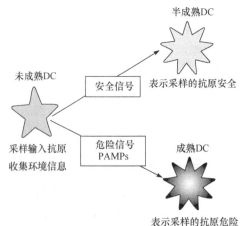

图 4.1　树突状细胞状态转换过程

表 4.1 总结了生物学信号的名称和功能以及对应的抽象信号和含义。抽象信号包括 PAMPs、危险信号(danger signal,DS)、安全信号(safe signal,SS)、发炎信号(inflammation signal,IS)、协同刺激分子(co-stimulatory molecules,csm)、半成熟信号(semi)和成熟信号(mat)。

表 4.1 7 种信号及其抽象信号与含义

生物学信号	功能	抽象信号	含义
PAMPs	表明存在病原体	PAMPs	存在异常的特征
坏死信号	表明组织损坏	DS	表明异常可能性高
凋亡信号	表明组织健康	SS	表明正常可能性高
促炎细胞因子	表明组织总体上存在损伤	IS	与所有其他信号相乘的因子
CD80/86	协同刺激分子	csm	协同刺激信号
IL-10	smDC 分泌的细胞因子	semi	正常信号
IL-12	mDC 分泌的细胞因子	mat	异常信号

4.2.5 树突状细胞特征提取

树突状细胞分化过程见图 4.2,树突状细胞表现出的一些有用特性可以用于设计人工免疫算法。左半部分发生在组织中,右半部分发生在淋巴结中。

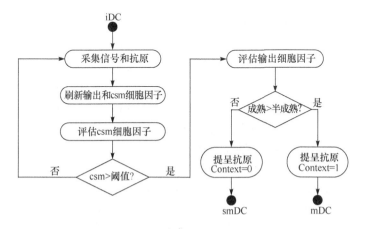

图 4.2 树突状细胞分化过程

4.3　树突状细胞算法

Matzinger 的免疫危险理论模式认为,人体免疫应答是由危险信号所引发,并不是由非自体触发。免疫系统并不是抵制一切外来物质,即对非自体物质的抵制也是有针对性的,凡是诱发危险信号的非自体才会引发人体免疫应答。英国诺丁汉大学的 Aickelin 教授等首次将危险理论引入人工免疫系统,Greensmith 在其基础上提出基于危险理论的树突状细胞算法。

4.3.1　危险理论

传统基于自体-非自体模式(self-nonself,SNS)的人工免疫系统,只可以识别出"自体"和"非自体",为防止自身免疫情况的发生,抗体在生成时需要经过耐受过程(否定选择)。免疫响应时对于所有的抗原都要进行处理,需要消耗极大的计算开销。而且由于"自体"和"非自体"两者的区分度不是很明确,使得误判率较高,所以 SNS 模式的人工免疫系统实时性较差,只适用于小规模的数据系统应用。此外随着时间的推移自体会发生变化,某些先前生成的抗体有可能被识别为抗原异物,进而导致发生自身免疫。为避免此类情况的发生,必须将不适用的抗体从抗体集中删除,此过程的处理量也是很庞大的。此外,判断抗体是否还能发挥作用很难,若误将抗体删除,还需要重新经过耐受过程来生成该抗体。

1990 年以来,Matzinger 等为了解释基于 SNS 模式的免疫理论不能解决的问题,提出了生物免疫危险理论模式,该理论认为,在免疫系统中细胞的死亡有两种方式:凋亡和坏死。并且指出决定免疫系统是否执行特异性免疫应答功能的关键因素是由机体受损细胞发出的危险信号,而不是由通过严格确定被测抗原是否为非自体抗原来确定的。换句话说,机体内的细胞只要是受到了损伤,就会向抗原提呈细胞发出危险信号,并使其活化,进而启动免疫应答,清除有害病原体,保证机体的健康。

危险理论认为引起免疫应答的关键因素不是机体中被检测出非自体抗原,而是机体中是否存在足够强度的危险信号。它不是完全否定传统免疫理论,而是对其进行了补充。如果被检测抗原对机体细胞产生了损害,这些机体细胞就会发出危险信号,抗原提呈细胞搜集这些危险信号,将其提呈给免疫细胞,进而激活免疫应答清除该抗原。免疫危险理论只需要识别和响应危险域内的抗原,不需要匹配和处理危险域外的其他非自体抗原。这样大大减少了免疫响应的规模以及次数,很大程度地降低了计算开销,并且还可以保证更加精确地识别和清除有害抗原,具有较好的实际操作性。此外,危险理论只识别危险信号并不注重抗原的异己性,这样抗体的产生过程就不需要复杂的成熟变异,当自体集发生变化时,所受影响也远小于 SNS 模式。根据危险理论原理设计实现的树突状细胞算法不需要事先训练大量样本,更加简单快速。

危险理论指出抗原提呈细胞将危险信号作为警报器来激活自身,这些被激活的抗原提呈细胞将能为 T 辅助细胞提供必需的协同刺激信号来控制适应性免疫应答。当身体的正常细胞受到病原体的入侵后将会产生危险信号。例如,不受控制的(坏死)细胞死亡释放的胞内物质就可以产生这种信号。这些信号由专门的固有免疫细胞——树突状细胞来检测,树突状细胞包含三种状态:未成熟、半成熟和成熟。在树突状细胞的未成熟状态,它从所处的环境中收集抗原、安全和危险信号以及炎性细胞因子。树突状细胞能够整合这些信号来决定当前所处环境是安全还是危险。如果是安全,树突状细胞转化成半成熟状态,并提呈抗原给 T 细胞,树突状细胞将引起 T 细胞耐受。如果是危险,树突状细胞转化为成熟状态并使 T 细胞对提呈的抗原作出反应。

依据危险理论的核心思想,机体只有受到有害物质的刺激时才会进行免疫反应,而不仅仅因为存在外来异物而发生[134]。可以用不同的信号模拟危险的发生:信号 0 表示细胞坏死时发出的危险信号;信号 1 表示 APC 提呈抗原即抗原提呈信号;信号 2 表示 APC 捕获抗原并向 Th 细胞提供的信号,也即协同刺激信号。危险模式的应答过程如图 4.3 所示[135]。

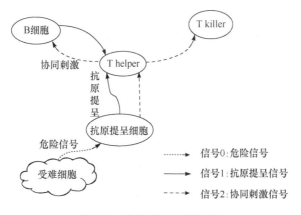

图 4.3 危险模式应答过程

引起免疫应答的关键因素是受损细胞发生的危险信号,也就是说,在危险理论模型中是由危险信号来控制免疫应答的启动。在图 4.3 中,只有信号 0 出现时,APC 才会向 Th 细胞提供协同刺激信号 2,进而诱发机体发生免疫响应。免疫系统发现外来异物时提供信号 1,仅仅有信号 1 时 APC 不会提供信号 2,此时免疫系统不会发生免疫响应。健康的细胞不会发出任何信号,凋亡细胞或对机体无害的异物仅仅只会产生信号 1,这些都不会引起机体的免疫应答。只有细胞非正常死亡时才会发出危险信号 0,并使系统发生免疫反应。

4.3.2 树突状细胞算法原理与定义

树突状细胞算法(DCA)抽象了一个与生物免疫学上的树突状细胞(DCs)相对应的数据结构,其中记录了曾经采样过的抗原、输入输出信号、成熟度阈值和当前树突状细胞的状态等信息。树突状细胞算法的基本原理就是模拟生物免疫中树突状细胞状态转换的过程,同样包含了具有三种状态的树突状细胞:iDC、smDC 和 mDC。使用三种输出信号来描述 DCs 的状态:协同刺激分子值 csm 是判断 DCs 是否需要进行状态转换的参数;半成熟树突状细胞因子 semi(smDC cytokines)是判断 DCs"安全程度"的依据;成熟树突状细胞因子 mat(mDC cytokines)是判断 DCs"危险程度"的依据。DCA 中的"采样"是指对某一个抗原提取输入信号 PAMPs、危险信号和安全信号,再通过权值公式和权值矩阵的计算得到输出信号并累加的过程。当 DCs 的输出信号 csm 达到某一阈值时,则认为该 DCs 达到状态转换条件。然后判断另外两个输出信号 semi 和 mat,如果 semi>mat 则认为 DCs 进入"半成熟"状态;否则进入"成熟状态"。

定义 4-1 权值公式和权值矩阵。

树突状细胞算法中,各输入信号对不同输出信号的影响的权值公式如式(4.1)所示,其中的权值可以根据实际应用进行调整:

$$O_{ip} = \sum_i \frac{\sum_{j=0}^{2} W_{jp} S_{ij}}{\sum_{j=0}^{2} |W_{jp}|} \qquad (4.1)$$

其中,i 表示采样抗原的序列位置;j 分别代表三种输入信号;p 分别代表三种输出信号;O_{ip} 表示输入序列中第 i 个抗原的输出信号强度;W_{jp} 表示对应的权值;S_{ij} 表示第 i 个抗原的输入信号。具体含义见表 4.2 列出的权值矩阵。

表 4.2　权值矩阵

W_{jp}	PAMPs ($j=0$)	危险信号 ($j=1$)	安全信号 ($j=2$)
csm($p=0$)	2	1	2
semi($p=1$)	0	0	2
mat($p=2$)	2	1	−2

从权值矩阵可以看出,输入输出信号之间的相互影响关系:PAMPs 影响 csm、mat;危险信号影响 csm、mat;安全信号影响 csm、semi 和 mat。所以,当根据实际应用调整权值矩阵时同样要满足上述条件,输入输出信号作用关系如图 4.4 所示。

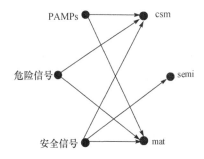

图 4.4　输入输出信号相互影响关系

环境成熟抗原值(mature context antigen value,mcav)是用来评价一个抗原所处环境的成熟程度的参数。由环境对成熟与半成熟 DCs 的描述,mcav 也表示抗原的危险程度,其值可通过式(4.2)计算获得:

$$\text{mcav}=\frac{O_1}{O_1+O_2} \tag{4.2}$$

其中,O_1 是参与该抗原采样的 DCs 集合中标识为"成熟"的数量;O_2 是标识为"半成熟"的数量。

4.3.3　树突状细胞算法描述

树突状细胞算法对抗原以及信号形式的数据项进行关联,输出信号表明抗原的异常程度。DCA 不是分类算法,不表明抗原是否异常,而是给出异常程度。异常程度用抗原被提呈为成熟环境抗原次数占此类抗原被提呈总次数的百分比表示,即 mcav。可以将 mcav 与阈值进行比较,判断是否异常。算法使用的信号是预分类和预规格化的数据源,代表系统的行为特征。信号包括抗原提取的输入信号 PAMPs、危险信号、安全信号和发炎信号（inflammation signal，IS）。

树突状细胞算法是基于群体的算法，算法中包括一定数量的 DCs。DCs 群体不断更新，更新频率和种类控制与实现细节有关。群体中每个 DC 执行抗原和信号采集。DCs 存储采集的抗原，并将输入信号转换为输出信号。树突状细胞每次更新累积输出信号之后，比较 csm 和迁移阈值（migration threshold），若 csm 超过迁移阈值，则删除此 DC，采样周期结束，DCs 迁移到诊断层进行结果分析。

总之，每个树突状细胞都具有采集抗原和处理信号的能力。树突状细胞生命周期通过迁移阈值控制，迁移阈值是给定范围内的随机数。DCs 群体多样性来自 DCs 迁移阈值的随机性，随机元素为 DCs 种群创建了可变的时间窗口效应，增强了系统的鲁棒性。树突状细胞迁移之后进行累积输出信号评估，semi 或 mat 浓度较大者成为细胞环境，此细胞环境用于对 DCs 采集的所有抗原进行标记，标记成环境 0 或者 1，最终用于产生 mcav。

树突状细胞算法的过程描述如下：

（1）初始化算法参数以及创建树突状细胞库；

（2）从树突状细胞库中随机选取部分 DCs 对当前抗原采样；

（3）更新当前危险信号、PAMPs 和安全信号浓度；

（4）计算输出细胞因子浓度；

（5）根据计算结果确定 DCs 的迁移状态；

（6）从 DCs 池迁移出成熟 DCs，未成熟 DCs 放回 DCs 池；

（7）若存在新抗原则转到步骤（2），否则转到步骤（8）；

（8）对每个采样过的抗原计算其分别被成熟 DCs 和半成熟 DCs 提呈的次数；

（9）若被半成熟 DCs 提呈的次数高于被成熟 DCs 提呈的次数，则将该抗原标记为安全，否则标记为危险。

树突状细胞算法的伪代码如下：

```
输入：S=需要区分安全或者危险的数据项集合；
输出：D=已经区分出安全或者危险的数据项集合；
Begin
    创建初始树突状细胞(DCs)种群 D；
    创建迁移 DCs 集合 M；
    Forall  S中的数据项 do
```

　　　　从集合 D 中随机抽取元素组成集合 P;
　　　　　　Forall　P 中的 DCs　do
　　　　　　　　增加该数据项到 DCs 收集列表;
　　　　　　　　更新危险信号、PAMPs 和安全信号的浓度;
　　　　　　　　更新输出细胞因子浓度;
　　　　　　　　当协同刺激分子值达到迁移阈值,
　　　　　　　　将该 DCs 从集合 D 中迁移至集合 M,
　　　　　　　　并且在 D 中创建一个新的 DCs;
　　　　　　end
　　　　end
　　Forall　M 中的 DCs
　　　do
　　　　if 半成熟细胞因子浓度>成熟细胞因子浓度
　　　　　　DCs 转变为半成熟状态;
　　　　else　DCs 转变为成熟状态;
　　end
　　Forall　S 中的数据项　do
　　　　计算该数据项分别被成熟 DCs 和半成熟 DCs 提呈的次数;
　　　　if　被半成熟 DCs 提呈的次数高于被成熟 DCs 提呈的次数,
　　　　　　将该数据项标记为安全;
　　　　else　将该数据项标记为危险;
　　　　增加该数据项至集合 M;
　　end
end

4.4　一种动态迁移阈值树突状细胞算法

　　标准树突状细胞算法采用从 DCs 池中随机抽取若干 DCs 对当前抗原采样,进而随着输入抗原的增加而成熟分化。这样的设计使得 DCs 的成熟策略对抗原的评价计算具有滞后性,导致抗原环境发生转变时误检率较高、检测率降低。通过对树突状细胞算法进行分析,并使用 Breast Cancer 数据集对算法进行仿真实验的结果显示,DCA 算法对于该数据集的误分类主要出现在正常数据与异常数据的过渡阶段,这是因为每一个未成熟 DCs(iDC)在初始时期会收集大量抗原,iDC 根据周围信号的不同分化为不同的形态,如果分化为半成熟 DCs(smDC),那么由 iDC 收集的抗原都会被提呈为正常数据。同理,分化为成熟 DCs(mDC)之后所有收集的抗原就会被提呈为异常数据。由此可知,处于过渡阶段的数据随着算法的运行必然出现误分类。另外,DCA 算法根据 csm 值的大小来判断 DCs 是否进行分化,进一步对收集的抗原进行"危险"判定。然而,根据权值计算公式可知,csm 值的获取需要一个累加的过程,这样,对于排在数据集末端的数据就有可能因 csm 值无法达到迁移阈值,导致 DCs 未能达到成熟,不能进行采样数据的评价,因此算法需多次迭代运行。但是从树突状细胞算法的设计思想来看,通过多次迭代的处理方式并不能有效地提高识别精度,只是为了完成对边界数据的评价问题。针对树突状细胞算法存在的这些问题,本节提出了一种加入动态迁移阈值的改进树突状细胞算法[136]。改进的树突状细胞算法通过设置动态阈值,加入后续抗原对当前采样抗原的评价因子,以及具有放大其他信号功能的发炎信号等策略对标准算法进行了改进,使算法的稳定性和识别率都有一定改善。

4.4.1 相关定义

定义 4-2 抗原提呈群体。

$DCs = \{DC_1, DC_2, \cdots, DC_n\}$

$DC_i = \{\omega | \omega = \langle ag\_list, input, output, context, threshold \rangle, ag\_list \in V\}$,

$\qquad i = 1, 2, \cdots, n$

其中,V 表示一维抗原向量;ag_list 为树突状细胞采样过的抗原列表;input 为 PAMPs、危险信号(DS)和安全信号(SS)三个输入信号浓度,$input \in \{C_P, C_{DS}, C_{SS}\}$;output 为协同刺激分子值(csm)、半成熟树突状细胞信号(semi)和成熟树突状细胞信号(mat)三个输出信号浓度,$output \in \{C_{csm}, C_{semi}, C_{mat}\}$;context 为该树突状细胞的成熟状态,$context \in \{semi, mature\}$;threshold 为树突状细胞的迁移阈值。

定义 4-3 输入抗原群体 Ag。

$Ag = \{ag_1, ag_2, \cdots, ag_m\}$

$ag_i = \{\zeta | \zeta = \langle Attb, semi, mat \rangle, semi \in N, mat \in N\}, \quad i = 1, 2, \cdots, m$

其中,Attb 为抗原可以被树突状细胞采样的各个属性值,用 $\langle Attb_1, Attb_2, \cdots, Attb_l \rangle$ 表示;semi 为该抗原被 smDC 提呈为"安全"的总次数;mat 为该抗原被 mDC 提呈为"危险"的总次数。

定义 4-4 后续抗原与当前抗原之间的相似度 Aff 为

$$Aff(n, m) = \sqrt{\sum_{i=1}^{l} | ag_n(Attb_i) - ag_m(Attb_i) |} \qquad (4.3)$$

4.4.2 算法改进策略

动态迁移阈值树突状细胞算法在标准树突状细胞算法基础上做了如下改进：

(1) 设置动态迁移阈值 Dthreshold。在算法运行过程中通过控制未成熟 DCs 的迁移阈值，加速或者减缓 iDC 的分化成熟。

(2) 保留未成熟 DCs 集合。将上一次抗原采样未能达到成熟的 DCs 继续加入下一次抗原的采样过程，以增加 DCs 的成熟速率，提高算法的运行效率。

(3) 加入后续抗原对当前抗原的评价因子 α。从当前抗原向后延伸 k 个抗原，计算每个后续抗原与当前抗原的相似度 Aff，其评价因子 α 定义为

$$\alpha(n) = \frac{\sum_{j=1}^{k} \text{Aff}(n, n+j)}{k} \tag{4.4}$$

(4) 加入发炎细胞因子 IS。标准树突状细胞算法中介绍了发炎细胞因子的作用，但是在对 Breast Cancer 数据集的实际算法应用中并未采用，生物中 IS 可以放大其他信号的作用，这里将 IS 作为一种调节因子，与评价因子 α 共同调节 DCs 的迁移状态。

评价因子 α 值越小，说明后续抗原与当前抗原越具有相似的致病性，应下调 IS、上调 Dthreshold，以减缓 iDC 的成熟，使该未成熟 DCs 继续采样后续的抗原。将迁移阈值和发炎因子分别表示为

$$\text{Dthreshold}_{\text{new}} = \text{Dthreshold}_{\text{old}} + \Delta t(\alpha) \tag{4.5}$$

$$\text{IS}_{\text{new}} = \text{IS}_{\text{old}} - \Delta t'(\alpha) \tag{4.6}$$

α 值越大，则后续抗原与当前抗原的致病性差异越大，应上调 IS、下调 Dthreshold，加速 iDC 成熟，防止其采样到后续抗原，从而有效降低数据误分类的可能。将迁移阈值和发炎因子分别表示为

$$\text{Dthreshold}_{\text{new}} = \text{Dthreshold}_{\text{old}} - \Delta t(\alpha) \tag{4.7}$$

$$\text{IS}_{\text{new}} = \text{IS}_{\text{old}} + \Delta t'(\alpha) \tag{4.8}$$

其中，$\Delta t(\alpha)$ 和 $\Delta t'(\alpha)$ 是与 α 有关的增量。

4.4.3 改进树突状细胞算法描述

基于以上对标准树突状细胞算法的改进措施，设计了一种动态迁移阈值设置的树突状细胞算法，算法的过程描述如下：

(1) 初始化树突状细胞池，产生 N 个未成熟 DCs；

（2）对于每个抗原数据，从树突状细胞池中随机抽取 n 个未成熟 DCs 对该抗原采样，抽象出输入信号浓度 C_P、C_{DS} 和 C_{SS}；

（3）计算后续 k 个抗原对当前抗原的评价因子 α，据此调整发炎信号 IS 和动态迁移阈值 Dthreshold；

（4）根据输入信号浓度以及发炎信号 IS 计算输出信号浓度 C_{csm}、C_{semi} 和 C_{mat}；

（5）将 C_{csm} 与 Dthreshold 对比，若 $C_{csm}>$Dthreshold，则当前 iDC 成熟迁移出 DCs 池，剩余未成熟 DCs 直接参与下次抗原采样，并将采样未成熟 DCs 补充至 n 个；

（6）计算 mcav 值，并对当前采样抗原进行评价；

（7）若还有新抗原，则转至步骤（2），否则算法终止。

改进树突状细胞算法流程如图 4.5 所示。

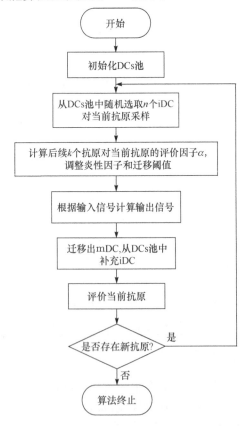

图 4.5　改进树突状细胞算法的流程

4.4.4 算法有效性验证

1. 实验方案

本节选用文献[21]中使用的标准 UCI Wisconsin Breast Cancer 数据集作为实验数据,该数据集包含 699 条数据,其中正常数据 458 条,异常数据 241 条,去除 16 条不完整的数据(正常 14 条,异常 2 条),剩余 683 条有效数据。该数据集每条数据有 10 个属性,其中前 9 个属性代表一个潜在癌变细胞的各种特征,第 10 个属性是一个分类标签,将数据分类为正常与异常。实验将 9 个数据属性中的细胞大小、细胞形状、裸核和正常核仁属性作为危险信号 DS 的来源,处理过程为:对于这 4 个属性,先求出所有异常数据中每个属性的平均值,针对每个数据,计算出相应属性数据值与平均值的绝对差,4 个属性对应绝对差的平均值即为危险数据值。将簇大小属性作为安全信号 SS 和 PAMPs 信号的来源。首先得出所有数据的簇大小属性的中位数,针对每个数据,将簇大小属性值与该中位数进行对比,若属性值大于中位数,则将安全信号设为属性值与中位数的绝对差,将 PAMPs 设为 0;反之,将 PAMPs 设为属性值与中位数的绝对差,将安全信号设为 0。举例如表 4.3 和表 4.4 所示。

表 4.3 样本数据项以及计算的阈值和信号值

样本数据属性	数据值	平均值/阈值	导出信号值
簇大小	10	4	6
细胞大小	8	6.59	1.41
细胞形状	8	6.56	1.44
裸核	4	7.62	3.62
正常核仁	7	5.88	1.12
危险信号平均值	——	——	1.8975

表 4.4 输出信号计算结果

输出信号类型	信号值
csm	2.7795
semi	6
mat	−16.1025

若不考虑发炎信号,对该样本数据根据式(4.1)计算 C_{csm} 为

$$C_{csm}=\frac{(2\times0)+(2\times6)+(1\times1.8975)}{2+2+1}=2.7795$$

实验 1　按正向+反向数据的顺序使算法经历一次环境状态转变,如取 100 条正向数据后跟 100 条反向数据。

实验 2　按正向+反向+正向+反向数据的顺序使算法经历三次环境状态转变。

实验 3　按正向+反向+正向+反向+正向+反向数据的顺序使算法经历五次环境状态转变。

参数设置　将 Dthreshold 初始化为 20,每次从 DCs 池中随机抽取 10 个 iDC 对当前抗原进行采样,向后选取 10 个后续抗原对当前抗原进行评价,算法运行 10 遍。

2. 实验结果

按实验方案中的设计,采用同样的数据集分别对标准树突状细胞算法和改进的树突状细胞算法进行实验运算分析,部分实验数据如表 4.5 和表 4.6 所示。

表 4.5　标准 DCA 算法实验结果(csm 阈值为 20)

数据类型	数据个数	mcav	误检率	识别率
正向+反向	100	0.52	0.02	0.98
	300	0.49667	0.0033333	0.99667
	478	0.48954	0.01046	0.98954
正+反+正+反	160	0.54375	0.04375	0.95625
	320	0.49375	0.01875	0.98125
	479	0.50522	0.031315	0.96868
正+反+正+反+正+反	120	0.4	0.13333	0.86667
	300	0.50333	0.043333	0.95667
	390	0.4359	0.069231	0.93077
	479	0.42171	0.08142	0.91858

表 4.6　改进 DCA 算法实验结果(csm 动态阈值初始为 20)

数据类型	数据个数	mcav	误检率	识别率
正向＋反向	100	0.5	0.0	1.0
	300	0.5	0.0	1.0
	478	0.49582	0.0041841	0.99582
正＋反＋正＋反	160	0.5	0.0	1.0
	320	0.5	0.0	1.0
	479	0.49269	0.006263	0.99374
正＋反＋正＋反＋正＋反	120	0.475	0.025	0.975
	300	0.5	0.0	1.0
	390	0.49231	0.012821	0.98718
	479	0.49478	0.0041754	0.99582

三次实验检测率对比关系如图 4.6、图 4.7 和图 4.8 所示。

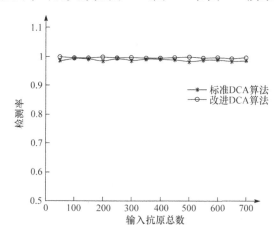

图 4.6　一次环境转变检测率对比

3. 结果分析

从图 4.6 可以看出,算法经历一次环境状态转变后,标准 DCA 算法和改进后的 DCA 算法对比检测率都较高,差异不是很大,但从曲线的分布来看改进后算法的检测率要高于标准算法,并且具有较好的稳定性。图 4.7 是经历三次环境状态转变两种算法的检测率对比关系,可以看出,标准 DCA 算法的

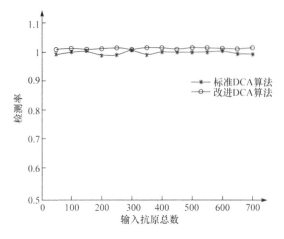

图 4.7　三次环境转变检测率对比

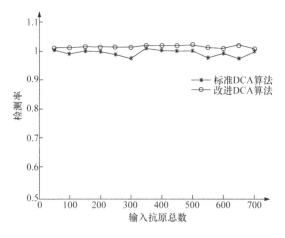

图 4.8　五次环境转变检测率对比

检测率要明显低于新算法。图 4.8 是算法经历五次环境状态转变检测率对比关系,可以看出,标准 DCA 算法的检测率有明显的波动。对比而言,改进后的算法整体检测率都高于原 DCA 算法,且稳定性较好。从表 4.5 和表 4.6 中的实验结果数据也可以得到相同的结果,不论环境状态发生几次改变,改进后的 DCA 算法都可以维持在一个较高的识别率状态。

上述实验的结果也证实了标准 DCA 算法在正向数据与反向数据的过渡阶段存在误分类,且存在随着过渡次数的增加错误率增高的现象,从而导致算法的整体检测率降低。从算法设计的思想来看,这是由于 DCs 在每次完成抗原采样之后并不立即对抗原进行判定,只有当累加的协同刺激信号 csm 达到设定的阈值才会将所有采样过的抗原进行提呈,并通过对比成熟细胞因子 mat 和半成熟细胞因子 semi 浓度的大小将所有的抗原提呈为“安全”或者“危险”。部分实验数据如表 4.7 所示(设置:mat=13,semi=51.2975)。

表 4.7　标准树突状细胞算法实验测试

csm 值	1.5325	2.503	3.9855	5.165	6.2975	8.418
检测结果	正常	正常	正常	正常	正常	正常
csm 值	10.3005	12.233	13.3155	15.648	17.7655	20.6595
检测结果	正常	正常	正常	正常	正常(误检)	正常(误检)

csm 的迁移阈值设定为 20,当 DCs 完成第 13 个抗原采样之后累加以前的 csm 值,此时 csm 值大于 20 则会对比 mat 和 semi 的大小,由于 semi>mat,所以从数据 1 到数据 12 都会提呈为正常数据。但是数据 11、12 实际上为异常数据,也就是正常数据到异常数据的过渡阶段,因此发生了误检。之后 csm、mat、semi 都初始化为 0 进行后续抗原的判定。

提出的改进 DCA 算法,由于加入了后续抗原对采样抗原的评价因子 α 以及发炎信号 IS,并且随着算法的运行动态调整 DCs 的迁移阈值,有效地调整 DCs 的成熟策略,从而使算法能更好地适应数据环境的状态转变,在过渡阶段仍能保持较高的检测率。部分实验数据如表 4.8 所示。

表 4.8　改进树突状细胞算法实验测试

mat=8	csm 值	5.783	9.0932	14.6562	17.926	22.909
semi=30.975	检测结果	正常	正常	正常	正常	正常
mat=0	csm 值	6.4502	12.8132	19.3962	24.1592	15.620
semi=70.18	检测结果	正常	正常	正常	正常	正常
mat=36	csm 值	5.477	9.28	13.4106	18.5936	25.1778
semi=47.505	检测结果	异常	异常	异常	异常	异常

　　正是因为加入了具有放大其他信号的作用的发炎信号,每次采样抗原计算出来的 csm 值相对于标准树突状细胞算法要大,所以能更快速地达到迁移阈值。从实验结果看,改进后的树突状细胞算法不像标准树突状细胞算法一样需要采样到第 12 个抗原才进行抗原提呈,而是只采样到第 5 个数据就进行提呈,这样部分程度上降低了误检率。实际上改进后的 DCA 降低误检率的关键在于迁移阈值的动态性,分析上面的实验数据,当 DCs 完成第 10 个抗原采样之后同时会对后续的抗原进行判定,验证后续抗原是否同第 10 个抗原属于同一种类型。经过亲和力的计算发现从第 11 个数据之后的 10 个抗原都与当前抗原的亲和力较大,说明不是同一种类型。此时就降低 csm 迁移阈值使 DCs 尽快成熟,进而使 DCs 对已经采样过的抗原进行提呈。从以下实验数据:

　　……

　　数据 8 正常

　　数据 9 正常

　　采样抗原:

　　csm＝6.93

　　mat＝0,semi＝23.325

　　数据 10 正常

　　采样抗原:

　　csm＝5.477

　　csm＝9.28

　　……

可以看到,DCs 仅仅只采样了第 10 个抗原就对这一个抗原进行了提呈,从而有效避免了将第 10 个之后的“异常”数据判定为“正常”或者将第 10 个“正常”数据连同后续的“异常”数据一同判定为“异常”,之后 DCs 进行初始化并开始重新采样后续的抗原。这样的策略使得正常与异常数据的过渡阶段仍可以使 DCA 算法保持较高的识别率。

4.5　面向异常检测的时间序列树突状细胞算法

　　树突状细胞算法因其对抗原具有快速、准确的识别能力而受到越来越多的关注,其中树突状细胞算法的信号特征处理成为目前研究的一个分支,有专家提出了采用主成分分析(PCA)方法对树突状细胞算法的数据进行降维处理,用核与约简的概念对树突状细胞算法进行信号特征提取等。

在实际应用中,树突状细胞算法包含较多相互作用的参数,其中使用的"信号"和"抗原"概念太抽象和随意,对算法的各种输入信号和抗原缺乏一个量化的定义;并且采用从树突状细胞池中随机抽取若干细胞对当前抗原进行采样,随着输入抗原的增加而成熟分化,这种设计策略对抗原的评价计算具有滞后性,导致抗原环境发生转变时误检率较高、检测率降低等现象。针对树突状细胞算法存在的上述问题,本节提出一种基于时间序列数据的异常检测树突状细胞算法[137]。算法采用多维数据流相关性分析和变化点检测方法对抗原进行检测,遴选出能够反映突变状态的关键点数据作为异常活动候选解;基于变化点子空间追踪算法提取特征集,准确地获取及分类各种输入信号子空间;在算法的上下文评估中加入动态迁移阈值的概念,累积一定窗口时间内的抗原评估,有效减少了误检率。该算法能够利用更少的存储空间和计算资源,有效提高异常检测的检测率与准确率,具有更高的稳定性。

4.5.1　基于树突状细胞算法的异常检测框架

基于免疫学的树突状细胞算法能够将抗原序列以及一系列信号进行融合实现异常检测,提出基于多维数据流分析的树突状细胞算法。改进的算法采用变化点检测子空间追踪方法自动对抗原及原始信号进行规格化处理,避免了由任意映射或专家领域知识给定的外部信号干预。算法旨在忽略某些正常数据,而强调某些关键变化点的检测,不仅能根据输入数据流的变化及时更新信号子空间,而且能大规模减少检测数据量,提高了系统的实用性和准确性,为异常检测系统提供了一种新的理论框架。

首先需要对检测数据进行预处理,遴选出能够反映异常状态的关键点数据进行数据流检测分析,并提取特征子集分配到算法的各类输入信号,包括危险信号(DS)、安全信号(SS)和 PAMPs(抗原的病原体相关分子模式),将所有检测点采集的数据构成矩阵序列作为抗原,标记为变化点的时间序列,截取变化点前后一个时间段的实时数据,将其定义为当前检测抗原。树突状细胞算法融合处理后的抗原以及各类信号,通过权值计算得到输出信号,根据评估得到抗原所处环境的危险程度,进而采取相应的措施。显然,按照这个过程,抗原和输入信号的预处理阶段起着至关重要的作用,它直接影响到算法的检测结果。面向异常检测的时间序列树突状细胞算法的总体框架如图 4.9 所示。

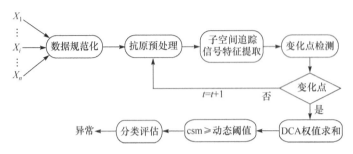

图 4.9　基于时间序列的树突状细胞算法框架

基于时间序列的树突状细胞算法主要步骤概括如下：

（1）将 n 个输入数据流采用子空间跟踪算法压缩为 r 个隐含变量的约简表示，其中 $r \leqslant n$。数据子空间中排在最前面的 r 个基向量的压缩显示了最大变化值。

（2）在每个新数据点到达时更新这种表示。采用迭代协方差矩阵来增量更新最前 r 个基向量和隐含变量。这个过程使用一种近似和迭代的方法。算法可以适时更新数据模式。

（3）信号分类。分别选择包含正常、异常类型相关度高的数据集进行训练，采用变化点子空间追踪方法提取出每一类输入信号的特征子空间向量。

（4）抗原变化点检测。定义 Δ 时间内滑动窗口，统计时间序列数据流特征的变化情况，并在下一时间间隔内对上一时间窗口序列值进行修正，从而达到实时检测的目的。

（5）树突状细胞算法的权值求和。当检测到数据流的相对变化时，标记时间序列的变化点，并将标记变化点的时间序列定义为当前抗原。将当前抗原和输入信号进行权值求和运算，判定异常。

4.5.2　子空间追踪的信号压缩方法

树突状细胞算法中的"采样"过程，即对当前抗原摄取危险信号、PAMPs、安全信号和发炎信号的过程，本节利用子空间追踪算法实现抗原的"采样"过程，对输入信号进行预处理。使用特征子空间方法，必须在信号数据变化时，能够追踪时变数据和协方差矩阵的特征值和特征向量。算法旨在忽略某些正常数据，而强调某些关键变化点的检测，通过监测所有的 n 个数据流之间的协方差矩阵 Φ 的估计值来实现关键变化点的检测[138]。使用降维来构造数据的约简表示，然后当新的数据点到达时，将迭代地更新该子空间，并随着时间的推移逐渐遗忘旧的数据样本。因此,它检测到的变化是所有数据流的相对变化,而不是每个单独数据流的历史变化。

定义一个独立随机序列 $\{X_n\}$,表示在 T 时间内出现的检测数据流,对 $X_1, X_2, \cdots, X_i, \cdots, X_n$ 进行检测,其中 i 为未知变化点,$1 \leqslant i \leqslant n$,设 $k(=n-i)$ 表示时间窗为 n 的具有 p 个属性的多维数据流。子空间追踪算法大部分都是基于正交迭代的原则,将正交迭代应用于协方差矩阵中。子空间追踪的主要目标是递归 r 个主要特征值,以及时间递归更新协方差矩阵相关的特征向量,如下所示:

$$\Phi(t) = \alpha \Phi(t-1) + X(t) X^{\mathrm{T}}(t) \tag{4.9}$$

其中,t 时刻数据流之间的协方差矩阵为 Φ;$X(t)$ 是在 t 时刻 n 个数据流的输入数据向量;α 是一个正的指数遗忘因子,$0 < \alpha < 1$。然后,在每个时间步长利用一个正交迭代

$$A(t) = \Phi(t) Q(t-1) \tag{4.10a}$$

$$A(t) = Q(t) S(t) \text{（正交分解）} \tag{4.10b}$$

其中,$A(t)$ 是一个 $p \times r$ 的辅助矩阵;$Q(t)$ 是包含 r 个估计主特征向量的 $n \times r$ 矩阵;$S(t)$ 是以降序排列的估计特征向量的 $r \times r$ 上三角矩阵。

为了获得一个适度的子空间传播模型来完成递归,引入下面的状态空间形式:

$$Q(t) = Q(t-1) \Theta(t) + \Delta(t) \tag{4.11}$$

其中,$\Delta(t)$ 是一个满足下列条件的修正矩阵:

$$Q^{\mathrm{T}}(t-1) \Delta(t) = 0 \tag{4.12}$$

$\Theta(t)$ 是子空间转置矩阵,将其表示为

$$\Theta(t) = Q^{\mathrm{T}}(t-1) Q(t) \tag{4.13}$$

给定主特征的基向量,数据向量 $X(t)$ 可以被压缩到一个低维表示

$$h(t) = Q^{\mathrm{T}}(t-1) X(t) \tag{4.14}$$

其中 $h(t)$ 向量描述了 r 个隐含变量。

由式(4.9)和式(4.11)代入式(4.10a)中,并经过约简可得辅助矩阵 $A(t)$

$$A(t) = \alpha A(t-1) \Theta(t-1) + X(t) h^{\mathrm{T}}(t) \tag{4.15}$$

由式(4.10b)可知辅助矩阵 $A(t)$ 也是一个正交分解问题,则可用以下公式更新正交分解:

$$Q(t) S(t) = \alpha Q(t-1) S(t-1) \Theta(t-1) + X(t) h^{\mathrm{T}}(t) \tag{4.16}$$

根据以上描述,在每个时间步长迭代地更新 Q、S 矩阵,用这些结果来计算压缩投影或隐含变量 $h(t)$,然后使用这些主特征向量将原始数据约简,从

而得到原始数据的低秩近似值。

4.5.3 变化点检测的抗原定义

变化点检测是研究时间序列是否在统计分布规律上保持一致的问题,如果不一致则以最小的延迟找到分布规律发生变化的点。变化点检测方法可以分为两类:居后检测和序列检测。其中,序列检测方法的本质是对于一个随机过程$\{X_n\}$(在时间上离散或者连续的),以顺序的方式得到序列值,在某一个特定时刻如果这个过程的一些概率特征发生了变化,检测方法应该能尽快地发现这个过程的概率特征变化,同时也要尽量减少误判。

异常总是与输入数据的变化相关联,变化点是候选的异常事件,但是一些变化点也对应着输入数据中正常的周期性变化。采用时间序列变化点检测,对一个随机过程$\{X_n\}$,以顺序的方式获得时间序列,检测时间序列是否在统计分布规律上发生变化。在异常发生时,监测数据的多个特征通常会同时发生变化,通过标记特征变化情况,能够有效放大异常数据流与正常数据流之间的差异,提高检测精度。

为了检测系统异常,采用滑动窗口无参数 CUSUM 检测算法[139]在线检测并行的多维数据流,CUSUM 算法能够快速地反映出数据流特征的变化情况,无须建立数学模型,并在下一时间间隔内对上一时间间隔的序列值进行修正,得到更准确的检测序列值。该算法只累积一定窗口时间内的输入数据流和在此期间出现的异常变化点个数,当它们超过一定的阈值时,则表明有异常发生。

设随机序列$\{X_n\}$表示在 Δ 时间内出现的检测数据,$\{X_n'\}$是$\{X_n\}$的转换序列,其中$X_n' = X_n - \beta$,参数 β 是常量。设随机序列的均值 $E(X_n)$ 在正常情况下为负,当有变化发生时变为正,通过累积具有正值的 X_n 来显示异常发生与否。

设在一定时间窗 T 内,共包含有 m 个 Δt,则滑动窗口内 X_n 的累积值 y_n 表示如下:

$$y_n = \begin{cases} \sum\limits_{i=1}^{n} (X_i)^+, & n < m \\ \sum\limits_{i=n-m+1}^{n} (X_i)^+, & n \geqslant m \end{cases} \tag{4.17}$$

用以下递归定义提高计算效率:

$$y_n = \begin{cases} y_{n-1} + (X_n)^+, & n \leqslant m \\ y_{n-1} + (X_n)^+ - (X_{n-m})^+, & n > m \end{cases} \quad (4.18)$$

其中，$y_0 = 0$，y_n 表示在窗口时间 T 内出现的变化点个数，x^+ 定义为

$$x^+ = \begin{cases} x, & x > 0 \\ 0, & x \leqslant 0 \end{cases} \quad (4.19)$$

设报警阈值为 λ，则判断异常的函数为

$$U_t = \begin{cases} 0, & y_n \leqslant \lambda \\ 1, & y_n > \lambda \end{cases} \quad (4.20)$$

当 y_n 超过阈值 λ 时，检测到变化，在这个时间步长中标记变化，并且所有累积变量复位。

4.5.4　抗原时间序列符号化

时间序列符号化表示是一种将时间序列数据离散化的方法，具有离散化、非实数表示的特点，其基本思想是将数值形式表达的时间序列依据某种变化规则转换成由离散的符号表示的符号序列，用一个时间序列数据流模式，定义适合于多维数据流分析的滑动数据流窗口模式。符号化表示是一种有效的离散化的时间序列降维方法，时间序列的近似表示有多种方法，其中时间序列符号化聚集近似（symbolic aggregate approximation，SAX）方法[140]是允许降维和支持下界的简单高效的符号表示法，具有计算简单和效率高等优点。时间序列符号化聚集近似算法的实现包括规格化、PAA 降维和离散化三个步骤。

在树突状细胞算法中，"抗原"的概念表示一个符号化的有限序列，抗原的定义是全部被检测点的检测信息构成的矩阵序列，该序列相当于检测系统中一种可能引起系统异常的状态。检测的目的是发现引起异常和故障的抗原序列。在多维数据流中，将抗原定义为变化点前后的 N 个数据流，对标记变化点的时间序列进行符号化近似表示。

将"抗原"重新定义为标记变化点的时间序列，并采用时间序列符号化聚集近似 SAX 方法将时间序列符号化算法分三步实现：

（1）将原时间序列规范化。即将序列变换成均值为 0，标准方差为 1，记为 $T = t_1, \cdots, t_n$。

（2）采用分段集成近似方法（piecewise aggregate approximation，PAA）对标准化后的序列 $T = t_1, \cdots, t_n$ 降维，即将长度为 n 的原时间序列用一个 N（$N \ll n$）维空间的向量表示为 $\overline{T} = \bar{t}_1, \cdots, \bar{t}_N$，其中

$$\bar{t}_1 = \frac{N}{n} \sum_{j=\frac{n}{N}(i-1)+1}^{\frac{n}{N}i} t_j \tag{4.21}$$

（3）对 $\bar{t}_1,\cdots,\bar{t}_N$ 离散化,实现将数值序列转化为符号表示形式。

图 4.10 列举了一个时间序列数据流经过 SAX 符号化结果的可视化描述,其中符号化表示包含 4 个字符,图中的时间序列由 500 个浮点值缩减至 20 个符号字符表示,其中分段线表示时间序列的分段聚集近似值。

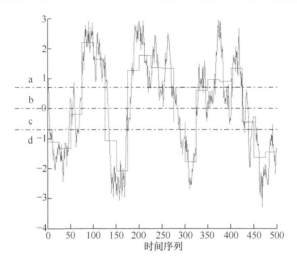

图 4.10　时间序列符号化聚集近似的可视化描述

符号序列＝ddcaaddaaaacdbaaacdd

4.5.5　输入输出信号关联关系

用上述子空间追踪算法分别对正常、异常样本进行训练,分别生成安全信号、危险信号和病原体相关模式(PAMPs)子空间集。一旦预处理信号类型的特征被确定,就进行树突状细胞算法的输入输出关联、上下文评价和树突状细胞分类等过程。通过信号转换公式和权值矩阵计算得到 3 种输出信号(csm、semi、mat),并分别进行累加的过程。对输入信号进行预处理是为了获得以下输出信号:

（1）协同刺激分子值 csm:主要用于判定 DCs 是否进行状态转换。

（2）半成熟细胞因子 semi:主要用于判定 DCs 的"安全程度"。

（3）成熟细胞因子 mat:主要用于判定 DCs 的"危险程度"。

根据输入信号计算输出信号,采用标准树突状细胞算法的加权求和方法进行输入输出信号相关性处理,加入发炎细胞因子 IS,利用以下加权计算公式:

$$O_k = \Big[\sum_{i=0}^{2} (W_{ik} \times S_i) \Big] \times (1 + \text{IS}), \quad k = 0, 1, 2 \tag{4.22}$$

其中,O_k 表示输出信号($O_0 \sim O_2$ 依次表示 csm、semi、mat);S_i 表示输入信号($S_0 \sim S_2$ 依次表示 PAMPs、DS、SS);W_{ik} 表示从 S_i 到 O_k 相应信号的权值。信号权值矩阵如表 4.9 所示。权值可以根据具体的应用环境进行调整。输入、输出信号之间的关联关系如图 4.4 所示。将 IS 定义为一种调节因子,与评价因子 α 共同调节 DCs 的迁移状态。

表 4.9　基于 DCs 成熟比例的信号权值矩阵

S	csm	semi	mat
PAMPs	2	0	2
DS	1	0	1
SS	2	3	−3

输入信号到输出信号的关联关系被转化为信号间的权值,且用正负权值来代表它们之间的作用效果。

从权值矩阵可以看出,输入输出信号之间的相互影响关系:PAMPs 影响 csm、mat;DS 影响 csm、mat;SS 影响 csm、semi 和 mat。因此,当根据实际应用调整权值矩阵时同样要满足以上条件。

4.5.6　上下文评估

当检测到数据流的相对变化时,标记时间序列的变化点,并将标记变化点的时间序列定义为当前抗原,将当前抗原和输入信号进行权值求和运算,利用树突状细胞算法进行阈值评估,判定异常。

树突状细胞是根据协同刺激分子 csm 值的大小进行状态转换,并进一步对抗原进行危险度判定的,由权值计算公式可知 csm 值的计算需要一个累加的过程。这样,对于排在树突状细胞集尾部的数据就有可能因 csm 值未达到迁移阈值而导致树突状细胞无法成熟,进而未能对采样数据进行评价,所以算法需多次迭代运行。然而,树突状细胞算法的多次迭代并不能有效提高检测精度,只是为了完成对边界数据的评价处理。

对树突状细胞算法的评估采用 4.3 节提出的加入动态迁移阈值概念的树突状细胞算法,通过控制未成熟树突状细胞(iDC)的迁移阈值,加速或者减缓 iDC 的分化成熟,有效改进算法的检测效率;加入数据流变化点之后的 $k(=n-i)$ 个抗原数据 $X_{i+1}, X_{i+2}, \cdots, X_n$ 对当前变化点抗原的评估系数 β。计算每个后续抗原与当前变化点抗原的亲和力 F

$$F(n, n+j) = \sqrt{\sum_{i=1}^{r} |x_n(A_i) - x_{n+j}(A_i)|} \qquad (4.23)$$

评估系数 β 定义为

$$\beta(n) = \frac{\sum_{j=1}^{k} D(n, n+j)}{k} \qquad (4.24)$$

设动态迁移阈值为 mt,树突状细胞的迁移状态由评估系数 β 进行调节。评估系数 β 减小,则后续抗原延续当前变化点抗原的变化状态,上调 mt 以减缓 iDC 的成熟,继续采样后续抗原。动态迁移阈值定义为

$$mt(t) = mt(t-1) + \Delta(\beta) \qquad (4.25)$$

其中,$\Delta(\beta)$ 是 β 的相关增量。β 越大,则后续抗原与当前抗原的状态相异,下调 mt,加速 iDC 成熟,防止其采样到后续抗原,从而有效降低数据误分类的可能。设输出信号 csm 的值为 Z_{csm},若 $Z_{csm} > mt(t)$,则当前 iDC 成熟迁移出细胞库。

然后计算成熟环境抗原值 mcav,并对当前抗原进行评价:

$$mcav = \frac{mat}{semi + mat} \qquad (4.26)$$

4.5.7　实验及仿真

采用异步电动机的实验数据对所提出的异常检测算法进行有效性验证。取实验中定子电流信号与电机头部传感器、减速机轴部传感器的振动信号进行特征分析。对异步电动机在无故障正常运行的振动信号及定子电流信号进行采样,并对实际的电机在不同故障状态下,采集其振动信号及电流信号,实验的故障类型包括轴承的滚珠故障、转子鼠笼断条故障、转子鼠笼断条与轴承磨损复合故障、定子匝间绝缘下降故障等,提取出能够反映电机故障的特征向量。

以匝间绝缘下降故障的实验数据为例,提取某一时间段的频域信号分析各次谐波的幅值和相角,获取故障波形特征,形成故障特征信息。图 4.11 是电机正常运行时电流时域信号。

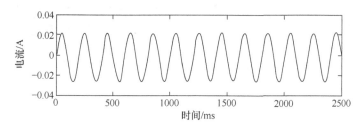

图 4.11　电机正常运行时电流时域信号

图 4.12 给出了发生匝间绝缘下降故障时电机电流采样的原始信号波形。

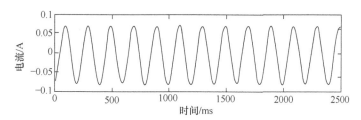

图 4.12　电机匝间绝缘下降故障时电流时域信号

1. 信号预处理测试

首先对变化点特征提取的子空间算法进行验证,以电机匝间绝缘下降故障的实验数据为样本,在实验中匝间绝缘下降故障状态下采集 10 组数据,其中每组包含 2060 条数据。设定数据流数目 $n=20$,指数遗忘因子 $\alpha=0.996$,每个时间步长 $t=3000$ms,使用相同的数据集分别对主成分分析算法 PCA、基于压缩的投影近似子空间跟踪算法 PASTd 和所提出的变化点子空间追踪 CPD 算法对测试数据流进行降维处理,分析三种算法的降维效果,并进行了对比。图 4.13(a)～(d)分别显示了原始数据集分布、PCA 降维后数据分布、PASTd 降维后数据分布和 CPD 降维后数据分布以及各种算法降维结果的数据分布图。

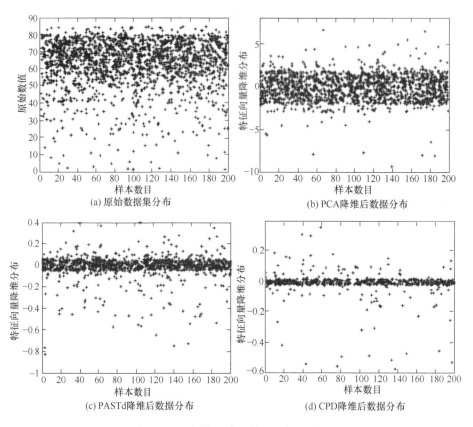

图 4.13　不同算法降维结果的数据分布图

2. 检测测试

这里利用电流故障特征与振动故障特征提取相结合来对各种故障加以区分。通过对各种类型故障在某些故障电流信号特征低频段的幅值进行对照,可见其幅值有很大差别,能够作为特征值进行故障的诊断。根据电机发生故障时,在其电流信号中出现的特征频率,实际中选取电流信号的 $S_1(25\sim75\,\mathrm{Hz})$、$S_2(75\sim125\,\mathrm{Hz})$、$S_3(125\sim175\,\mathrm{Hz})$、$S_4(175\sim225\,\mathrm{Hz})$、$S_5(225\sim275\,\mathrm{Hz})$ 五个频段作为故障特征频率段,以对各种故障进行区分。此外,还选取径向振动信号进行分析,根据峰值整体特征,将频率分为 4 频段,分别为 $T_1(200\sim300\,\mathrm{Hz})$、$T_2(300\sim400\,\mathrm{Hz})$、$T_3(400\sim500\,\mathrm{Hz})$、$T_4(500\sim600\,\mathrm{Hz})$,作为判断非线性振动故障的特征频率段。

从表 4.10 的电流特征峰值中可以看出,电机在故障状态和无故障状态下,各个特征频段的峰值存在很大差别。

表 4.10 电机正常和故障时电流与振动的峰值对照(单位:dB)

状态 \ 频段	S_1	S_2	S_3	S_4	S_5	T_1	T_2	T_3	T_4
电机正常	7.37	0.59	0.45	0.18	0.19	2.27	2.69	1.75	0.79
转子鼠笼断条	29.59	2.36	0.95	0.45	0.74	3.46	2.09	3.26	5.67
转子鼠笼断条与轴承磨损复合故障	43.17	3.60	2.76	0.48	0.98	18.10	5.36	5.56	3.80
匝间绝缘下降故障	39.25	2.28	1.01	0.55	0.98	3.56	2.55	3.33	3.15
轴承滚珠故障	32.70	2.39	1.67	0.40	0.75	5.00	2.49	5.05	10.90

①选择正常数据流,对其提取出的特征子空间作为树突状细胞算法的安全信号;②选择 4 种故障类型,分别从每种故障模式中选择相应异常数据 2440 条,分别对 9 个属性进行变化点子空间追踪算法的运行,提取相应特征子空间作为 DCA 的危险信号和 PAMPs 信号;③选取正常数据 1020 条,每种异常数据有 2440 条,选择 5 种正常和异常模式,对数据进行规格化后,将其作为 DCA 的抗原输入;④将参数 mt 初始化为 20,每次从库中抽取 10 个 iDC 对当前抗原进行采样,向后选取 10 个后续抗原对当前抗原进行评价,算法运行 8 次,每次运行使用不同的测试数据。测试结果统计如表 4.11 所示。

表 4.11 改进树突状细胞算法的检测实验结果

检测次数	样本数	检测率/%	检测时间/s
1	1020	99	0.301
2	1800	96	0.656
3	1420	97	0.590
4	980	98	0.284
5	1320	95	0.332
6	1490	97	0.498
7	1210	94	0.376
8	1540	96	0.450

　　用 8 组测试数据对标准 DCA、PCA-DCA（主成分分析-树突状细胞算法）和所提出的算法 CPD-DCA 进行检测测试实验，对三种算法使用相同的测试数据进行检测，在经历环境状态变化时，抗原数目不断增加的平均检测率对比关系如图 4.14 所示。三种算法在进化过程中所占存储空间比例的对比如图 4.15所示。

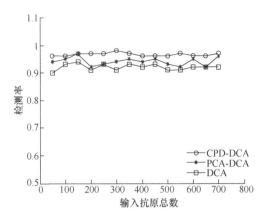

图 4.14　三种检测算法的检测率对比图

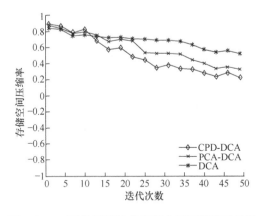

图 4.15　三种检测算法的存储空间压缩率对比图

　　从图 4.14 可以看出，DCA 和 PCA-DCA 算法的检测率有明显的波动，对比而言，CPD-DCA 算法整体检测率都高于其他两种算法，且稳定性较好，CPD-DCA 算法可以维持在一个较高的识别率状态。由于在算法运行过程中，输入信号的维数迭代降低，内存消耗随维数的降低而减少，主要受维度的影响，CPD-DCA 算法的存储空间利用率明显优于其他两种算法。

4.6　小　　结

　　本章针对树突状细胞算法中信号及参数的定义存在高度随机性,从而导致检测率较低的问题,提出了一种时间序列数据的异常检测树突状细胞算法。采用多维数据流相关性分析和变化点检测方法对抗原进行检测,遴选出能够反映突变状态的关键点数据作为异常活动候选解;基于变化点子空间追踪算法提取特征集,准确地获取及分类各种输入信号子空间;采用滑动时间窗CUSUM 检测算法,对抗原的检测只强调数据流关键变化点的检测,并在算法的上下文评估中加入动态迁移阈值的概念,累积一定窗口时间内的抗原评估,有效减少了误判率。通过仿真实验证明该算法能够利用更少的存储空间和计算资源,有效提高异常检测的检测率与准确率,具有更高的稳定性。

第5章　用于故障诊断的体液免疫双重学习机制

　　针对复杂设备系统的故障诊断知识很难达到准确而完备以及故障样本获取困难的问题,诊断系统需要具有自学习功能,能不断补充和完善诊断知识,逐步使系统的诊断能力达到最优。并且在复杂机电系统中,引发故障的因素很多,故障的表现也形式多样,故障原因与表现征兆之间也不存在一一对应的明确关系,故障征兆的混叠使得各故障难以明确地区分,所以诊断中往往得到多个可能的故障结论。本章提出一种基于体液免疫的故障诊断学习模型。该算法将检测器定义为 B 细胞及其所包含的若干抗体结构,采用 B 细胞和抗体双重学习机制概括在抗原数据中发现的模式,不但解决了因故障征兆的混叠导致故障难以辨别的问题,而且能够不断补充和完善诊断知识。实现已知故障和未知故障类型的检测与学习,使系统的诊断能力达到最优。

5.1　机器学习概述

　　当已知的诊断知识能够完全描述系统状态和行为时,用模式匹配或正常行为偏离的传统检测方式是非常有效的。然而,随着设备规模及结构复杂程度的增加,获取完整、准确、有效的诊断知识已越来越困难。系统复杂程度的增加意味着系统在运行时发生的故障不可能在系统设计时就知道,并且已知的诊断知识大都具有证据不充分或结论不完全的特点,诊断知识的分散性、随机性和模糊性的特点使之表现出很强的不确定性。另外,复杂设备系统为了满足生产的需求经常处在动态变化的过程中,其行为特点越来越不好把握,各种故障的发生具有很强的随机性,这些都为有效地获取、表示和利用诊断知识进行有效推理带来了很大的困难。

　　故障样本缺乏、难以获取已经成为故障诊断系统的瓶颈。机器学习是解决知识获取问题的主要途径。机器学习研究的主要目标是通过构造智能学习机使机器自身具有获取知识的能力,使其能在实际运行中不断总结概括以往的经验,对知识库中的知识自动进行调整和修改,以丰富、完善系统的知识。具有自学习能力的诊断系统不仅能根据先验知识检测出已知故障类型,而且能通过学习新知识检测出早期故障以及从未出现过的故障类型。一个学习系统应该包括三个基本组成部分:记忆机制、适应性机制和决策机制[141]。

记忆机制包括系统如何获取过去的事件或经验,并且用它来对新知识的响应做出决策,即依据已知的分类知识对输入的未知模式作分析。学习系统的记忆要素是系统的抽象概括,记忆系统不应只是一个对过去经验的查询表,而应具有抽象和概括能力,使得对十分相近的经验能用类似的方法来处理。

适应性机制是指记忆结构应具有动态特性,当出现新的事件或反馈时,可以对记忆机制进行调整,产生新的记忆记录。记忆的适应性也包含删除那些不再相关的记录,或者通过摘要或概括组合相关记忆信息[142,143]。

决策机制主要是通过与环境交互来确定和优化行为的选择,实现决策任务。在这种任务中,学习机制通过选择并执行动作,导致系统状态变化,并有可能得到某种响应,从而实现与环境的交互。系统学习的目标是寻找一个合适的行为选择策略。

本章主要借鉴生物免疫机制,设计了分层免疫诊断模型的故障诊断层的B-PCLONE 学习算法[144],主要用改进的克隆选择算法实现连续学习。算法首先根据生物体液免疫机理设计 B 细胞学习及抗体学习的双重学习机制;其次,在抗体学习过程中,采用粒子群优化的免疫因子和克隆因子,利用粒子群优化的进化方程指导抗体的变异方向,利用克隆选择的变异增加抗体的多样性,以提高全局收敛速度。所提出的 B-PCLONE 学习系统的三个基本属性如下。

(1)记忆机制:用一组 B 细胞以及 B 细胞内的成熟抗体集表示被识别的故障模式,并将它们作为记忆细胞存储于记忆细胞库。

(2)适应性机制:每个抗原被提呈给现有的检测器进行检测,即 B 细胞及抗体集进行检测,具有最高亲和力的抗体获得克隆变异,并有可能替代已有的记忆细胞。通过 B 细胞的生命周期定义使长久不被激活的 B 细胞消亡,不断更新记忆细胞库中的记忆信息。

(3)决策机制:在检测器训练过程中,基本的决策过程是基于当前记忆细胞和抗体对抗原模式的响应,即克隆选择。训练后,识别输入模式的决策是基于记忆细胞与指定检测模式的亲和力。

B-PCLONE 学习系统中的适应性故障检测可以预示故障的早期征兆,检测故障行为的趋势以避免故障的发生。另外,如果故障不可避免,关于逼近故障的知识能够减少系统维修的平均时间。

5.2　体液免疫的学习与记忆

5.2.1　体液免疫

免疫组织、免疫分子、免疫器官和免疫细胞共同构成了复杂的生物免疫系统。受免疫机理启发,免疫细胞的特性在人工免疫应用领域最为广泛。作为免疫系统的重要组成部分,免疫细胞直接参与了免疫应答的全部过程,其中具有学习和记忆功能的淋巴细胞是 B 细胞。受抗原激励后 B 细胞进行增殖分化,产生大量浆细胞,分泌抗体,此过程即为体液免疫应答。体液免疫由 B 细胞介导,当有抗原异物入侵机体时,B 细胞被激活并进行特异性识别,被激活的 B 细胞进行活化增殖,一部分分化为浆细胞并分泌与抗原相对应的抗体,使抗原失去活性进而清除抗原;另一部分转化为记忆细胞,在免疫系统的二次应答中发挥作用。每一个 B 细胞都被设定产生一种特异的抗体。

由 B 细胞介导的免疫应答称为体液免疫,而体液免疫效应是由 B 细胞通过对抗原的识别、活化、增殖,最后分化成浆细胞并分泌抗体来实现的。因此,抗体是介导体液免疫效应的免疫分子。动物机体初次和再次接触抗原后,引起体内抗体产生的种类、抗体水平等都有差异。抗原首次进入体内后,B 细胞克隆被选择性活化,随之进行增殖与分化,约经过 10 次分裂,形成一群浆细胞克隆,导致特异性抗体的产生,以消灭抗原。

B 细胞在血液中占淋巴细胞总数的 10%~15%,受抗原刺激后 B 细胞增殖分化形成大量浆细胞,分泌抗体,此为体液免疫应答。体液免疫是由 B 细胞介导的免疫。因其效应分子抗体主要存在于体液中,所以将这种免疫称为体液免疫。体液免疫的发生具有重要的生理学意义。它可通过相应效应物质(抗体)的多种生物学功能在黏膜局部抗感染、清除体液中病原微生物及其毒性产物、溶解病毒感染细胞、衰老死亡细胞及肿瘤细胞等方面发挥免疫作用。成熟的 B 细胞在它们的表面有独特的抗原绑定受体(ABR)。ABR 与特殊抗原相互作用,导致 B 细胞的增殖和分化,形成能分泌抗体的浆细胞。抗体是绑定到抗原的分子,它能够抑制抗原或促进它们的灭亡。被附着上抗体的抗原可能会被噬菌细胞、补体系统等多种方式消灭,或者被阻止产生任何破坏性功能,如将病毒颗粒绑定到寄主细胞。

细胞免疫主要是由免疫细胞发挥作用、清除抗原,参与清除抗原的细胞称为免疫效应细胞。未成熟 B 细胞表面受体与抗原结合并在辅助 T 细胞的帮助下逐渐成熟,B 细胞经过克隆选择后,大部分变为浆细胞,部分变为记忆细胞。浆细胞在一段延迟后产生高特异性的抗体,抗体具有识别功能,能够借助机体的其他免疫细胞或分子的协同作用达到排异的效果。

如图 5.1 所示,当抗原入侵机体时,B 细胞被激活以识别特异抗原,此时 B 细胞开始大量增殖,其中部分 B 细胞迅速转化为浆细胞,浆细胞产生大量与抗原相应的抗体,抗体与抗原结合使之失去活性,并通过各种方式来消灭抗原,如溶解抗原、中和抗原产生的毒素、凝聚抗原使之成为较大颗粒被吞噬细胞吞食消灭。

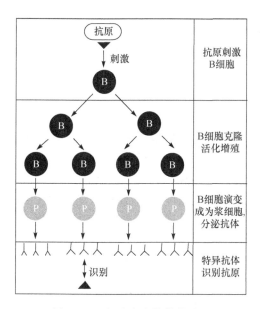

图 5.1 B 细胞产生抗体的过程

每一个 B 细胞都被设定(基因编码)产生一种特异的抗体。抗体是 B 细胞识别抗原后增殖分化为浆细胞所产生的一种特异蛋白质(免疫球蛋白),能够识别并结合其他特异蛋白质。一个 B 细胞只产生一种特异抗体,如图 5.2 所示。还有部分 B 细胞返回静止状态变为记忆细胞。

由此可见,B 细胞并不能直接与抗原作用,发挥免疫响应,而是在受到抗原刺激后,发生一系列变化,转化成浆细胞,通过分泌的抗体来消灭抗原。抗原入侵机体后,刺激相应的 B 细胞分泌产生抗体,引起免疫系统对高亲和

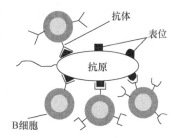

图 5.2 抗体与抗原的特异性结合

力抗体的克隆。在这个克隆的过程中,突变的概率是平常的 9 倍。这么高的概率将使得子代所附着的抗体与其父代的抗体有所不同,从而有利于加强对不同抗原的亲和力。经过多次的克隆变异,识别该抗原的免疫细胞会达到一定浓度,这时抗原被免疫系统所识别,这个过程称为免疫学习。免疫学习的结果是免疫细胞的个体亲和力提高,类似群体规模扩大,并且最优个体以免疫记忆的形式得到保存,免疫系统也随着该过程得到进化。

免疫系统对特定抗原的初始响应结束后,在系统中保存了永久的记忆细胞。这样,以后有相同或类似抗原入侵时,可以有效地减少二次免疫响应的时间。实际上,克隆选择、亲和力成熟和超变异的目的之一就是产生记忆细胞,准备未来的快速响应,即二次响应。因此,免疫记忆是通过记忆细胞集来维持,记忆细胞库也随时间对环境的响应而进化。

5.2.2　免疫学习和记忆

因为病原体的自我复制是呈指数级增长的,所以免疫系统应该并且需要尽可能快地识别和消灭病原体。T 细胞的受体产生得越多,则识别和消灭病原体的效率就越低。因此,免疫系统通过淋巴细胞的学习和记忆能力来提高对已知病原体的识别和消灭速度,从而使机体受到的病原体破坏最小。

免疫系统中,具有学习和记忆功能的淋巴细胞是 B 细胞。当这些新 B 细胞与超过激活门限的抗原结合时,B 细胞被激活,此时 B 细胞就开始大量地复制克隆自体(通过细胞的自我分裂产生新细胞)。在这个复制的过程中产生大量与父代不同的抗体,这些抗体能消灭不同抗原。在 B 细胞与病原体的竞争中,具有较高亲和力的 B 细胞就具有更高的适应性,也就更容易被复制到下一代,因此具有高亲和力的 B 细胞更能被克隆。这一现象在达尔文的选择进化过程中,被称为亲和力成熟。淋巴细胞的亲和力越高,则其识别和消灭病原体的效率也就越高,被此种病原体感染的概率也就越低。由此可见,淋巴细胞的克隆选择复制能力在免疫系统对抗病原体的过程中是极为重要的。

免疫系统的成功就在于 B 细胞的增殖速度比入侵的病原体的平均增殖速度要快。保留在 B 细胞中的编码信息组成了免疫系统的记忆库。当免疫系统再次遇到相同的病原体时,B 细胞中的编码信息将使得 B 细胞的响应速度比第一次遇到该种病原体要快得多。

免疫系统具有学习与记忆的能力,这表现在免疫系统具有两个不同的响应阶段。初次响应的过程速度较慢,免疫细胞需要一定的时间进行免疫学习、识别抗原并在识别结束后以最优抗体的形式保留对该抗原的记忆信息。当免疫系统再次遇到相同或类似抗原时,由于免疫记忆细胞的作用,固有免疫系统能够快速准确地实现二次响应。二次响应是一个增强式学习过程,并且具有联想记忆功能,可以根据记忆细胞识别结构类似的抗原。同时免疫系统也随着这个过程得到进化,免疫系统的进化是免疫学习、免疫记忆的结果。免疫细胞的克隆选择和遗传变异对免疫系统的进化起着重要作用。变异提供产生高度多样化的抗体可变区,而克隆则只选择那些能够成功与抗原结合的抗体进行,并作为免疫记忆细胞保持下来。

免疫记忆具有动态性。记忆维持依靠抗原的刺激,其中记忆的效果受刺激的强度、频度以及抗体对抗原的亲和力等因素的影响。如果系统中存在某种抗原,该抗原会刺激相应的淋巴细胞,免疫系统就能记忆或联想该抗原相应的信息,从而导致淋巴细胞寿命的延长。反之,系统中的淋巴细胞得不到相应的抗原刺激,系统就会逐渐遗忘该抗原的信息,释放更多的资源来记忆其他的抗原模式,从而导致相应的淋巴细胞的死亡。

5.3　基于体液免疫的双重学习机制

如果已知的诊断知识能够完全描述系统的运行状态和行为,则用模式匹配或正常行为偏离的检测方法是非常有效的。但是,由于机电设备的规模和结构复杂性日趋增加,在设计系统时无法完全了解设备在运行时可能发生的故障。并且引发系统故障的因素有很多,故障的表现形式多种多样,故障原因和征兆不存在一一映射的关系。同时,由于故障征兆的混叠又导致各种故障难以辨别,所以诊断出的结果往往会出现多种不同的故障类型。当前故障诊断系统存在的瓶颈是故障样本的缺乏,通过机器学习即可有效地解决知识获取的问题。具有自学习能力的故障诊断系统,不仅可以依据已获取的先验知识诊断出已知故障,而且可以通过系统的自学习能力检测出早期故障和未知故障类型。

受生物免疫系统启发的人工免疫系统提供了噪声耐受、连续学习、记忆获取等特性,系统不需要获取非自体样本,能明确表达学习知识,并且具有进化学习能力,同时融合了机器推理、分类器以及神经网络等学习系统的优点,这些都是故障诊断领域期望得到的特性。当前人工免疫系统在智能优化[145,146]、信息安全、机器学习、模式识别、故障诊断等领域得到广泛的应用,人工免疫系统良好的通用性显示了其强大的问题求解和信息加工能力。

本章借鉴生物体液免疫机理,在人工免疫系统中,提出区分 B 细胞与抗体功能的思想。归属于同一故障的不同故障征兆集合可以做适当地合并,在空间区域的分布上属于同一故障的各种故障征兆应发生在这种故障的范围内,因此借鉴生物免疫的体液免疫机理,将 B 细胞和抗体的功能区分开。将故障类型映射为 B 细胞,将各种故障征兆及故障特性映射为抗体,用 B 细胞内包含若干抗体更准确地逼近故障征兆与故障的对应关系。在空间区域的分布上属于同一故障的各种征兆发生在此故障范围内。将用于识别故障类型的检测器定义为 B 细胞及其所包含的若干抗体。采用这种机制的优势在于,在对抗原进行检测时,可以先使用 B 细胞对抗原进行检测,确定故障范围;再使用仅属于该 B 细胞的抗体进一步检测,可以更准确地诊断故障根源,解决由于故障征兆的混叠使得各故障难以明确地区分问题。并且,以现有免疫理论为基础,提出一种结合 B 细胞与抗体学习的双重学习算法——B-PCLONE算法。该学习机制不仅解决了因故障征兆的混叠导致故障难以辨别的问题,而且可以提高故障检测的效率与准确性,改善连续学习的精度。

5.3.1 体液免疫学习模型

B-PCLONE 学习机制是基于生物免疫系统中的体液免疫机理,把 B 细胞和抗体按照其具体功能进行区分,对抗原的学习包含 B 细胞和抗体双重学习过程。首先根据检测到的状态特征向量,定义 B 细胞,确定故障发生的范围,然后在 B 细胞内定义初始抗体种群,进一步确定发生故障的类型。B 细胞内的抗体分别经过耐受达到成熟。抗体的耐受过程包括克隆因子、变异因子和抗体评估。通过克隆变异因子能够有效地扩展抗体的检测范围,并有机会获得更佳的抗体。而通过对抗体的评估,可以使冗余抗体(检测范围被其他抗体所覆盖的抗体)消亡,并引入一些新的随机抗体,以保持系统的多样性。抗体成熟后,B 细胞及其产生的抗体组成一个新的检测器,新产生的检测器能够对抗原进行检测诊断。

整个学习过程主要分为三个阶段:记忆细胞库生成阶段、抗原检测阶段和抗原学习阶段。记忆细胞库生成阶段首先定义 B 细胞,然后在每一个 B 细胞内生成抗体,并利用这些 B 细胞及最终的成熟抗体生成记忆细胞库。当抗原被提呈至免疫模型的适应性诊断层,系统利用记忆细胞库对抗原进行检测。首先采用 B 细胞初步检测,然后进行抗体确定性检测。根据对抗原的检测结果,提取抗原信息经历学习过程。根据检测结果的情况抗原学习又分为 B 细胞学习和抗体学习两种学习类型。最后将学习生成的成熟检测器保存于记忆细胞库,并选择一个最佳抗体反馈到故障知识库保存。记忆细胞库生成阶段主要是离线训练的过程,而利用记忆细胞库对抗原进行检测及学习的阶段主要是在线检测和连续学习的过程。

第一阶段:记忆细胞库生成阶段。这一阶段用样本数据对学习系统进行训练。

(1) B 细胞的生成:首先定义 B 细胞,分析样本数据中的特征向量,结合专家经验确定出故障类型、故障区域,一种故障类型对应生成一个 B 细胞。

(2) 抗体生成:对于每一个 B 细胞定义数量为 N 的抗体种群,并且 B 细胞越大,其产生的抗体越多,即抗体的个数要与 B 细胞半径成正比。

(3) 抗体检测半径的计算:制定抗体检测半径的变化机制,即距离 B 细胞的中心越近,抗体的检测范围越大;反之,则越小。

第二阶段:抗原检测阶段。这一阶段系统利用 B 细胞和这些成熟抗体对目标系统的实时数据进行检测。

(1) B 细胞初步检测:选择距离抗原最近的 B 细胞,检测抗原是否属于该 B 细胞对应的故障类型。如果抗原属于某一个 B 细胞的故障范围,则进一步进行抗体检测。如果所有的 B 细胞都不能检测到该抗原,则系统直接对抗原进行 B 细胞学习。

(2) 抗体的确定性检测:对 B 细胞能够检测到的抗原,需要用 B 细胞中的抗体进一步检测抗原类型。计算抗体与抗原亲和力,选择能够识别抗原的抗体。若 B 细胞内所有抗体都未能识别该抗原,则需要对抗原进行抗体学习。

第三阶段:抗原学习阶段。对某一抗原的检测可能会出现两种检测结果,即不存在能识别抗原的 B 细胞,或者存在识别抗原的 B 细胞,但不存在能够检测该抗原的抗体。针对这两种不同的情况分别进行 B 细胞学习和抗体学习。

(1) B 细胞学习:对上述检测不存在能识别抗原的 B 细胞的情形进行 B 细胞学习。B 细胞学习过程包括 B 细胞定义、抗体生成、克隆因子、变异因子、抗体评估。

(2) 抗体学习:针对存在识别抗原的 B 细胞但不存在检测抗体的情形进行抗体学习。抗体学习是在已有的 B 细胞内经过克隆因子、变异因子及抗体评估等过程完成的。

(3) 记忆细胞库更新:将新产生的检测器及其抗体保存于记忆细胞库,并按照 B 细胞生命周期移除长期未被激活的 B 细胞及其抗体。

具有自学习能力的 B-PCLONE 学习算法不仅能根据先验知识检测出已

知的故障类型,还能借助连续学习机制检测出故障早期状态以及未知的故障类型。双重免疫学习模型如图 5.3 所示。

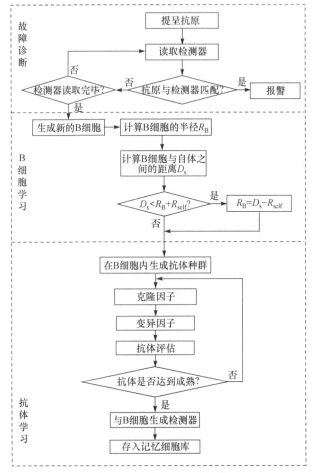

图 5.3　双重免疫学习模型

5.3.2　记忆细胞库生成

1. B 细胞定义

事实证明,有经验的专家对于故障的判断或定性享有很大发言权,这里专家的经验显得尤为重要。专家经验是长期以来这一行业人类智慧的结晶,它不单纯依赖于数学模型,而且具有较为丰富的知识表达。目前,依靠专家经验发展起来的专家系统在故障诊断领域已经占有很重要的地位,但专家系统只考虑专家经验,系统都是事先形成的,没有实效性,因而在故障诊断过程中,导致识别准确率低。

因此,只借鉴专家经验,而不采用专家系统机制,将专家的经验与免疫系统的学习能力相结合,通过专家经验来提高故障识别的效率,通过学习来提高故障诊断能力。系统中离线训练阶段的检测器确定部分依赖于专家的经验,充分发挥专家经验的优势,提高学习算法和识别过程的效率。

首先,根据要进行故障诊断的实际问题,定义系统状态空间 $U=(U_1,U_2,\cdots,U_n)$,所有的学习和故障识别问题,包括检测器生成阶段定义的 B 细胞及其抗体和检测阶段引入的待测样本都在状态空间 U 内发生。根据待测样本的特征向量结合专家经验确定出故障类型,一种故障类型对应生成一个 B 细胞。B 细胞的定义如图 5.4 所示,由待测样本确定某一类故障发生的区域,该区域应覆盖这类故障的所有发生点。通常情况下,在越靠近区域中心的位置,这类故障发生的频率越高。然后以该区域中心位置为 B 细胞的中心,以区域半径为 B 细胞的半径定义 B 细胞。每一个 B 细胞由 B 细胞中心 $o'(x_1,x_2,\cdots,x_L)$ 和半径 R_B 确定。

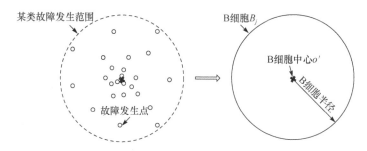

图 5.4　B 细胞学习

定义 5-1　系统状态空间。由状态特征向量构成的系统空间即为系统状态空间,记为 U,包含正常和异常两种状态类型,分别记为 U_{normal} 和 $U_{abnormal}$,其中

$$U_{normal}\bigcup U_{abnormal}=U,\quad U_{normal}\bigcap U_{abnormal}=\varnothing \tag{5.1}$$

定义 5-2　检测器。检测器可以根据故障征兆检测某一故障范围所包含的故障类型,定义为 B 细胞及其抗体集——B-抗体检测器。一个检测器可以定义为 $B_j+\{Ab\}$,其中 B 细胞由 B 细胞中心 $o'(x_1,x_2,\cdots,x_L)$ 和半径 R_B 确定。抗体由抗体中心 o'' 和半径 r_{ab} 确定。检测器集合要尽可能多地覆盖非自体空间。

在 L 维空间内,将样本数据的特征向量集合映射为抗原集,设抗原集的平均值为 $\mathrm{Ag}(\overline{\mathrm{ag}_1}, \overline{\mathrm{ag}_2}, \cdots, \overline{\mathrm{ag}_L})$。根据以上分析,以抗原的平均值为中心,在状态空间内定义一个 B 细胞,其中心为 $o'(x_1, x_2, \cdots, x_L)$,其中 $x_1 = \overline{\mathrm{ag}_1}$,$x_2 = \overline{\mathrm{ag}_2}, \cdots$。定义 B 细胞的半径为

$$R_B = \max(\mathrm{ag}_{i\max} - \overline{\mathrm{ag}_i}) + \psi \tag{5.2}$$

其中,$\mathrm{ag}_{i\max}$ 为抗原集中某特征值的最大值;ψ 为常数;$\max(\mathrm{ag}_{i\max} - \overline{\mathrm{ag}_i})$ 为抗原集所有特征值的最大值函数。

2. 生成抗体种群

在所定义的 B 细胞 $B_j(x_1, x_2, \cdots, x_L)$ 内,定义数量为 N 的候选抗体,并且 B 细胞半径越大,其产生的抗体越多,即抗体的个数应与 B 细胞半径成正比。由于该过程是在状态空间 U 内发生的,所以抗体的数目 N 可以在状态空间内由以下公式计算:

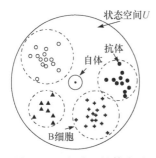

图 5.5　B 细胞和抗体表示

$$N = \frac{R_B}{\Gamma} \times K \tag{5.3}$$

其中,R_B 为 B 细胞的半径;Γ 为状态空间跨度(即状态空间的直径);K 为抗体生成常数。图 5.5 是 B 细胞和抗体在状态空间中的表示。设定每一个 B 细胞产生一种类型的抗体,而不同类型的抗体分别由不同的 B 细胞所生成。这样在故障检测时,可保证 B 细胞及其抗体所识别故障的一致性。

3. 抗体检测半径计算

为了提高系统的诊断效率和准确率,保证系统对发生概率高的故障具有较高的检测效率和准确率是很重要的。在状态空间中,越是靠近某一类故障发生区域中心的位置,故障发生概率就越高。因此,将抗体检测半径的定义规则设为:距离 B 细胞的中心点越近,抗体的检测范围越大;距离 B 细胞的中心点越远,检测范围越小,如图 5.6 所示。这样就可以保证,在靠近 B 细胞中心位置出现的抗原,更容易被抗体所识别。

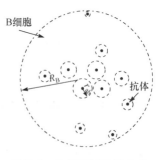

图 5.6　抗体检测半径分布

设 B 细胞为 $B_j(x_1, x_2, \cdots, x_L)$，B 细胞的半径为 R_B，所生成的抗体为 Ab $(ab_{j1}, ab_{j2}, \cdots, ab_{jL})$，抗体与 B 细胞中心点之间的距离采用 Euclidean 计算公式：

$$d = \sqrt{\sum_{i=1}^{L} (ab_i - x_i)^2} \tag{5.4}$$

如果在 B 细胞的中心位置存在抗体，该抗体应是这个 B 细胞内检测半径最大的抗体，且该抗体的检测半径与 B 细胞的大小相关，B 细胞越大，该抗体的检测半径就越大。因此，可以假定处于 B 细胞中心位置的抗体的检测半径为 $r_0 = R_B/\lambda$（λ 为常数），则 B 细胞内其他抗体检测半径的计算就可以与 r_0 相关联。距离 B 细胞的中心越近，抗体的检测范围越大。越靠近 B 细胞边缘的抗体，其检测半径就越小，即抗体的检测半径 r 和它与 B 细胞边缘的距离 $(R_B - d)$ 成正比。设 $r = (R_B - d) \times r_0/E$（$E$ 为待求常数），由于当抗体处于 B 细胞中心位置，即 $d = 0$ 时，$r = r_0$，可得 $E = R_B$。因此，可得到抗体检测半径 r 的计算公式如下：

$$r = \frac{R_B - d}{R_B} \times r_0 \tag{5.5}$$

其中，R_B 为抗体所属 B 细胞的半径；r_0 为 B 细胞中处于中心位置抗体的半径，$r_0 = R_B/\lambda$，λ 为常数；d 为抗体与 B 细胞中心的距离。将 $r_0 = R_B/\lambda$ 代入抗体半径计算公式可得

$$r = \frac{R_B - d}{\lambda} \tag{5.6}$$

可见，在 B 细胞已经确定的情况下，抗体的检测半径由该抗体到所属 B 细胞中心的距离确定。每一个 B 细胞内的个体都经历了耐受过程之后，检测器就达到了成熟阶段，此时，B 细胞及其抗体集组成一个成熟检测器，将新生成的检测器保存在记忆细胞库中。以同样的方法对其他样本数据进行训练，所有样本数据进行训练后生成的检测器构成了记忆细胞库。

5.3.3　故障检测阶段

系统可以利用记忆细胞库中已有的检测器对抗原进行检测。为了在各故障的征兆区域重叠的情况下，也能保证系统的准确诊断效果，系统在对抗原检测时分为 B 细胞的初步检测和抗体的确定性检测两个步骤进行。B 细胞的初步检测先确定故障范围，由于故障征兆的重叠可能使得各故障难以明确地区分，需要进一步通过抗体的确定性检测明确地区分抗原的故障类型。

1. B细胞初步检测

设进入系统的抗原为 $Ag(ag_1, ag_2, \cdots, ag_L)$，选择距离抗原最近的 B 细胞 $B_j(x_1, x_2, \cdots, x_L)$，计算抗原 Ag 到 B 细胞 B_j 中心的距离 D，将 D 与 B 细胞的半径 R_B 进行比较，如果 $D < R_B$，则 B 细胞 B_j 能够检测到抗原 Ag，抗原有可能属于该 B 细胞对应的故障类型，然后进一步进行抗体的确定性检测。如果距离抗原最近的 B 细胞未能检测到该抗原，则选取其他距离抗原较近的 B 细胞进行抗原检测。如果所有的 B 细胞都未能检测到该抗原，则系统直接对抗原进行 B 细胞学习。

2. 抗体的确定性检测

为了更准确地判断抗原 Ag 是否属于与之匹配的 B 细胞 B_j 所属的故障类型，还要用 B 细胞内的抗体对抗原进行进一步检测。读取 B_j 中的抗体 $Ab(ab_{j1}, ab_{j2}, \cdots, ab_{jL})$，并计算抗体 Ab 与抗原 Ag 的亲和力和抗体识别抗原的阈值 θ，如果亲和力超过阈值，即 $f(Ab, Ag) \geq \theta$，则当前抗体能够检测抗原 Ag，抗原 Ag 属于抗体所属 B 细胞 B_j 对应的故障类型；如果亲和力小于阈值，则当前抗体未能识别抗原 Ag，读取下一个抗体。若 B 细胞 B_j 内的所有抗体都未能成功检测到该抗原 Ag，则继续选择其他 B 细胞进行检测。如果所有 B 细胞内的抗体都未能成功匹配待检测抗原，则需对抗原 Ag 进行相应的抗体学习。

因此，B 细胞及其抗体检测的结果可能会出现以下四种情况：

(1) 所有 B 细胞都未能匹配待检测抗原，则进行 B 细胞学习。

(2) 若某一 B 细胞能够检测到抗原，且该 B 细胞内的抗体也能检测到该抗原，说明待检测抗原属于 B 细胞对应的故障类型。

(3) 若某一 B 细胞能检测到抗原，但该 B 细胞内的抗体未能匹配抗原，则继续选择其他 B 细胞进行检测。若另一个 B 细胞及其抗体能成功检测到该抗原，说明抗原出现在 B 细胞重叠的区域，则抗原属于能成功检测到它的 B 细胞所对应的故障类型。

(4) 若存在能检测到抗原的 B 细胞，但所有 B 细胞内的抗体都未能匹配抗原，则需要对抗原进行相应的抗体学习。

5.3.4　抗原学习过程

当系统检测到未知故障类型时，需要对抗原进行学习。即生成识别抗原的 B 细胞，并在 B 细胞内生成匹配抗原的抗体，构成新的检测器。检测器学习的过程包括 B 细胞学习和抗体学习。

1. B 细胞学习

在状态空间 U 中定义能够识别抗原 $Ag(ag_1, ag_2, \cdots, ag_L)$ 的检测器。首先进行 B 细胞学习。设抗原 $Ag(ag_1, ag_2, \cdots, ag_L)$ 的中心为 o，半径为 R_{ag}。以抗原的中心为原点，生成一个新的 B 细胞 B_j，如图 5.7 所示。定义 B 细胞 B_j 中心位置为 $o'(x_1, x_2, \cdots, x_L)$，其中 $x_1 = ag_1$，$x_2 = ag_2$，$\cdots$；定义 B 细胞 B_j 的半径为 $R_B = R_{ag} + \psi$，其中 ψ 是一个常数，以确保 B 细胞能尽量多地覆盖该故障类型区域。

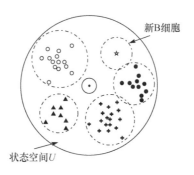

新B细胞

状态空间U

图 5.7　新 B 细胞的生成

为了使新定义的 B 细胞 B_j 未包含在自体区域内，需要进行 B 细胞 B_j 的非自体校验。计算 B 细胞与自体中心点之间的距离 D_s，若 D_s 小于 B 细胞半径 R_B 与自体半径 R_{self} 之和，则表示 B 细胞 B_j 与自体存在重叠区域，B 细胞 B_j 能够检测到自体，需将 B 细胞半径的值调整为 $R_B = D_s - R_{self}$。

定义 B 细胞的伪代码如下：

```
Procedure 定义 B 细胞
n=提呈的抗原数量;
L=抗原维数;
sum=0;
读取抗原集;
for i=1:L
    ag_imax=0;
    for j=1:n
        sum=sum+ag_ij;
        if (ag_imax<ag_ij)
```

```
        ag_imax=ag_ij;

      end if;

      j=j+1;

    end for;

  ‾‾‾‾
  ag_i=sum/n;

  i=i+1;

end for
```

抗原平均值为 $Ag(\overline{ag_1},\overline{ag_2},\cdots,\overline{ag_L})$；

```
for i=1:L

    x_i=ag_i;
    ‾‾‾

    i=i+1;

end for;
```

生成一个新的 B 细胞 $B_j(x_1,x_2,\cdots,x_L)$；

计算 B 细胞 B_j 的半径 $R_B=\max(ag_{imax}-\overline{ag_i})+\psi$ ；

读取自体检测器；

计算新 B 细胞与自体检测器之间的距离 D_s；

if（$D_s<$（新 B 细胞的半径 R_B＋自体半径 R_{self}））

　　$R_B=D_s-R_{self}$；

end if;

2. 抗体学习

在新生成的 B 细胞内定义抗体种群，并对抗体进行克隆变异的耐受过程，直至抗体达到成熟。这个过程既包含了免疫系统的动态学习特性，也涵盖了免疫系统的记忆功能。选取 B 细胞范围内产生的优秀成熟抗体存储于记忆细胞库中，当同类故障再次出现时，系统能准确快速地将其检测出来。

在所定义的 B 细胞 $B_j(x_1,x_2,\cdots,x_L)$ 内，随机生成数量为 m 的初始候选抗体，初始抗体个数 m 与 B 细胞的半径（$R_{ag}+\psi$）成正比，即

$$m=\frac{R_{ag}+\psi}{\Gamma}\times k \qquad (5.7)$$

其中，Γ 为状态空间跨度（即状态空间的直径）；k 为抗体生成常数。初始抗体群中的每个抗体 $ab_{ji}\in\{ab_{j1},ab_{j2},\cdots,ab_{jm}\}$ 的空间区域应该包含在它们所属的 B 细胞区域范围内。因此，将各抗体 ab_{ji} 的中心点 o''_{ji} 及半径 r_{ab} 分别定义为

$$o''_{ji}=\{(y_1,y_2,\cdots,y_L)\,|\,o''_{ji}\in ab_{ji},y_i=x_i+rand(-R_B,R_B),i=1,2,\cdots,L,j\in N\}$$

$$r_{ab} = \frac{R_B - \sqrt{\sum_{k=1}^{n}(y_k - x_k)^2}}{\lambda} \tag{5.8}$$

抗体学习的过程主要包括 B 细胞内抗体的克隆算子、变异算子，以及在抗体评估过程中劣质抗体的消亡和新抗体的添加。

1) 克隆算子

在连续学习过程中，克隆算子是为了保留部分最佳个体，并使其产生更多的后代，从而使系统能更快更有效地对抗原进行响应。克隆算子借鉴标准的克隆选择机制，根据每个抗体与所属 B 细胞的距离对抗体种群进行排序，然后按照排序对 B 细胞中的个体进行不同程度的克隆增殖。

在抗体繁殖过程中的第 t 次迭代时，设每个抗体 ab_{ji} 克隆的抗体数量为 $N_{ci}(t+1)$，克隆产生的抗体总数为 $N_c(t+1)$，则定义克隆函数 Clone 为第 t 代产生的抗体总个数：

$$\text{Clone} = \{\langle m,t \rangle \mid N_c(t+1) = \sum_{i=1}^{m(t)} \text{round}\frac{\beta \times m(t)}{i}\} \tag{5.9}$$

其中，β 为繁殖系数。对每个抗体来说，它产生的克隆数量为 $N_{ci} = \text{round}(\beta \times m(t)/i)$。

例如，如果 $N=50$，$\beta=1$，距离 B 细胞中心最近的抗体排在第一位，则它会产生 50 个克隆体。而最靠近边缘的抗体排在最后一位，即第 N 位，那么它只产生 1 个克隆体。每个抗体克隆的数目由它与所属 B 细胞的中心的距离决定。

2) 变异算子

变异算子有利于寻找最佳抗体，增加抗体的检测区域，提高免疫系统识别抗原的效率。此过程赋予了免疫系统的自学习能力以及动态适应性和可扩展性。通常使用的变异机制是通过引入一个随机的变异系数来实现细胞的变异。例如，$B'_n = B_n + \mu(B_{n+1} - B_n)$，其中 B'_n 是变异后的抗体，B_n 是变异前的抗体，μ 为变异系数（通常取值 $0 \leqslant \mu \leqslant 1$）。但这种变异机制具有随机性、无方向性，会导致产生很多更加糟糕甚至没有任何功能的抗体。一个抗体刚经历了一次有益的变异，但在以后的变异过程中所产生的不良变化的聚集有可能抵消掉这种有益的变异，而导致收敛速度变慢[147]。因此，为解决抗体变异方向的不确定性，在 B-PCLONE 学习机制中采用了粒子群优化算法中的寻优公式[148]，从而使抗体间能够进行信息共享，使抗体向着有益的方向进行变异。

将每一个抗体看作一个粒子,将粒子群算法中粒子的"飞行"作为抗体的变异[149]。在学习过程中,每迭代一次,抗体在粒子群优化算法进化方程的指导下,改变一次自身在状态空间中的位置。由于在克隆选择时已经利用了抗体自身的历史信息,所以在使用粒子群优化算法的进化方程时只考虑向全局最优变异,进化方程可简化为

$$v_{id}(t+1)=\omega v_{id}(t)+cs(p_{gd}(j)-\mathrm{ab}_{jid}(t)) \tag{5.10}$$

$$\mathrm{ab}_{jid}(t+1)=\mathrm{ab}_{jid}(t)+v_{id}(t+1) \tag{5.11}$$

其中,$\mathrm{ab}_{jid}(t)$表示B_j中抗体i的第d维在t次迭代时的位置;v_{id}表示第i个抗体在第d维的速度;$p_{gd}(j)$表示整个B细胞B_j内的最佳位置;c是加速常数;s是$[0,1]$范围内的随机数;ω是惯性系数。

根据上式,可以算出第i个抗体的第d维在t次迭代后的速度$v_{id}(t+1)$,对t次迭代后的抗体$\mathrm{ab}_{jid}(t)$进行移动,迭代t次后,抗体的变异函数定义为

$$\mathrm{Mutation}=\{\langle \mathrm{ab}_{ji},t\rangle \mid \mathrm{ab}_{jid}(t+1)=\mathrm{ab}_{jid}(t)+v_{id}(t+1),$$

$$d=1,2,\cdots,m,i=1,2,\cdots,N_c(t)\} \tag{5.12}$$

为了保持多样性,抗体的移动速度不宜太快,以免导致抗体在B细胞中心位置聚集,惯性系数ω和加速常数c的取值要比基本粒子群算法时小。由于变异操作使得抗体的位置发生了变化,所以它们到所属B细胞中心的距离也发生了改变,这就需要重新计算抗体的检测半径。由克隆和变异因子产生的新抗体的检测半径也遵循从B细胞中心到边缘变化的规律,即距离B细胞中心越近,抗体的检测半径越大。

3) 抗体评估

经过执行克隆算子和变异算子,增加了抗体的数目,改变了抗体的位置,但同时也可能会引发抗体检测范围相互重叠的问题,导致冗余抗体的产生,如图5.8所示。因此,有必要删除那些"不合适"的抗体。为了衡量抗体检测范围的重叠程度,本算法中使用实值否定选择算法中对抗体进行评估的策略。

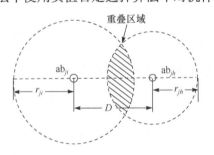

图5.8 抗体检测范围的重叠

将抗体 ab_{ji} 与其他抗体的检测区域的重叠范围定义为重叠度,用 $W(ab)$ 来表示。设抗体 ab_{ji} 与抗体集 $AB_j = \{ab_{j1}, ab_{j2}, \cdots, ab_{jm}\}$ 中某一抗体 ab_{jh} 的重叠度为 $w(ab_{ji}, ab_{jh}) = (e^\delta - 1)^k$,而 $\delta = (r_{ji} + r_{jh} - D)/(r_{ji} + r_{jh})$,其中 r_{ji} 与 r_{jh} 分别代表抗体 ab_{ji} 与抗体 ab_{jh} 的半径,D 是两个抗体之间的距离,δ 的值在 $[0,1]$ 范围内。因此,抗体 Ab 的重叠度 $W(ab_{ji})$ 等于它与所有邻近抗体的重叠度之和:

$$W(ab_{ji}) = \sum_{h \neq i} w(ab_{ji}, ab_{jh}), \quad j = 1, 2, \cdots, m \tag{5.13}$$

如果抗体 ab_{ji} 的重叠度 $W(ab)$ 大于阈值 ε,则将该抗体消除。抗体消亡函数定义为

$$\text{delete}(ab_{ji}) = \{ab_{ji} \in AB_j, W(ab_{ji}) > \varepsilon\} \tag{5.14}$$

在每一个 B 细胞内,重复执行抗体的克隆变异因子和抗体的评估过程,如果 B 细胞内的抗体能够检测足够有效的空间,则 B 细胞耐受结束。抗体的变异过程中,由于粒子群优化算法可以有效地在全局范围内寻找最优解,所以采用粒子群寻优公式作指导的变异因子会使抗体有向 B 细胞中心聚集的倾向,可相应地减小加速常数,以降低聚集的效果。但是这种向 B 细胞中心聚集的倾向增强了抗体对 B 细胞中心位置附近故障的检测效果,即保证了对多发故障的识别率。并且,抗体评估过程中,冗余抗体的消亡和随机抗体的加入维持了系统的适应性及多样性。

4）B 细胞的生命周期

学习系统的适应性是指记忆机制应该具有动态性,记忆机制根据环境中事件的变化而随时进行调整,生成新的记忆检测器。另外,记忆的适应性还包含定时删除那些无用的检测器。在线学习过程产生的 B 细胞存在生存期,它们在产生时被赋予一个生存周期 T。例如,在学习过程中,B 细胞 $B_j(x_1, x_2, \cdots, x_L)$ 被赋予一个生命周期 $T = t$(t 为常数),当系统对某个抗原进行检测时,若该 B 细胞在检测过程中未能识别到抗原,则修改 B 细胞的生命周期为 $T = T - 1$;若成功识别到抗原,即激活了该细胞内的抗体进行检测,则 B_j 的生命周期 T 被重置为 t。如果系统在连续对 t 个抗原检测过程中,始终未能激活 $B_j(x_1, x_2, \cdots, x_L)$ 内的抗体检测,则设置 $T = 0$,该 B 细胞失效,B 细胞 B_j 及其所属抗体被删除。

$$\text{Delete}(B_j) = \{\forall ab_{ji} \in B_j, \text{delete}(B_j) \wedge \text{delete}(ab_{ji}), \quad i = 1, 2, \cdots, m\} \tag{5.15}$$

B 细胞的生命周期算法描述如下:

```
Procedure   B细胞的生命周期算法
生成新 B 细胞 Bⱼ(x₁,x₂,…,xₗ);
初始化 Bⱼ 的生命周期 T=t;
生成抗体,并进行抗体耐受;
do{
    对抗原进行检测;
    if   (B细胞没有检测到抗原)
        T=T-1;
    else T=t;
}while(T≠0);
B细胞及抗体消亡;
```

与学习过程中生成的 B 细胞不同,在进行某一具体应用时,知识库在构建阶段由专家定义的 B 细胞不存在生命周期,不会消亡,因为最初定义的这些 B 细胞所对应的故障类型都是较为常见且典型的故障类型,如果也同样采用这种消亡机制,那么它们消亡、产生的频率比较大,会在一定程度上影响系统的效率。

5.4   检测效率的比较

免疫算法中,通常是将抗体定义为检测器,在检测诊断时,需要将检测器与待测样本逐个进行比较识别,当检测器规模较大时,其复杂度可想而知,同时检测效率也会大幅降低。本章所提出的学习算法中,首先由检测器中的 B 细胞对抗原识别,进行初步检测,确定其故障范围;然后只需用识别该抗原的 B 细胞内的抗体进行检测即可。因此,在对某个待检测样本进行诊断时,系统中活跃的抗体通常只是一小部分,也就是说,只有一小部分抗体参加了与抗原的匹配过程。这样,可以在很大程度上提高系统的检测效率。

下面对所提出的 B-PCLONE 算法与标准克隆选择(CLONE)算法的检测效率进行比较分析。为了反映对待测样本进行检测时的平均情况,假定从每种故障提取到的特征数据所覆盖形状空间的范围是相同的,即 B 细胞的大小一样,并且每个 B 细胞的进化过程相同,因此 B 细胞内的抗体数量也是一样的。

假设有 20 个样本数据,成熟抗体种群规模为 50,故障类型为 5 种,每个 B 细胞内的抗体数量为 10 个。在进行检测时,首先用 B 细胞对样本数据进行识别,最多需比较 5 次可确定故障的范围。然后用与之匹配的 B 细胞内的抗体与样本比较,最多只需比较 10 次。因此,一个样本诊断成功时最多只需比较 15 次,

20 个样本数据共需要比较 300 次。如果采用标准克隆选择算法,则样本需要与每个成熟检测器逐一进行比较,每个样本数据需要比较 50 次,20 个样本最多匹配次数达 1000 次。检测器种群规模越大,故障类型越多时,B-PCLONE算法的效率越高,优越性越明显。在样本数量、抗体种群规模、故障种类不同时两种算法的比较见表 5.1。

表 5.1　两种算法的效率比较

样本数量	成熟抗体种群规模	故障种类	匹配次数		效率提高/%
			B-PCLONE 算法	CLONE 算法	
10	20	5	90	200	55
20	50	5	300	1000	70
20	100	5	500	2000	75
20	50	10	300	1000	70
50	50	5	750	2500	70
100	400	4	10400	40000	74

由于 B-PCLONE 算法中检测器在对检测数据诊断时的比较次数大幅度减少,系统诊断故障所需时间将会明显缩短。从图 5.9 中可以看出,当完成对 20 个抗原的检测时,标准克隆选择算法需要 3.6s 左右,而 B-PCLONE 算法却只需 0.5s 左右。当完成对 100 个抗原的检测时,B-PCLONE 算法需要 3.5s 左右,克隆选择算法需要的时间却超过了 16s。因此,当总抗体规模相同时,系统检测相同数量的抗原,B-PCLONE 算法所需时间明显少于通用算法所需时间,其检测效率明显优于通用检测算法。

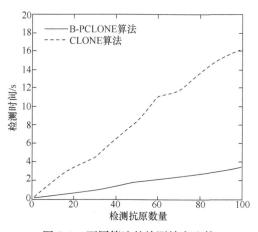

图 5.9　不同算法的检测效率比较

　　实验以异步电动机(型号为 Y160M2-8)为对象,采集电动机在正常无故障运行条件下的振动信号和定子电流信号,对实际中的各种故障类型进行模拟,收集电动机在各种故障状态下的数据,提取出能够反映不同故障类型的特征向量。提取振动故障特征和电流故障特征,融合振动和电流特征进行故障的检测。以轴承滚珠故障为例,并设定在故障库中未包含该抗原数据类型,即为未知故障,需要用所提出的学习模型进行学习。

　　由电流与振动峰值图可以得到电机在正常和轴承滚珠故障时的峰值。从表 5.2 的电流特征峰值中可以看出,电机在正常和故障状态下,特征频率的峰值具有很大的差异。

表 5.2　电机正常和故障时电流与振动的峰值对照(单位:dB)

频段 状态	S_1	S_2	S_3	S_4	S_5	T_1	T_2	T_3	T_4
电机正常	7.37	0.58	0.45	0.18	0.17	2.27	2.69	1.75	0.79
轴承滚珠故障	80.37	24.24	3.82	3.16	5.40	4.80	2.14	2.46	0.80

　　检测器由 B 细胞及其抗体组成,其中 B 细胞表示为(B 细胞中心,B 细胞半径);抗体表示为(抗体中心,抗体半径,所属 B 细胞)。把处理后得到的特征向量作为样本数据,将其定义为抗原集。设置抗体生成常数 K 为 30,诊断系统的繁殖参数 β 为 1,加速常数 c 为 0.3,惯性系数 ω 为 0.04,重叠度阈值为 0.0084。通过对抗原集的学习,生成新的 B 细胞。然后,在 B 细胞内生成抗体集。学习结束所产生的新检测器 B_SBB 保存于记忆细胞库,下一次这种故障类别再次出现时,系统能够快速有效地识别响应。

　　由于在 B-PCLONE 学习机制中使用 B 细胞先学习及抗体再学习的方法,使抗体克隆变异的范围缩小,可以在很大程度上提高系统的检测效率;并且借鉴粒子群优化算法指导抗体的变异方向,利用抗体间共享信息,使抗体都向着有益的方向变异,加快了最佳亲和力的收敛速度,提高了学习精度,增加了检测和学习的精确率。图 5.10 和图 5.11 表示分别采用 B-PCLONE 算法、克隆选择(CLONE)算法和粒子群(PSO)算法对电机故障实验数据进行学习的过程描述。从图 5.10 可以看出,在种群迭代到 500 代时,B-PCLONE 算法的最佳亲和力收敛到 0.02 左右,而克隆选择算法和粒子群算法的最佳亲和力都在 0.1 以上,因此 B-PCLONE 算法比克隆选择算法、粒子群算法具有更好更快的学习效率。

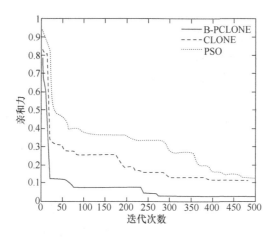

图 5.10　学习算法的学习效率比较

图 5.11 是三种算法的准确率比较,CLONE 和 PSO 两种算法的准确率都有不同程度的振荡现象。B-PCLONE 算法的准确率则比较平稳,因在双重学习中所获得的检测器是当前环境中检测性能最好的记忆检测器群体,对其进行小范围的克隆扩增,大大缩短了检测器由未成熟到记忆的进化时间,可使系统快速检测到当前环境中出现的故障。

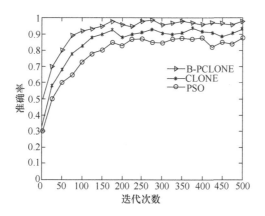

图 5.11　学习算法的学习准确率比较

5.5　小　　结

　　受生物免疫理论中 B 细胞生成抗体、由抗体执行识别功能这一机理的启发,本章提出了一种基于体液免疫的双重学习机制——B-PCLONE 学习机制。在学习算法中,对抗原的学习包含 B 细胞和抗体双重学习过程。在抗体学习过程中,只有 B 细胞中的抗体参与未知抗原的学习,减少了检测系统中活跃的抗体个数,在很大程度上提高了系统的执行效率。采用这种机制解决了系统中故障征兆的混叠使得各故障难以明确区分的问题,并且在很大程度上提高了学习及检测效率。通过对设备的实时检测,不断更新记忆检测器,提高故障检测的效率以及准确性。

　　通过实验表明,B-PCLONE 学习机制具有连续学习的特性:①根据设备运行的实时检测信号,系统能够不断地更新记忆细胞库和故障知识库中的故障检测器。②通过预测早期故障,系统的检测能力将不断改进。

第6章 基于克隆扩增和分级记忆策略的免疫算法

标准的克隆选择算法在检测系统环境异常的实际应用过程中暴露出一个很严重的问题,那就是要求系统处在一个相对稳定的状态下进行。而在实际应用中,今天被认为是正常的行为到了明天就可能成为非常危险的行为。因此,Kim 和 Bentley[12]于 2002 年提出了动态克隆选择算法(dynamic clonal selection algorithm,DynamiCS),实现了对不断变化的网络环境中入侵行为的检测。相对于标准克隆选择算法,动态克隆选择算法做了以下的改变:①一次只针对自体集的一个小子集来学习正常的行为;②其检测器能在以前被认为是正常的行为变为非正常时被替换掉。

免疫算法的研究及其应用在人工免疫系统的研究工作中占有重要位置,动态克隆选择算法对环境的适应性有着很强的应用价值,但也存在一些不足,在深入分析动态克隆选择算法运行机制的基础上,结合其他研究者的经验,提出适用于动态环境变化的故障诊断免疫学习算法。本章的主要研究内容包括:

(1)基于克隆选择机理,并借鉴动态克隆选择算法的动态学习和识别能力,提出一种针对成熟检测器的增值策略[150]。设计对检测器群体进行性能评估的方法,据评估结果对成熟检测器群体实施克隆扩增策略,并将相似度较高的冗余检测器删除。基于克隆扩增策略的免疫算法具有较强的环境适应性,有效抑制误检率,提高检测率。

(2)针对传统免疫算法在故障检测中存在的稳定性低、检测性能差等问题,基于克隆选择和免疫记忆机理,提出一种基于分级记忆策略的免疫算法[151]。依据对记忆检测器进行性能评估的结果,对检测器群体实施分级策略,并对不同级别的检测器子群体施以不同的进化策略。

(3)将提出的克隆扩增策略以及分级记忆策略应用于机电设备故障诊断模型的设计中,两个策略分别实现了对成熟检测器库和记忆检测器库的学习进化,提高了对故障的诊断效率,并有效抑制了误检率。

6.1　动态克隆选择算法

6.1.1　动态克隆选择算法的运行机制

动态克隆选择算法由三类检测器集合:未成熟检测器、成熟检测器、记忆检测器协同工作。算法首先把随机的抗原当作初始的未成熟检测器,然后把未成熟检测器与给定的抗原集合进行否定选择,与自体抗原匹配的未成熟检测器被删除,新的未成熟检测器不断生成,直到未成熟检测器的数量达到非记忆检测器集合的最大值。同时引入三个参数:耐受期(T)、激活阈值(A)、生命期(L),实现对动态改变的抗原集合的适应性[142,143]。

算法首先随机生成初始的未成熟检测器群体,进化代数小于 T 时,成熟检测器和记忆检测器群体集合均为空,所提呈的抗原仅用于未成熟检测器的自体耐受,与自体匹配的未成熟检测器被删除,并补入新的未成熟检测器。当进化代数达到耐受期(T)时,满足耐受要求的未成熟检测器转入成熟检测器集合。在 $T+1$ 代,记忆检测器集合为空,首先由成熟检测器进行抗原检测,成熟检测器每匹配一个抗原,其匹配次数增加 1。当其匹配数达到激活阈值(A),并检测到一个入侵信号,若安全管理员肯定了此入侵行为,这个成熟检测器便被激活成为记忆检测器。其次,需对成熟检测器的年龄进行判断,如果年龄达到了生命期(L),此成熟检测器将被删除。未被成熟检测器删除的抗原将提呈给未成熟检测器做自体耐受,以生成新的成熟检测器。最后,当检测到非记忆检测器的数目小于预设值时,需补入新的未成熟检测器。在 $T+2$ 代,若记忆检测器集合不为空,则首先由记忆检测器群体进行抗原检测,当记忆检测器与某抗原匹配时,将以报警的形式通知安全管理员,取得证实后,此抗原模式将被删除。所剩抗原将依次提呈给成熟检测器和未成熟检测器,之后所作操作与 $T+1$ 代相同。从 $T+3$ 代开始,将执行与 $T+2$ 代相同的检测过程。

从上述对动态克隆选择算法运行机制的分析可知,DynamiCS 对抗原的检测主要依靠记忆检测器和成熟检测器,如果能够提供更多的优质检测器进行抗原检测,必将提高算法检测效率。另外,参数 T、A、L 相互制约,使得未成熟检测器、成熟检测器、记忆检测器的数量和质量难以兼顾。适当增加成熟检测器的数量,可以缓解参数间的制约关系,有助于提高算法检测率,同时也可有效抑制误检率。对成熟检测器的克隆扩增策略就是基于此而提出的。对优质成熟检测器实施克隆扩增操作,可以获得更多的优质成熟检测器,因此算法中需设置一种评估机制,挑选出优质检测器,并依据评估结果确定其克隆规模。在 DynamiCS 中,非记忆检测器的数量决定着未成熟检测器的补入,若在不影响未成熟检测器补入的条件下对成熟检测器实施克隆扩增,需要解除未成熟检测器与成熟检测器的制约关系,并调整未成熟检测器的补入条件。

DynamiCS 描述如下:

对参数进行初始化
用随机的检测器生成一个初始的未成熟检测器群体;
生成代数==1;
Do
　{
　If(生成代数/N_2==1)
　　选择一个新的抗原子群体;
　　随机从给定的抗原子群体选择 80% 的自体和非自体抗原;
　　Generation_Number++;
　　Memory Detector Age++;
　　Mature Detector Age++;
　　Immature Detector Age++;
　检测抗原
　{
　　　用记忆检测器检测抗原
　　　记忆检测器是否检测到非自体抗原;
　　　记忆检测器是否检测到自体抗原;

　　　成熟检测器是否检测到非自体抗原;
　　　成熟检测器是否检测到自体抗原;
　　　生成新的记忆检测器;
　　　删除"老"的成熟检测器;

　　　未成熟检测器是否检测到非自体抗原;
　　　删除与自体抗原匹配的未成熟检测器;
　　　生成新的成熟检测器
　}
　If(未成熟检测器群体的数量+成熟检测器群体的数量
　　<非记忆检测器群体的最大值)
　{
　　Do
　　{

```
        生成一个随机的检测器；
        把一个随机的检测器加入未成熟检测器群体中；
    }until（未成熟检测器群体的数量+成熟检测器群体的数量
            ==非记忆检测器群体的最大值）
    }
}while（生成代数<最大的给定代数）
```

6.1.2 动态克隆选择算法存在的问题

动态克隆选择算法成功模拟了免疫系统的学习、识别、克隆选择和记忆功能，实验表明，DynamiCS对动态环境的适应性是有效的，但其记忆检测器生命周期的无限性导致在自体抗原集和非自体抗原集发生改变时，误检率较高、检测率降低。此外，DynamiCS未成熟检测器与成熟检测器的群体数量相互制约，致使检测率不能达到满意效果。针对这些问题，严宣辉[152]、刘若辰等[153]从检测器的稳定性、适应性等角度出发，建立算法模型。

动态克隆选择算法对记忆细胞施以无限的生命周期不符合生物学事实，生物体细胞会不断地产生和死亡，免疫细胞也在无止境地产生和死亡，免疫细胞的这一更替过程对于自体抗原的耐受和非自体抗原的检测至关重要，其受限的生命周期可使免疫细胞更加有效地反映当前抗原，从而改进自体抗原的耐受和非自体抗原的检测。DynamiCS依靠协同刺激来删除无用的记忆检测器，记忆检测器检测到任何抗原，都必须询问安全管理员，使其确定所检测到的抗原是自体还是非自体，只有安全管理员确认了所检测到的是非自体抗原，检测器才发送一个检测信号，否则此检测器被删除。动态克隆选择算法所存在的一些问题，主要表现在以下几点：

（1）记忆检测器。记忆检测器的存活时间较长，甚至拥有永久的生存期，却未能与检测器的检测性能相联系。大量的低效记忆检测器将直接影响系统的检测效率，且会致使误检事件的频繁发生。虽有文献对记忆检测器进行了相关研究，取得了一定成果，但也引发了诸如协同刺激过多等新的问题，所以研究一种合理的方式来处理记忆检测器，将在很大程度上改进算法性能。

（2）成熟检测器。DynamiCS成熟检测器的生成方式仅依靠未成熟检测器的自体耐受产生，由于DynamiCS每次只针对一个小的自体集进行学习，所生成的检测器的质量并不能满足检测要求，这也成为致使检测率不能提高的一个原因。但目前鲜有文献对算法的成熟检测器的生成方式进行研究。对成熟检测器的生成方式进行深入研究，将会极大地提高算法的性能。

（3）未成熟检测器。从未成熟检测器经历成熟过程到最终获得记忆，花费的时间较多。一种优秀的学习方法或者更为有效的未成熟检测器生成方式将有助于加快算法收敛，所以可以将着眼点放在未成熟检测器的学习方法及其生成方式的研究上。

本章基于克隆选择和免疫记忆机理，综合考虑检测性能、稳定性和收敛速度等多种因素对算法的影响，首先，提出一种针对成熟检测器的增值策略[31]，设计对检测器群体进行性能评估的方法，据评估结果对成熟检测器群体实施克隆扩增策略，并将相似度较高的冗余检测器删除[31]。其次，提出对记忆检测器性能进行评估，并依此对记忆检测器群体实施分级策略，对不同级别的检测器子群体执行不同的进化策略，并对初始检测器群体的生成方式和未成熟检测器的补入方式进行调整。

6.2 基于克隆扩增策略的免疫算法

从上述对动态克隆选择算法运行机制的分析可知，DynamiCS 对抗原的检测主要依靠记忆检测器和成熟检测器，如果能够提供更多的优质检测器进行抗原检测，必将提高算法检测效率。另外，参数 T、A、L 相互制约，使得未成熟检测器、成熟检测器、记忆检测器的数量和质量难以兼顾。适当增加成熟检测器的数量，可以缓解参数间的制约关系，有助于提高算法检测率，同时也可有效抑制误检率。对成熟检测器的克隆扩增策略就是基于此而提出的。对优质成熟检测器实施克隆扩增操作，可以获得更多的优质成熟检测器，因此算法中需设置一种评估机制，挑选出优质检测器，并依据评估结果确定其克隆规模。在 DynamiCS 中，非记忆检测器的数量决定着未成熟检测器的补入，若在不影响未成熟检测器补入的条件下对成熟检测器实施克隆扩增，需要解除未成熟检测器与成熟检测器的制约关系，并调整未成熟检测器的补入条件。

6.2.1 克隆扩增策略

定义 6-1 检测器群体 Ab。Ab＝$\{\omega\,|\,\omega=\langle r, \text{age}, \text{life}, \text{match}\rangle, r\in \text{Ag},$ age, life, match$\in N\}$，其中 ω 为检测器，age、life、match 分别表示检测器的年龄、生存期、与抗原的匹配次数，N 为自然数集，Ag 为抗原集合，包括自体集合 self 和非自体集合 non_self，且满足：self $\bigcup$ non_self＝Ag，self $\bigcap$ non_self＝$\varnothing$。

定义 6-2 记忆检测器群体 R。$R=\{x\,|\,x\in \text{Ab}, x.\,\text{match}\geqslant A\}$，其中 $x=$

$\{x_1,x_2,\cdots,x_n\}$为 n 元组，A 为成熟检测器的激活阈值。

定义 6-3　成熟检测器群体 M。$M=\{x\mid x\in \mathrm{Ab}, x.\,\mathrm{life}<L\}$，其中 $x=\{x_1, x_2,\cdots,x_n\}$为 n 元组，L 为成熟检测器的生命周期。

定义 6-4　未成熟检测器群体 I。$I=\{x\mid x\in \mathrm{Ab}, x.\,\mathrm{age}<T\}$，其中 $x=\{x_1, x_2,\cdots,x_n\}$为 n 元组，T 为未成熟检测器的耐受期。

检测器在进化过程中，检测能力将发生很大变化，某些检测器的检测能力得以提升，而有些检测器则丧失了检测能力。有效性评估提供一种预测检测器检测能力的方法，以便挑选出优质检测器，最终实现对检测器进化过程和搜索方向的干预。

定义 6-5　检测器的有效性。检测器检测异常的能力，在单位时间内，检测器与抗原的匹配次数越多，其有效性越高。

定义 6-6　有效性评估。设有检测器 x，则其有效性 $P(x)$为

$$P(x)=\frac{x.\,\mathrm{match}}{x.\,\mathrm{age}} \tag{6.1}$$

其中，$x.\,\mathrm{age}$ 和 $x.\,\mathrm{match}$ 分别代表检测器 x 的年龄和 x 与抗原的匹配次数。$P(x)$值越大，表示 x 检测能力越强，若由式(6.1)求得结果中存在 $P(x_1)=P(x_2)$，且有 $x_1.\,\mathrm{age}<x_2.\,\mathrm{age}$，则设定 $P(x_1)>P(x_2)$。

定义 6-7　检测率。检测率 $=\dfrac{\text{检测到的故障数目}}{\text{发生的故障数目}}$。

定义 6-8　误检率。误检率 $=\dfrac{\text{正常状态被误检为故障的数目}}{\text{自体集的记录数目}}$。

对成熟检测器的克隆扩增是依据有效性评估的评估结果对高效成熟检测器的增值过程，也是一个学习和优化过程，其实质是在一代进化中，在成熟检测器附近，根据有效性评估的评估结果，产生一个变异检测器群体，扩大其搜索空间。经历克隆和变异操作后，成熟检测器群体中优质检测器的数量增多，检测器的检测能力得以提升，同时也增加了其成为记忆检测器的可能性。克隆扩增策略主要包括选择有效性高的检测器、对高效检测器实施克隆、对克隆群体实施变异以及消除冗余的成熟检测器四个步骤。具体描述如下：

(1) 选择。选择操作的目的是赋予优质的成熟检测器克隆扩增的资格，根据式(6.1)对成熟检测器群体 M 中每个检测器进行有效性计算，将检测器 $x_i(i=1,2,\cdots,n)$按照有效性 $P(x_i)(i=1,2,\cdots,n)$的高低进行降序排列，选择前 t 个检测器组成成熟检测器子集 M'。

（2）克隆。克隆可以使免疫系统更为快速有效地作出反应，在这一过程中，一些最佳的抗体得以保留并产生更多的后代。对受激的抗体进行克隆操作，并将克隆体分散到机体的不同部分。对成熟检测器子集 M' 实施克隆操作 $C(M')$ 可实现对成熟检测器 M 的增值，设经过克隆操作后所得检测器集合为 M''：

$$M'' = C(M') = [C(x_1), C(x_2), \cdots, C(x_t)]^{\mathrm{T}} \tag{6.2}$$

其中，$C(x_i) = \lambda_i \times x_i$，$\lambda_i$ 为 ζ_i 维行向量，ζ_i 为检测器个体的克隆规模，由检测器的有效性确定，首先将 M' 中检测器按有效性的高低进行降序排列，排在第一位的 i 值取 1，以此类推：

$$\zeta_i = \mathrm{round}\left(\frac{\beta \times N}{i}\right) \tag{6.3}$$

其中，β 是繁殖因子；N 是现有抗体的总数量[61]。则克隆出的检测器的总体数量为

$$N_c = \sum_{i=1}^{t} \mathrm{round}\left(\frac{\beta \times N}{i}\right) \tag{6.4}$$

（3）变异。实施克隆操作后的抗体要经历变异，因为变异操作可使免疫系统具有可扩展性、动态适应性和自学习等能力，使免疫系统能够快速有效地识别抗原。变异后的克隆体需要有更广泛的匹配抗原的能力，变异后的克隆体迅速分布到机体的各个部分，检测其他类型的抗原，通过变异进行学习的结果是使得免疫系统可以更好地指向存在的抗原。在这一过程中，新抗体和原有抗体将竞相匹配更多的抗原以获得高亲和力。拥有较高亲和力的抗体将获得较长的生存期和更多的克隆体。此处采用高斯变异，因为高斯变异可以产生位于原始检测器附近的变异，使得原始检测器的种群信息得以保留。

对检测器 $x_i(i=1,2,\cdots,n)$ 的分量 $x_i(j)$ 进行如下操作：

$$x_i'(j) = x_i(j) + \eta_i'(j)N(0,1) \tag{6.5}$$

$$\eta_i'(j) = \eta_i(j) \cdot \exp(\tau' \cdot N(0,1) + \tau \cdot N_i(0,1)) \tag{6.6}$$

其中，$x_i(j)$、$x_i'(j)$、$\eta_i(j)$、$\eta_i'(j)$ 分别表示向量 a_i、a_i'、η_i、η_i' 的第 j 个分量；$N_i(0,1)$ 表示对应每一个 j 所产生的正态随机数，$N(0,1)$ 是满足均值为 0、方差为 1 的正态随机变量；τ 和 τ' 分别取 $(\sqrt{2\sqrt{n}})^{-1}$ 和 $(\sqrt{2n})^{-1}$ 为参数值[154]。

（4）消除冗余检测器。经过对成熟检测器的克隆和变异操作，检测器数量大大增加，位置也发生了一定的变化，检测器的检测范围可能相互重叠，导致冗余检测器的产生，因此需要消除这些冗余检测器。借鉴文献[56]中的检测器评估策略来衡量检测器检测范围的重叠程度。

将检测器 x 与其他检测器检测范围的重叠程度定义为重叠量,用 $W(x,x')$ 表示:

$$W(x,x') = \sum_{x \neq x'} w(x,x') \tag{6.7}$$

即检测器 x 的重叠量是它与相邻检测器检测范围的重叠量之和。其中,$w(x,x')$ 是检测器 x 与 x' 检测范围的重叠量:

$$w(x,x') = (\exp(\delta) - 1)^v \tag{6.8}$$

式中,v 是形态空间的维数;

$$\delta = (r_x + r_{x'} - D)/2r_x \tag{6.9}$$

其中,r_x 和 $r_{x'}$ 分别是检测器 x 和 x' 的检测半径;D 是两检测器之间的距离。从图 6.1 中可直观看出两个检测器的重叠区域。

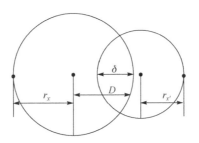

图 6.1　两个检测器的重叠区域

如果检测器 x 检测范围的重叠量 $W(x,x')$ 大于预设,则将该检测器删除。

6.2.2　基于克隆扩增策略的免疫算法设计

人工免疫系统的一个重要特征是它对不断变化的外界环境的适应能力,通过对变化的自体抗原的动态学习来预测新出现的非自体抗原。借鉴 DynamiCS 的运行机制,提出基于克隆扩增策略的免疫算法(ImmuneCE),此算法仍由记忆检测器群体 R、成熟检测器群体 M 和未成熟检测器群体 I 协调工作,可适应动态改变的抗原集合,体现了算法的自适应特征。如果 R 不为空,抗原首先提呈给 R,当 R 检测到入侵信号时,以报警的方式通知安全管理员,若 R 不能判定此抗原是自体还是非自体(即检测到新抗原),则将此抗原提呈给 M。成熟检测器群体 M 要完成对年龄达到 L 的成熟检测器的删除、新记忆检测器的生成、依据有效性评估机制的评估结果对高效的成熟检测器进行克隆扩增,以及检测所提呈的抗原,若 M 仍判断此抗原为新抗原,则将其提呈给 I 做自体耐受。在每代进化中都要对未成熟检测器进行实时补入。实际应用中可采用限定迭代次数或连续 N 次迭代中检测器的有效性都未改善,或使用二者的混合形式作为结束条件。具体过程如图 6.2 所示。

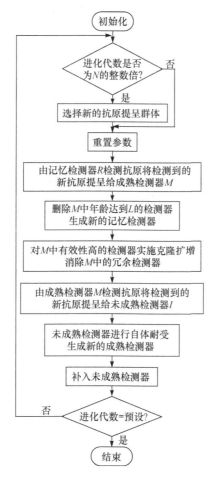

图 6.2　基于克隆扩增策略的免疫算法

1. 初始检测器群体的产生

为了量化对免疫系统的描述,Perelson 和 Oster 经过大量研究,提出令所有的免疫事件都在形态空间中发生。在形态空间中,赋予每一个检测器和抗原一个特定的区域,当检测器或抗原经历变异操作后,其在形态空间中的特定位置会发生改变。因此,算法首先定义了形态空间 S,将所有的抗原学习和检测过程置于形态空间 S 中发生。然后通过两种方式在 S 中产生初始检测器:①对训练抗原集中自体抗原变异产生部分未成熟检测器,此种方式可在一定程度上降低由未成熟检测器到成熟检测器的计算量,提高未成熟检测器到成熟检测器的进化比例,从而缩短进化时间,提高收敛速度;②随机生成部分未成熟检测器,以增强种群多样性。所提出算法的初始检测器产生方式虽然比DynamiCS 单纯使用随机生成的方法稍显复杂,但兼顾了如计算量、收敛速度、种群多样性等多种性能。

2. 未成熟检测器的自体耐受

当免疫活性细胞接触到抗原性异物时,就会表现出一种特异性的无应答状态,这种现象就是免疫耐受,外来的或自身的抗原都可以诱导产生免疫耐受现象。自体耐受是指机体所具有的一种对自体抗原不予应答的免疫耐受,免疫系统正是通过自体耐受对自体和非自体加以区分的。在某些状态下,可能发生免疫细胞与自体结合的情况,称此种状况为自体免疫,自体免疫将导致免疫系统攻击自体的现象。在免疫系统中,细胞不能进行正常的自体耐受时主要采取三种处理方法:克隆删除、克隆无能、受体编辑。T 细胞和 B 细胞从未成熟到成熟期间均须经历自体耐受。未成熟检测器不具备检测入侵抗原的能力,在执行检测任务之前,必须对其进行自体耐受,将其转化为成熟检测器。否定选择算法是对免疫细胞成熟过程的模拟,将经历耐受的检测器视为成熟检测器。算法主要包括耐受和检测两个阶段,成熟检测器是在耐受阶段产生的。这里采用 De Castro 和 Timmis[155] 于 2002 年提出的带变异的否定选择算法实现未成熟检测器的自体耐受。令每个未成熟检测器与自体数据进行匹配,对匹配成功的未成熟检测器进行有导向的变异,使其远离自体。具体流程如图 6.3 所示。

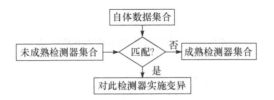

图 6.3　未成熟检测器的自体耐受

3. 未成熟检测器的补入

算法采用两种方式对未成熟检测器 I 进行补入,一种方式是对记忆检测器实施变异,将变异所得检测器补入 I,此种方式具有一定的导向作用,有助于加快算法收敛;另一种方式是补入随机生成的检测器,以保持种群多样性。具体描述如下:

```
if(未成熟检测器群体数目<预设值)
    {do
        {if(R>0)
            {从 R 中随机选择一个检测器 xᵢ(i=1,2,…,n);
             对其进行变异;
             将变异所得检测器 xᵢ'(i=1,2,…,n)补入 I;}
        else
            { 随机产生一个未成熟检测器 xᵢ(i=1,2,…,n);
             将检测器 xᵢ(i=1,2,…,n)补入 I;}
    }until(未成熟检测器群体数目=预设值)
}
```

4. 成熟检测器的克隆扩增

澳大利亚免疫学家 Burnet 于 1958 年提出了克隆选择学说,其基本思想可描述为:当抗原入侵机体时,能够刺激机体产生相应的抗体细胞,在众多抗体细胞中,只有那些能够识别抗原的抗体细胞,才能获取被免疫系统选择并进行大量繁殖的资格,而那些不能识别抗原的抗体细胞一般没有继续繁殖的机会。对成熟检测器的克隆扩增策略以克隆选择学说为理论基础,可使免疫系统更快更有效地做出反应。采用 6.2.1 节给出的克隆扩增策略对成熟检测器实施克隆扩增,在这一过程中,一些最佳的个体将被保留下来并产生更多的后代。

6.2.3　基于克隆扩增策略的免疫算法分析

基于克隆扩增策略的免疫算法(ImmuneCE)对未成熟检测器的实时补入,增强了检测器的多样性,同时也解除了未成熟检测器与成熟检测器在数量上的约束关系,为改善算法检测率提供了条件。通过对成熟检测器进行有效性评估来确定检测器的克隆规模,使有效性高的检测器获得克隆资格。对高有效性检测器实施克隆扩增策略,有助于扩大成熟检测器群体的数量和质量,使更多的优质成熟检测器有机会成为记忆检测器,最终提高算法的检测率,抑制误检率。

设检测器群体 I、M、R 规模分别为 i、m、r,则初始未成熟检测器群体 I 经自体耐受成为成熟检测器的计算频率为 i,当初始未成熟检测器群体完成自体耐受后,仅当有新的未成熟检测器补入或者实施新的抗原提呈时,未成熟检测器才进行自体耐受;记忆检测器群体 R 进行抗原检测的计算频率为 r;成熟检测器群体 M 进行抗原检测的计算频率为 m;在对成熟检测器实施克隆扩增策略的过程中,假设经有效性评估,有 n 个成熟检测器获得克隆资格,平均每个成熟检测器产生 k 个克隆体,则对克隆体实施变异的计算频率为 $n \times k$。所以,算法总的计算频率为 $i+r+m+n \times k$,算法的计算复杂性为 $o(i+r+m+n \times k)$,呈非线性,这是算法需要改进的地方。

6.2.4　实验及分析

使用异步电动机的定子绕组匝间短路故障对所提出的基于克隆扩增策略的免疫算法进行测试。通过对三相定子电压、电流进行实时监测,再计算出三相正、负序阻抗,根据三相电流和阻抗对称与否判别匝间短路故障。

采集某一时间片内的数据集作为训练和测试数据集。从数据集中选取 860 条正常状态数据分成数量为 306、274 和 280 的三组,同样选取 539 条定子绕组匝间短路故障数据分成三组,数量分别为 197、169 和 173。从上述分组中选择两组数据,一组是自体数据集,另一组是非自体数据集,随机地从这两组数据中选择 80% 的数据进行抗原提呈。在经历 N 代进化后重新选择两组新的数据进行抗原提呈,3N 代后,循环使用前两组数据,即循环选择抗原提呈的数据组。这样可以保证每经历 N 代即按新的分布提呈抗原。采用两组不同的参数对 ImmuneCE 和传统 DynamiCS 进行对比分析,所有实验进化代数均设为 2000 代,重复执行 10 次。

当参数 $T=10$,$A=15$,$L=20$ 和 $T=30$,$A=5$,$L=10$ 时,ImmuneCE 和 DynamiCS 检测率与误检率对比关系如图 6.4 和图 6.5 所示。图中,TP1 和 FP1 为 ImmuneCE 的检测率和误检率;TP2 和 FP2 为 DynamiCS 的检测率和误检率。两图均显示 ImmuneCE 的检测率要高于 DynamiCS,且其误检率低于 DynamiCS。

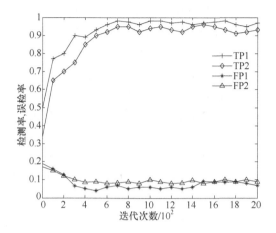

图 6.4　TP 及 FP 对比关系($T=10, A=15, L=20$)

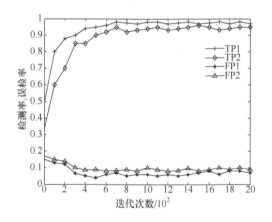

图 6.5　TP 及 FP 对比关系($T=30, A=5, L=10$)

　　对比两图可发现,两种算法在改变参数时,检测率和误检率都发生了波动,且 DynamiCS 对参数的敏感性较之 ImmuneCE 强烈。进一步分析可以发现:DynamiCS 中成熟检测器群体仅依靠未成熟检测器自体耐受产生,造成成熟检测器的数量和质量不能满足检测要求,成为制约检测率提高的瓶颈。ImmuneCE 对成熟检测器的克隆扩增策略可以在适当提高成熟检测器数量的同时,有效提高成熟检测器的质量,进一步地提高记忆检测器的质量,最终使得检测率得以提高。

　　增加未成熟检测器的耐受期(T)可使未成熟检测器对抗原充分学习,有助于降低 FP,而对于 DynamiCS,增加耐受期(T)却会降低 TP,原因在于增加耐受期(T)使得未成熟检测器的生存期变长,由此未成熟检测器群体的数量得以增加。而DynamiCS中非记忆检测器的数目是确定的,这就使得受激后成为记忆检测器的候选种群——成熟检测器群体的数目减少,从而最终降低了记忆检测器群体的数量和质量。成熟检测器与记忆检测器群体的质量直接影响着对抗原(包括自体和非自体)的匹配概率。ImmuneCE通过对高有效性的检测器实施克隆扩增策略,提高了成熟检测器群体的质量,在抑制FP的同时,提高了TP。

两算法中记忆检测器的形成均是通过对达到激活阈值的成熟检测器进行协同刺激完成的,激活阈值(A)的降低可增加成熟检测器群体达到激活阈值(A)的数量,从而直接提高记忆检测器群体的数量,使得记忆检测器群体对抗原的匹配概率得以提升,即提高了TP。而激活阈值(A)的降低也会致使记忆检测器的质量下降,最终使得FP提高。

成熟检测器生命期(L)的增加显然有助于增加成熟检测器群体的数量,同时也使得成熟检测器有更多的机会匹配抗原,这都会增加成熟检测器成为记忆检测器的可能性,从而无形中增加了记忆检测器群体的数量,由此使TP得以提高。而对于DynamiCS,成熟检测器数量的增加会导致未成熟检测器数量的减少,最终导致其FP的提高。ImmuneCE改变了未成熟检测器的补入条件,解除了未成熟检测器与成熟检测器在数量上的制约关系,在提高TP的同时有效抑制了FP。

6.3　基于分级记忆策略的免疫算法

针对系统运行环境的动态性,国内外研究者基于免疫机理,设计了相应的算法和模型。主要研究成果涉及:Hofmeyr[156]于1999年对人工免疫系统进行有益扩充,扩充后的人工免疫系统可对系统环境中出现的新状况进行学习,产生新的检测器进行异常检测。Kim和Bentley受Hofmeyr研究成果的启发提出动态克隆选择算法,通过动态地学习自体和预测非自体对不断变化的网络入侵行为进行实时检测。王亮只[157]提出使用平衡二叉树,对DynamiCS中存在的重复记忆检测器问题予以解决,设计了实值空间动态克隆选择算法(DynamiR-VCS)。

本节针对传统免疫算法在故障检测中存在的稳定性低、检测性能差等问题,基于克隆选择和免疫记忆机理,提出一种人工免疫系统算法。该算法进一步调整了未成熟检测器的补入方式,应用了对检测器进行有效性评估的机制;

提出依据评估结果,对记忆检测器实施分级策略,并对不同级别的检测器子群体施以不同的进化策略。

6.3.1 免疫记忆机理

当抗原入侵机体时,免疫系统会实施一系列的抵御措施,这一过程称为免疫应答,包括固有免疫应答和适应性免疫应答两种类型,本节主要探讨和应用适应性免疫应答的产生过程。依据所受抗原刺激的不同,适应性免疫应答可分为初次应答和二次应答。由抗原首次入侵机体时触发免疫系统做出的反应即为初次应答,此过程抗原浓度较高、抗体浓度较低,系统清除入侵抗原的能力较弱,需较长时间。在初次应答过程中,免疫系统将部分细胞分化成浆细胞,用以产生抗体消灭本次入侵的抗原,而有的细胞则将留存为记忆细胞,用以抵御下一次的抗原攻击。在抗原刺激消除后,抗体应答也将随之消退,当相同抗原再次入侵机体时就会诱发二次应答。与初次应答相比,由于免疫记忆细胞的存在,二次应答能更快地对抗原刺激做出回应,细胞分化速度快,抗体浓度可迅速提升,免疫系统能够更为快速有效地消灭入侵抗原。

记忆细胞学说在人工免疫系统的研究中有着广泛应用,但诸多免疫算法中引入的记忆策略有别于自然免疫系统的记忆机制。人工免疫系统中的记忆检测器多为静态的,有着无限的生命周期。而自然免疫系统中的记忆可依据抗原刺激强度进行动态的调整,适时删除部分记忆检测器。记忆检测器的消失也就意味着其所携带信息的消失,如果能够通过某种途径延长记忆时间,就可有效保存系统进化过程中获得的信息,这将在很大程度上提高系统性能。

记忆细胞可提供快速有效的非自体抗原检测,在人工免疫系统的进化过程中,那些具有较强生命力的检测器将被挑选组成记忆检测器群体,记忆检测器拥有类似于记忆细胞的多种优良特性。在故障诊断领域,对于常发性故障,保留系统在故障诊断过程中的信息将在很大程度上提高系统诊断速度和诊断准确率。但有些故障是突发性的,故障恢复后,在未来很长一段时间内发生同类故障的概率很低,保留此类故障信息对系统的诊断效率不会有太大帮助,还要占用系统存储空间。系统应该能够挑选出那些有利于做出诊断结论的信息予以保留。

经上述分析可知,如何选择需要保留的信息,如何删除无用信息,以及如何有效利用诊断过程中留存下来的宝贵经验成为算法研究中的重要方向。因此,一种有效的记忆检测器生成和淘汰策略将有助于进一步提高系统性能。

6.3.2　基于分级记忆策略的免疫算法设计

人工免疫系统模型是在生物免疫学基础上建立起来的,其检测器从产生到死亡应充分借鉴生物免疫系统中免疫细胞的生命历程。新生的免疫细胞需要经历自体耐受方可成为成熟的免疫细胞,从而进入免疫循环,若亲和力成熟则有增殖和被激活为记忆细胞的机会,以便更为有效地消灭入侵抗原。免疫系统在进化过程中,会发生一系列免疫细胞的再生和淘汰操作,这一新老细胞的更替过程可确保免疫细胞群体的多样性及其对非自体抗原敏锐的搜索能力。在免疫系统中,记忆细胞拥有较长的生命周期,可迅速消灭再次入侵的抗原,并可被激活增生新的免疫细胞。部分新生细胞将直接转换为成熟细胞,另有部分细胞将通过变异、耐受操作入围成熟细胞群体。

在实际的系统运行环境中,新的行为模式会不断产生,要确保故障检测系统告警的准确性,需对系统当前行为模式做出快速准确的判断。记忆检测器在非自体抗原检测中扮演着重要角色,记忆检测器的高有效性将在很大程度上改善故障检测系统的性能。在记忆检测器群体中,对于第 N 代的行为模式,某些检测器显现出高有效性,而有些检测器则与非自体抗原完全不匹配,但在第 N 代显现低有效性的检测器群体中,有部分检测器确在第 $N+i$ 代显现出高有效性。基于此,提出了基于分级记忆策略的免疫算法。

1. 初始检测器的生成

新生的免疫细胞主要产生于胸腺和骨髓,通过复杂的进化机制,在经历一些必要的变换后方可进入免疫循环,消灭入侵机体的非自体抗原。在人工免疫系统中,未成熟的免疫细胞需经历自体耐受来完成由未成熟到成熟细胞的转换过程,否定选择算法可实现对免疫细胞成熟过程的模拟。算法在首次迭代时,记忆检测器集为空集,从训练抗原集中随机抽取部分自体抗原,将其变异体作为未成熟检测器,以降低由未成熟检测器到成熟检测器的计算量,提高检测器的进化比例,从而缩短进化时间,提高收敛速度;另随机生成部分检测器补入未成熟检测器集 I,以增强种群多样性。

2. 记忆检测器的分级记忆策略

免疫系统应该能够对再次入侵机体的非自体抗原进行快速清除,还要有效识别新入侵的抗原并迅速做出应答。系统可通过免疫记忆机制存储遭遇过的抗原信息,以便迅速应答入侵的同类抗原。免疫系统的二次应答还要适应首次入侵抗原的变化,也就是说,当免疫系统遭遇那些在初次应答中出现的类似抗原的入侵时,应做出二次应答。这就需要对免疫记忆细胞施以一定的进化机制,使其适应并能快速应对入侵抗原的变异体。绝大多数记忆细胞拥有较长的生命期限,这就造成一段时间内,记忆细胞的数量激增,甚至超出系统的存储容量,所以需要及时对免疫细胞群体中的低效记忆细胞进行处理,以改善应答效率、提高系统性能。记忆检测器分级记忆策略的流程如图 6.6 所示。

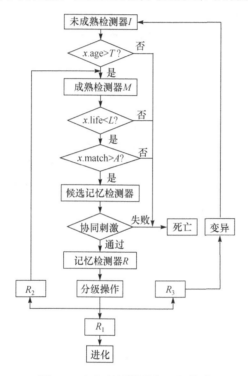

图 6.6　记忆检测器分级记忆策略

　　免疫记忆是一种复杂的防御机制,虽然科学界对其做出的分析和解释尚不是很明确,但也产生了丰富的研究成果。Yates、Callard 以及诸多学者从不同角度对免疫记忆的研究表明,在个体的生命周期内,其记忆细胞群体的数量基本保持不变,且记忆细胞群体数量的保持不是静态的,而是一个新的记忆细胞不断产生,以及缺少抗原刺激的记忆细胞不断死亡的动态过程。虽然有诸多的研究揭示了记忆细胞群体数量的稳定性,但鲜有文献探讨记忆细胞所具记忆特性的优劣。本节依据所提出的有效性评估机制,对检测器特性的优劣进行评价,并根据评估结果对记忆检测器群体 R 实施分级操作,以期提高系统检测性能。

1）检测器分级

根据式（6.1）对记忆检测器群体 R 进行有效性评估，并将评估结果按有效性高低进行降序排列，按 $7:2:1$ 的比例将记忆检测器群体 R 分成三个子群体 R_1、R_2、R_3，显然有 $R_1 \cup R_2 \cup R_3 = R$。对 R_1、R_2、R_3 分别实施下述操作：①检测器子群体 R_1 保留为记忆检测器，并以概率 P 对 R_1 中检测器实施直接进化策略；②将 R_2 中的检测器 $x_i(i=1,2,\cdots,n)$ 映射到 M，以对其进行重新测试评估；③R_3 作为未成熟检测器的虚拟基因库，将 R_3 中检测器的变异体补入 I。

2）R_1 的进化策略

算法对优质的记忆检测器实施克隆操作，由克隆操作产生的检测器应该能够与联想的非自体抗原匹配。联想的非自体抗原是指拥有一些先前的检测器检测出的自体抗原模式，但并不与其完全相同。换句话说，克隆出的检测器应该能够尽快检测出新的非自体抗原。R_1 是记忆检测器群体 R 中对当前环境适应性最强、检测有效性最高的检测器群体，对 R_1 的直接进化既消除了由 M 到 R 过程中的协同刺激，又可使系统快速检测当前系统中存在的故障。为了使记忆检测器的进化朝着已经存在的非自体抗原进行而不与自体抗原绑定，算法对记忆检测器的克隆体实施变异操作，以使检测器有更多的机会匹配新的非自体抗原，由此逃脱现存自体的小生境。

以概率 P 对检测器子集 R_1 实施克隆操作 $C(R_1)$，设经过克隆操作后所得检测器集合为 R_1'：

$$R_1' = C(R_1) = [C(x_1), C(x_2), \cdots, C(x_t)]^{\mathrm{T}} \tag{6.10}$$

其中，$C(x_i) = \lambda_i \times x_i$，$\lambda_i$ 为 ζ_i 维行向量，ζ_i 为检测器个体的克隆规模：

$$\zeta_i = \mathrm{round}(\alpha \times \beta \times N) \tag{6.11}$$

其中，α 是调节因子；β 是繁殖因子；N 是现有记忆检测器的总数量：

$$\beta = \frac{p(x)}{d(x)} \tag{6.12}$$

其中，$p(x)$ 为检测器的有效性；$d(x)$ 为检测器浓度。则克隆出的检测器的总体数量为

$$N_c = \sum_{i=1}^{n} \mathrm{round}(\alpha \times \beta \times N) \tag{6.13}$$

对克隆操作后的检测器群体实施变异,在人工免疫系统中对克隆体实施变异是必需的,变异操作可使免疫系统具有可扩展性、动态适应性和自学习的能力,使免疫系统能够快速有效地识别抗原。免疫系统中现存抗体的变异体并不能进行隔代遗传,而克隆选择和高频变异的学习结果却可以间接影响人工免疫系统中几代间的基因库进化。即便变异体的有益基因未被直接继承,抗体产生更多有益抗体的能力也可通过与抗原的战争得以存活,从而间接决定了抗体的进化方向。此处采用高斯变异,高斯变异可产生位于原始检测器附近的变异,具有较强的局部搜索能力,并可保留原始检测器的种群信息。

对检测器 $x_i(i=1,2,\cdots,n)$ 的分量 $x_i(j)$ 进行如下操作:

$$x_i'(j)=x_i(j)+\eta_i'(j) \cdot N(0,1) \tag{6.14}$$

$$\eta_i'(j)=\eta_i(j) \cdot \exp(\tau' \cdot N(0,1)+\tau \cdot N_i(0,1)) \tag{6.15}$$

其中,$x_i(j)$、$x_i'(j)$、$\eta_i(j)$、$\eta_i'(j)$ 分别表示向量 a_i、a_i'、η_i、η_i' 的第 j 个分量;$N_i(0,1)$ 表示对应每一个 j 所产生的正态随机数,$N(0,1)$ 是满足均值为 0、方差为 1 的正态随机变量;τ 和 τ' 分别取 $(\sqrt{2\sqrt{n}})^{-1}$ 和 $(\sqrt{2n})^{-1}$ 为参数值。

3) R_2 的进化策略

设备运行状态的实时变化性可能造成 t_1 时刻的故障类型与 t_2 时刻的故障类型有较大差异,却与 t_3 时刻的故障类型类似。基于此,将记忆检测器子群体 R_2 映射到成熟检测器群体 M 中,在经历数代进化后,若其与当前环境匹配,则可重新入选为记忆检测器。此操作将在很大程度上降低误诊事件的发生,此外这部分检测器无须经历由 I 到 M 的进化过程,有利于提高收敛速度。

4) R_3 的进化策略

撤销记忆检测器子群体 R_3 的检测功能,将其作为未成熟检测器的虚拟基因库。R_3 中检测器保留了进化过程中的有用信息,有助于寻找新的非自体小生境。在补入 I 之前,对其实施局部逃逸能力较强的均匀变异。

在区间 $[a_i,b_i]$ 上随机选取一个值 Δx,叠加至检测器 $x_i(i=1,2,\cdots,n)$ 的分量 $x_i(j)$,即 $x_i'=x_i+\Delta x$,若变异体 x_i' 超出了定义区间,则将其删除。

通过变异可在很大程度上消除 R_3 中检测器的自体信息,变异体加入未成熟检测器群体 I 中,将减少未成熟检测器的淘汰率,缩短自体耐受过程。

3. 未成熟检测器的补入

人工免疫系统的进化策略所追求的目标就是使得大量且动态变化的抗原被相对少的抗体覆盖,将人工免疫系统在其生命期内的学习结果间接反馈给未成熟检测器群体,使其在进化过程中所获得的多样性抗体能尽量覆盖一个模糊的抗原空间。因此,采用两种方式对 I 进行补入,一种方式是将 R_3 变异所得检测器补入 I,由变异产生的新检测器可以更好地覆盖非自体抗原,且避免了对自体抗原的覆盖。虽然 R_3 检测器群体对非自体的检测效率较低,但是检测器在成为记忆检测器的过程中拥有先前抗原集的有效信息。通过变异对它们进行重利用,可有效地保留进化信息,并使系统朝着更好的方向进化。此种方式具有一定的导向作用,有助于加快算法收敛。另一种方式是补入随机产生的检测器,有助于保持种群多样性。具体描述如下:

```
if(R₃>0)
{   从 R₃ 中随机选择一个检测器 xᵢ(i=1,2,…,n),对其进行均匀变异;
    将变异所得检测器 xᵢ'(i=1,2,…,n)补入 I;
}
else
{   随机产生一个未成熟检测器 xᵢ(i=1,2,…,n);
    将检测器 xᵢ(i=1,2,…,n)补入 I;
}
```

4. 算法描述

基于分级记忆策略的免疫算法由记忆检测器群体 R、成熟检测器群体 M 和未成熟检测器群体 I 协调工作,可适应动态改变的抗原集合。检测系统边检测边学习,通过对抗原的动态学习实现对检测器群体的动态更新。具体描述如下:

(1) 初始检测器群体的产生。

(2) 群体循环:

① 由 R 检测抗原;对 R 进行有效性评估并实施分级策略;将检测到的新抗原提呈给 M。

② 由 M 检测抗原;产生新的记忆检测器;删除达到生命期的成熟检测器;将检测到的新抗原提呈给 I。

③ 由 I 检测抗原;删除与自体抗原匹配的检测器;产生新的成熟检测器。

④ 补入未成熟检测器。

(3) 判断是否满足结束条件,若满足则终止迭代;否则执行步骤(2)。

6.3.3 基于分级记忆策略的免疫算法分析

1. 算法收敛性分析

在算法的相关研究工作中,收敛性问题是一个基本理论问题,通常将其作为评价算法的重要指标之一,收敛性对算法的实现具有重要意义。本算法的目标是从初始检测器群体中,提取出检测设备故障的最优检测器集合。参照文献[158]中对算法收敛性的相关定义和证明,给出所提出免疫算法的收敛性分析。

将算法描述为一随机搜索序列$\{\mathrm{Ab}(k), k \geq 0\}$,$\mathrm{Ab}(0)$为初始检测器群体,$\mathrm{Ab}^*$为最优检测器集合。

定义 6-9 若序列$\{\mathrm{Ab}(k), k \geq 0\}$满足:$\lim\limits_{k \to \infty} P(\mathrm{Ab}(k) \bigcap \mathrm{Ab}^* \neq \varnothing) = 1$,则称此序列概率弱收敛。

定理 6-1 对于任意初始状态$\mathrm{Ab}(0)$,基于分级记忆策略的免疫算法(ImmuneMC)是概率弱收敛的。

证明:

$$P(\mathrm{Ab}(k+1) \bigcap \mathrm{Ab}^* = \varnothing)$$
$$= P(\mathrm{Ab}(k+1) \bigcap \mathrm{Ab}^* = \varnothing \mid \mathrm{Ab}(k) \bigcap \mathrm{Ab}^* = \varnothing) P(\mathrm{Ab}(k) \bigcap \mathrm{Ab}^* = \varnothing)$$
$$+ P(\mathrm{Ab}(k+1) \bigcap \mathrm{Ab}^* = \varnothing \mid \mathrm{Ab}(k) \bigcap \mathrm{Ab}^* \neq \varnothing) P(\mathrm{Ab}(k) \bigcap \mathrm{Ab}^* \neq \varnothing)$$

根据算法中最优检测器搜索过程显然有

$$P(\mathrm{Ab}(k+1) \bigcap \mathrm{Ab}^* = \varnothing \mid \mathrm{Ab}(k) \bigcap \mathrm{Ab}^* \neq \varnothing) = 0$$

则

$$P(\mathrm{Ab}(k+1) \bigcap \mathrm{Ab}^* = \varnothing)$$
$$= P(\mathrm{Ab}(k+1) \bigcap \mathrm{Ab}^* = \varnothing \mid \mathrm{Ab}(k) \bigcap \mathrm{Ab}^* = \varnothing) P(\mathrm{Ab}(k) \bigcap \mathrm{Ab}^* = \varnothing)$$

设

$$\zeta = \min P(\mathrm{Ab}(k+1) \bigcap \mathrm{Ab}^* \geq 1 \mid \mathrm{Ab}(k) \bigcap \mathrm{Ab}^* = \varnothing)$$

则

$$P(\mathrm{Ab}(k+1) \bigcap \mathrm{Ab}^* \geq 1 \mid \mathrm{Ab}(k) \bigcap \mathrm{Ab}^* = \varnothing) \geq \zeta > 0$$

由此可得

$$P(\mathrm{Ab}(k+1) \bigcap \mathrm{Ab}^* = \varnothing \mid \mathrm{Ab}(k) \bigcap \mathrm{Ab}^* = \varnothing)$$
$$= 1 - P(\mathrm{Ab}(k+1) \bigcap \mathrm{Ab}^* \neq \varnothing \mid \mathrm{Ab}(k) \bigcap \mathrm{Ab}^* = \varnothing)$$
$$= 1 - P(\mathrm{Ab}(k+1) \bigcap \mathrm{Ab}^* \geq 1 \mid \mathrm{Ab}(k) \bigcap \mathrm{Ab}^* = \varnothing)$$
$$\leq 1 - \zeta < 1$$

因为

$$0 \leqslant P(\mathrm{Ab}(k+1) \bigcap \mathrm{Ab}^* = \varnothing) \leqslant (1-\zeta) P(\mathrm{Ab}(k) \bigcap \mathrm{Ab}^* = \varnothing)$$
$$\leqslant (1-\zeta)^2 P(\mathrm{Ab}(k-1) \bigcap \mathrm{Ab}^* = \varnothing)$$
$$\cdots$$
$$\leqslant (1-\zeta)^{k+1} P(\mathrm{Ab}(0) \bigcap \mathrm{Ab}^* = \varnothing)$$

且有

$$\lim_{k \to \infty}(1-\zeta) = 0, \quad 0 \leqslant P(\mathrm{Ab}(0) \bigcap \mathrm{Ab}^* = \varnothing) \leqslant 1$$

所以

$$0 \leqslant \lim_{k \to \infty} P(\mathrm{Ab}(k) \bigcap \mathrm{Ab}^* = \varnothing)$$
$$\leqslant \lim_{k \to \infty}(1-\zeta)^{k+1} P(\mathrm{Ab}(0) \bigcap \mathrm{Ab}^* = \varnothing) = 0$$

所以

$$\lim_{k \to \infty} P(\mathrm{Ab}(k) \bigcap \mathrm{Ab}^* = \varnothing) = 0$$

因此可得

$$\lim_{k \to \infty} P(\mathrm{Ab}(k) \bigcap \mathrm{Ab}^* \neq \varnothing) = 1$$

证得随机序列 $\{\mathrm{Ab}(k), k \geqslant 0\}$ 弱收敛,因算法被描述为一随机搜索序列 $\{\mathrm{Ab}(k), k \geqslant 0\}$,所以基于分级记忆策略的免疫算法是概率弱收敛的。

定理成立,证毕。

2. 算法复杂性分析

设检测器群体 I、M、R 规模分别为 i、m、r,则初始未成熟检测器群体 I 经自体耐受成为成熟检测器的计算频率为 i,当初始未成熟检测器群体完成自体耐受后,仅当有新的未成熟检测器补入或者实施新的抗原提呈时,未成熟检测器才进行自体耐受;成熟检测器群体 M 进行抗原检测的计算频率为 m;记忆检测器群体 R 进行抗原检测的计算频率为 r;在对检测器子群体 R_1 实施直接进化策略的过程中,假设有 n 个检测器获得进化资格,平均每个检测器产生 k 个克隆体,则对克隆体实施变异的计算频率为 $n \times k$;假设对未成熟检测器的补入有 h 个检测器来源于 R_3 的变异体,则获得变异体的计算频率为 h。所以,算法总的计算频率为 $i+r+m+n \times k+h$,算法的计算复杂性为 $o(i+r+m+n \times k+h)$,呈非线性,这是算法需要改进的地方。

6.3.4　实验及分析

1. 实验方案

为检验算法性能,将所提出的分级记忆策略的免疫算法 ImmuneMC 与经典的动态克隆选择算法 DynamiCS、实值空间动态克隆选择算法 DynamiR-VCS[157] 进行对比实验。设计方案如下:

（1）选取同一故障特征数据集进行故障检测。

（2）对比内容包括检测率、误检率、收敛速度、稳定性等。

（3）选用轴承的部分故障类型的故障样本数据进行仿真实验，实验中用到的轴承故障类型如表 6.1 所示。

表 6.1　故障状态集

序号	状态	故障
1	S1	电机正常
2	S2	轴承内圈故障
3	S3	轴承滚珠故障
4	S4	轴承重度滚珠
5	S5	轴承重度滚珠与重度内圈复合故障

（4）从故障样本集中抽取 486 条正常（自体）数据，将其划分成数量为 186、143 和 157 的三组数据，抽取 219 条故障（非自体）数据分成三组，数量分别为 76、92 和 51。从上述分组中选择两组数据，一组自体数据集，一组非自体数据集，随机地从这两组数据中选择 80% 的数据进行抗原提呈。在经历 N 代进化后重新选择两组新数据进行抗原提呈；$3N$ 代后，循环使用前两组数据，即循环选择抗原提呈的数据组，以保证算法每经历 N 代即按新的分布提呈抗原。所有实验进化代数均设为 2000 代，重复执行 30 次。

2. 实验结果及分析

ImmuneMC、DynamiCS、DynamiR-VCS 检测率和误检率对比关系如图 6.7 和图 6.8 所示。

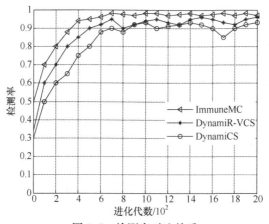

图 6.7　检测率对比关系

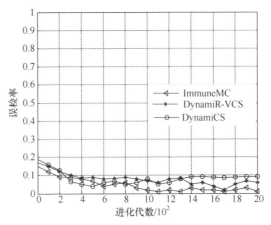

图 6.8　误检率对比关系

从图 6.7 可以看出,ImmuneMC 进化到 500 代时,检测率渐趋稳定,其收敛速度明显高于 DynamiCS、DynamiR-VCS。原因在于 ImmuneMC 初始检测器的生成引入了自体抗原的变异体,使得检测器更易通过自体耐受,提高了检测器的进化比例,缩短了进化时间,加快了算法收敛。当自体集和非自体集发生突变时,DynamiCS、DynamiR-VCS 的适应性较差,两种算法检测率都有不同程度的振荡现象。ImmuneMC 的检测率则比较平稳,因在分级操作中所获得的 R_1 是当前环境中检测性能最好的记忆检测器群体,对其进行小范围的克隆扩增,大大缩短了检测器由未成熟到记忆的进化时间,可使系统快速检测到当前环境中出现的故障,同时也维持了记忆检测器群体的稳定性。

从图 6.8 可以看出,ImmuneMC 的误检率要明显低于 DynamiCS、DynamiR-VCS。ImmuneMC 的分级操作将 R_2 退化为成熟检测器,以对 R_2 中检测器进行重新测试,若其在第 $N+i$ 代显现良好的检测特性,则有机会再次成为记忆检测器,这一方面降低了其在第 N 代潜在的误诊断,另一方面也避免了对有效记忆检测器的直接删除,减少了不必要的检测器删除和生成过程,降低了算法计算量,提高了算法执行效率。R_3 记忆检测器群体对当前环境的检测性能最低,将其检测功能撤销在很大程度上避免了误诊事件的发生,而其变异体必然会保留其在进化过程中的有用信息,将其变异体补入未成熟检测器群体既加快了算法收敛,也提高了系统诊断效率。

6.4　基于扩增和记忆策略的故障诊断模型

随着机电设备规模的不断扩大,部件结构也在越来越复杂,设备故障的发生不可避免。为了尽快恢复系统的正常运行状态,应快速准确地诊断出发生的故障。故障诊断需要掌握充分的设备运行信息,而异常的发生具有不确定性,系统运行数据具有一定的动态变化性,这进一步增加了故障诊断的难度,也要求故障诊断系统具有一定的动态适应性和自学习的能力。当系统结构发生变化时,诊断系统仍能对设备的运行状态给出正确的诊断结论。

　　免疫系统精妙复杂,其所具有的分布式、自适应、自组织和多样性等特性以及强大的学习和记忆能力,使其对动态环境下的故障检测和诊断拥有很大的发展潜力。针对设备运行环境的动态变化性以及设备故障发生的不确定性,本节应用生物免疫系统中的否定选择、克隆选择、高频变异、免疫学习和免疫记忆等多种机制,提出基于免疫原理的故障诊断模型。如图 6.9 所示,模型主要包括学习和诊断两个过程,在检测器的训练学习过程中,成熟检测器库和记忆检测器库的进化分别引入了所提出的克隆扩增策略和分级记忆策略。

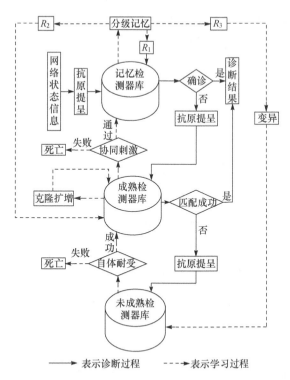

图 6.9　故障诊断模型

6.4.1　数据处理与特征分析

　　本实验以异步电动机为对象,根据电机出现故障时振动频率、电流频率和瞬时功率频率的变化分析可知,当电动机处于正常运行状态和故障状态时,其振动频率、电流频率和瞬时功率频率的分布有很大差别。电动机处于故障状态时,这些信号中某些频带内信号能量减小,而另外一些频带内信号能量增大,因此在各频率成分信号的能量中包含着丰富的故障信息,某种或某几种频率成分能量的改变即代表了一种故障情况。基于以上分析,采用“能量-故障”的故障诊断模式识别方法,利用各频段成分能量的变化来诊断故障。利用这一特征就可以建立能量变化到电机故障的映射关系,得到表征电机故障的特征向量。选择合适的能量特征化向量对电机故障进行特征化,可以得到每一种电机故障的特征向量。

　　表6.2是电机正常、鼠笼有一根断条,以及轴承磨损和鼠笼有一根断条同时发生时在某些故障特征低频段的能量对照,可以看出其能量值有很大差别,可以作为特征值进行故障的诊断。

表 6.2　电机正常和故障时电流的能量对照(单位:dB)

频段　　状态	S_0	S_1	S_4	S_5	S_{10}	S_{11}	S_{12}	S_{13}
电机正常	22	2	0.5	1.2	0.1	0.34	0.006	0.005
转子鼠笼断一根	55	5	1.3	3.7	0.27	1	0.017	0.019
转子鼠笼断一根、轴承磨损复合故障	316	30	8	22	2	6	0.14	0.23

　　将选定的表征故障特征的参数值进行数据处理,并组成特征向量,作为样本数据集。在完成对系统相关配置信息的设置后,将鼠笼有一根断条以及轴承磨损和鼠笼有一根断条的复合故障作为未知故障,用于系统的连续学习。

　　设定抗原表示为$(S_{1i},S_{2i},S_{3i},S_{4i},S_{5i},S_{6i},S_{7i})$,为方便起见,抗体结构中加入故障编号$x$,设定为$(S_{1i},S_{2i},S_{3i},S_{4i},S_{5i},S_{6i},S_{7i},x)$。在完成对系统相关配置信息的设置后,故障诊断系统首先对已知的故障状态样本进行离线学习,将学习过程中生成的检测器保存于相应的检测器库中。在故障诊断阶段,使用转子偏心故障状态信息完成对已知故障诊断效果的验证。最后将转子鼠笼有一根断条以及转子鼠笼有一根断条和轴承磨损复合故障作为未知故障,用于系统的连续学习。

1. 参数设置

检测器群体的数量和质量对系统的检测效率有很大影响,下面对与此相关的几个重要参数进行讨论。

1) 未成熟检测器的耐受期 T

如果耐受期较长,则未成熟检测器可以经历比较全面的抗原分布,这将使误检率降低到一个比较理想的水平。但另一方面,较大的 T 值使得未成熟检测器的生存期变长,从而影响成熟检测器的生长,最终导致检测率的降低。因为耐受期对误检率的影响比其对检测率的影响要大,可以给未成熟检测器设定一个比较长的耐受期,但耐受期无需太长,否则会影响系统的学习效率。此处设定未成熟检测器的耐受期为 30。

2) 成熟检测器的生命周期 L

较大的 L 值可使成熟检测器拥有较长的存活时间,使其有机会经历更多的非自体抗原,更好地学习各个抗原簇内的抗原分布,从而提高成熟检测器的质量。成熟检测器数量和质量的增加可获得更高的受激频率,有助于提高系统的检测率。但考虑到设备系统的实时变化性所引起的抗原分布不断变化,太长的生命周期只会拥有数量庞大的成熟检测器,却没有几个高质量的检测器可被激活。此处设定成熟检测器的生命周期为 10。

3) 成熟检测器的激活阈值 A

较高的激活阈值将使成熟检测器的进化更为严格,从而获得高质量的记忆检测器群体,但 A 值过高会降低成熟检测器的受激频率,使得记忆检测器数量较少,造成进化信息不能得到有效保存。可对成熟检测器施以一个比较宽松的激活条件,尽量保存系统运行过程中的有用信息,对于一些低效检测器可以通过分级记忆策略将其淘汰。但 A 值的设定也不可太低,因为较低的激活阈值会在一定程度上影响检测器的质量,使得记忆检测器的生成和淘汰过于频繁。此处设定成熟检测器的激活阈值为 5。

2. 检测器训练

在离线学习阶段,主要是对收集的故障样本进行训练,生成相应的成熟检测器集合,以实现对设备故障的有效检测。从训练样本集中抽取部分正常和故障状态下的数据作为初始的未成熟检测器,未成熟检测器需经历自体耐受才有机会加入成熟检测器集合,与自体数据匹配的检测器则被删除。

6.4.2　故障检测与学习

1. 故障检测

在经历了上一阶段的离线学习后,此时成熟检测器库已不为空,将接收到的系统信号提呈给成熟检测器库。以转子偏心的故障状态为例,将抗原 $(0.1000,0.3724,0.0367,0.0000,0.0000,0.3256,0.0000)$ 提呈给成熟检测器库,其与库中成熟检测器 $(0.1000,0.3454,0.0317,0.0000,0.0000,0.3206,0.0000,-1)$ 的亲和力最高,达到 0.8962,大于预设,系统将发出报警信号,更改检测器中预设的故障类型,并令检测器与抗原的匹配次数 $x. \text{match}$ 加 1。

检测器在进化过程中,检测能力将发生很大变化,某些检测器的检测能力得以提升,而有些检测器则丧失了检测能力。执行克隆扩增策略,以实现对成熟检测器进一步的学习和优化。在一代进化中,在成熟检测器附近,根据有效性评估的评估结果,产生一个变异检测器群体,扩大其搜索空间。如果成熟检测器与抗原的匹配次数达到激活阈值并且其寿命还未终结,则将其存入记忆检测器库。仍然以转子偏心的故障信息为例,与其对应的成熟检测器 $(0.1000,0.3454,0.0317,0.0000,0.0000,0.3206,0.0000,4)$ 受激后,将被存入记忆检测器库。

此后,监测信号将首先提呈给记忆检测器库。当再次提呈抗原 $(0.1000,0.3724,0.0367,0.0000,0.0000,0.3256,0.0000)$ 时,记忆库中的检测器可迅速检测出此故障并给出诊断结论。

系统运行过程中,成熟检测器库和记忆检测器库中的检测器浓度都会发生变化,库中近期频发故障的检测器浓度较高,有利于快速诊断发生的故障。图 6.10 给出了与转子偏心的故障状态相对应的检测器浓度变化。经过一段时间的学习后,系统提取出满足条件的成熟检测器,将其保存于记忆库中。记忆检测器的生命周期较长,检测器浓度变化比较平缓。成熟检测器受抗原刺激影响较大,其浓度变化的幅度也比较大。克隆扩增策略进一步提高了受激程度较高的成熟检测器的浓度,且避免了频发故障在较长一段时间内没有发生而造成的信息丢失,当此类故障再次发生时,在较长的一段时间内无须对其进行重新学习。

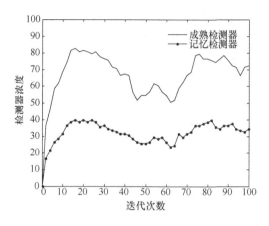

图 6.10　检测器浓度变化曲线

2. 连续学习

实际的设备运行环境会不断产生新的问题与故障,使得诊断系统所面临的抗原每天都有所不同,更重要的是在系统运行中,当前被视为正常的行为在某一天可能被视为异常。因此,应使系统先对一个小的自体集进行学习,若系统运行过程中出现新的故障状态,则对各检测器库进行更新。

以转子鼠笼有一根断条以及转子鼠笼有一根断条和轴承磨损复合故障为例,说明系统的连续学习过程。首先将待测样本(0.1000, 0.0000, 0.0000, 0.4521, 0.0931, 0.8253, 0.0000)提呈给记忆检测器库,抗原与各检测器的亲和力阈值均未达到预设值,检测失败;然后将此抗原提呈给成熟检测器库,由成熟检测器再次对其进行诊断识别,仍未找到与其匹配的检测器,不能得出诊断结论;最后将其提呈给未成熟检测器做自体耐受,如果能够通过自体耐受,就会产生一个代表此种故障类型的检测器,通过此抗原产生的检测器为(0.1000, 0.0000, 0.0000, 0.4365, 0.0921, 0.8351, 0.0000, −1)。经过数代进化后,当再次接收到此类抗原信息时,诊断系统将能够检测出故障原因,得出诊断结论。

记忆检测器保存了系统运行过程中所学习的大量有用信息,有助于快速有效地检测出当前的设备状态。对于一些突发性的故障,故障恢复后,将来再发生同类故障的概率较低,与其对应的诊断信息就没有必要保存于记忆库中。执行所提出的分级记忆策略,对记忆库进行优化,淘汰部分无益于提高系统诊断效率的检测器,并对其进行分类重复利用。

　　未成熟检测器通过学习进化,亲和力逐渐成熟,经由成熟检测器,最终保存于记忆库中。对记忆检测器实施的分级记忆策略,将被淘汰的检测器进行处理后重新利用,可缩减不必要的学习过程,加快了检测器的进化速度。对成熟检测器实施的克隆扩增策略能够选择出高效检测器,并提高其浓度,从而增加检测器的进化概率。图 6.11 给出了对本次未知故障进行学习时的亲和力收敛曲线,图中显示了系统运行过程中检测器与故障信息的匹配程度变化,可以看出,检测器可较快地收敛于最优解。

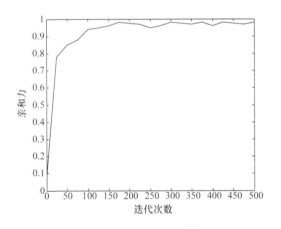

图 6.11　亲和力收敛曲线

6.5　小　　结

　　本章对动态克隆选择算法的动态环境适应性进行了深入研究,基于否定选择、克隆选择和免疫记忆机理,借鉴动态克隆选择算法的运行机制,提出了适用于设备故障诊断的免疫算法,设计了基于克隆扩增策略和分级记忆策略的故障诊断模型。克隆扩增策略意在提高成熟检测器群体的质量,而分级记忆策略则主要是通过对记忆检测器的记忆特性的评价,来实现对记忆检测器群体的动态更新。故障诊断模型中的成熟检测器库和记忆检测器库分别使用克隆扩增策略和分级记忆策略完成进化,能够对环境中出现的新状况进行连续学习,产生新的检测器进行异常检测,有效提高了故障诊断的准确性和效率。

第7章 基于免疫网络的故障传播模型

为了实现准确的故障诊断,系统需要建立一组能够有效描述系统故障特性的故障传播模型,这个故障传播模型不仅能够表达系统单元的故障率,而且能描述故障随时间变化的动态传播特性。根据故障传播特点和独特型免疫网络的基础理论,建立基于B细胞免疫网络的故障传播模型,该模型将设备系统中单元之间的故障传播的因果关系映射为免疫系统中细胞之间的交互识别关系,用免疫网络中细胞的激励与抑制描述故障传播,用免疫网络中B细胞的浓度描述设备节点的故障发生率,将免疫网络的动力学特性描述为故障随时间变化的动态传播特性。故障诊断过程采用分步诊断方法,首先根据故障传播模型的网络拓扑结构进行粗糙诊断,确定故障源候选节点集;然后使用免疫网络的动力学方程计算候选节点的故障发生率,以实现准确的故障定位。

7.1 引　　言

7.1.1 问题的提出

近年来,设备系统的规模越来越大,结构越来越复杂。系统的各个组成单元通过管路、线路连接成一个高度关联、紧密耦合的复杂网络。在这样的系统中,一旦某个元件出现异常,由于故障元件的影响会通过整个系统进行传播,所以经常会造成重大事故。为了避免以上情形发生,在设备系统中对部件实现及时和有效的检测诊断技术变得越来越迫切。

然而,对这种设备系统进行故障诊断受到下列问题的影响:

(1) 故障状态常常在传播点检测到,而不是在故障源点。

(2) 由于故障源的传播影响,在短时间内会有多个测点的信号发生异常。

(3) 很多敏感的被测设备不允许引出太多测点,如测试引线对电路的影响很大,引出过多的测点会造成电路的状态偏移,造成电路工作不正常。并且不可能为设备的每个元件都安装传感器,因此造成故障信息获取困难。

(4) 故障对系统的影响有时间和空间的特性。

故障传播特性产生的原因在于各单元之间信息的传递,一个单元不正常会直接影响到接收其信息的其他单元,故障就这样在单元间的信息交流中不断被传播,直到输出端。故障传播的路径和被测系统中信息传播的路径是相同的。对于复杂系统的网络传播拓扑结构,故障对各测点的影响非常复杂,而且对于同一被测系统中不同特性的故障,其网络传播拓扑结构也可能不同。

故障诊断的过程包括三步:故障检测、故障定位和故障测试。其中故障定位是从检测的故障信息中准确确定故障源的推断过程。故障定位的核心是建立有效的描述故障传播属性的故障传播模型。故障传播模型用于定量描述系统的内部故障传播属性,对于固定的故障源集合,模型表示在系统运行某种类型的工作负载过程中故障在各个单元之间传播的统计规律。在故障诊断系统中,故障传播模型能够反映故障和测点之间的关系,故障传播模型表示了某一故障会对哪些测点及测点的信号指标产生影响。

以图 7.1 为例说明故障传播模型所表示的内容。图中为一个单向传播系统,in 为输入,out 为输出,a、b、c 分别为节点 A_1、A_2、A_3 和 A_4 之间的三个测点,测点只包括正常和故障两个状态。现假设系统中 A_2 模块发生故障,其故障传播模型和系统图一样,故障传播模型表示了 A_2 故障会对测点 b、c 和输出out 产生影响,造成这三个测点的信号出现故障现象,而对测点 a 和输入 in 没有任何影响。

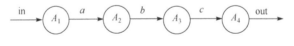

图 7.1　一个单向传播系统

故障传播模型为故障诊断提供了依据,所以建立故障的传播模型是故障诊断所必需的工作,下面对故障传播模型的建立方法作出详细介绍。

要实现准确的故障定位,需要建立一个能够完全和有效描述系统故障的模型。故障模型不但要能够表达系统内的元部件、系统参数、部件的故障率,还要能描述故障随时间变化的动态传播特性。具有动态特性的免疫网络模型提供了一个能够完成上述功能并进行故障分析的有效模型。为了从复杂系统自身固有的网络拓扑结构出发来研究故障的传播机制,采用免疫网络理论分析方法,对系统网络拓扑结构的统计特性进行分析,建立了基于免疫网络动力学特性的故障传播模型,这是一种很有实用价值的故障传播模型描述方法。

7.1.2　解决思路

生物免疫系统中,除了 B 细胞,还有另外一种淋巴细胞,即发挥调节作用的 T 细胞。在生物体内,T 细胞是由胸腺产生的,它分为三种不同的类型:抑制 T 细胞、辅助 T 细胞和杀伤 T 细胞,在这些 T 细胞中,抑制 T 细胞和辅助 T 细胞位于 B 细胞网络的外围,对 B 细胞产生抗体发挥反馈调节作用。

受某种抗原刺激大量扩增的 B 细胞,诱发体内 B 细胞网络的产生,T 细胞的活化增殖对 B 细胞网络有反馈抑制作用。所以,T 细胞具有免疫反馈调节和免疫调节机理。免疫系统中适当抗体的产生不仅需要 B 细胞而且需要 T 细胞。T 细胞通过在 B 细胞网络的外围形成一种回路来调节控制 B 细胞的产生。

在故障定位层提出将设备系统故障传播的因果关系与免疫系统中 B 细胞之间的相互作用相对应。近来免疫学的研究已经证明,免疫系统并不是单元级识别系统,而是通过由淋巴产生的 B 细胞之间的交互的系统级的识别系统。利用免疫网络中的动力学特性,可以很容易地处理时间因素,即故障传播时间,也能够描述设备系统故障传播的动态特性。

(1)基于免疫系统中 B 细胞之间的交互识别关系,将设备系统故障传播的因果关系与免疫系统中 B 细胞之间的交互识别关系相对应,采用 B 细胞免疫网络构建故障传播模型,将免疫网络的动态特性应用于故障诊断中,实现基于免疫网络的故障传播网络结构的设计。

(2)引入分步诊断的思想,将故障诊断分为粗糙诊断和精确诊断。首先从复杂系统自身固有的网络拓扑结构出发来研究故障的传播机制,在粗糙诊断阶段实现故障的初步定位;然后采用免疫网络理论分析方法进行深入精确诊断。

(3)根据监测点的状态信息,对故障点进行定位。

(4)在故障传播模型和故障发生率的计算公式中考虑了故障影响的时间和空间特性。

(5)使用分步诊断方法,系统能找出最优的测点组合来诊断所有的故障。尽量采用比较少的测点进行故障诊断,提高了诊断效率。

7.2　现有故障传播模型的描述方法

为了解决复杂系统故障传播的影响问题,人们已经提出了进行设备系统故障诊断的多种故障传播模型表示方法,其中主要的传播模型包括结构模型、多信号模型和 Petri 网模型等。

1. 结构模型

结构模型用有向图代表连接性和故障传播方向,基于图论的故障传播有向图和符号有向图,是研究故障传播的常用方法。该有向图与系统的原理简图密切对应。图论故障诊断法就是通过把具体系统抽象为图中的一个个节点,把元件间的故障传播关系抽象为连接两个节点的有向边,从而把具体系统模型转化为线图,展开了诊断问题的研究。故障有向图通常是加权有向图,用权重表示故障传播概率。

结构模型分析简单、速度快,因此可用来对大型系统进行分析。而且,结构模型中节点和实际系统中的模块具有直接对应的关系,校验这些模型很容易。但结构不总是蕴涵着功能,很多复杂功能依赖关系很难包含在一个简单方框图中。因此,仅基于结构的分析是粗糙的,而且经常会导致错误的诊断结论。依赖模型也是以有向图代表因果关系,而且它是现在可测试性分析工具主要采用的建模技术。但是,随着对越来越复杂的依赖关系进行建模,依赖模型可能严重偏离结构。

结构模型通过确定故障传播概率,定位候选故障源以实现故障诊断,具有结构特征的直观性和不依赖精确的数学模型等优点,是一个根据经验的静态推理过程。然而,复杂机电设备故障的产生和传播是一个典型的动态行为过程,所以该方法对故障的传播关系只能作出粗糙的概括,对于复杂的故障传播关系则难以描述。

2. 多信号模型

多信号建模的思想是由美国 Connecticut 大学的 Deb 和 Pattipati 等[159]提出的。多信号模型采用有向图描述故障传播依赖关系,在结构模型上添加相应的信号,主要考虑的是二值依赖矩阵。它考虑了一般故障和功能故障,每种故障可以看作一个信号,因可能有多种故障模式,故称之为多信号模型。

多信号模型方法具有简单、清晰的特点,其主要优点在于该模型与测点测试的信号没有紧密的联系,即增减测试信号对模型不会有任何改变,而且如果有一个新设计的信号需要加入模型,只要在模型中的相应器件上加入该信号,并且在测点检查这个信号即可。因此,修改多信号模型的工作量和其他方法的工作量相比减少很多。但是对于系统因果依赖关系未知、测试数据不完备的情况,难以建立多信号模型。

3. Petri 网模型

Petri 网是异步并发系统建模与分析的一种图形化工具,可用于模拟由很多子系统组成的模型。Petri 网是一种用网状图形表示系统模型的方法,它只给出了系统的静态结构和特征,系统的动态行为是在 Petri 网运行过程中体现出来的,表现为资源的流动,包括物资资源和信息资源。

利用 Petri 网进行系统建模,不仅有图形的直观性和层次性,而且还有一套完整的理论和方法支持系统的性能分析。Petri 网的主要优点是能够同时满足建模、定性定量分析、监督协调控制、规划和系统设计。

Petri 网中的资源是不可重用、不可覆盖的,表现为冲突、冲撞、死锁等现象。而故障传播不存在冲突和冲撞问题,传播过程是确定的。用 Petri 网表示的故障传播模型,在故障传播过程中,存在着一因多果现象,即一个异常状态可能导致多个故障现象的出现,故障能够沿着多条路径同时进行传播,并不存在冲突问题。故障在传播过程中存在着并发特性,并不存在这样的冲撞问题。而 Petri 网中,变迁的点火将消耗输入库所中的 token,如果按照这种方式描述诊断问题,表示故障事件的发生将导致故障征兆的消失。这显然不符合故障诊断问题的事实。因此,传统 Petri 网的动态特性难以描述以上故障特性。

4. 基于免疫网络的故障传播模型

近年来,将免疫网络的动态特性应用于工程领域的实例已有很多。Ishida 利用动态免疫网络思想提出一种可用于动态实时诊断的免疫网络模型[7,44],它源于免疫网络理论中抗体与抗原之间的相互关系,通过 B 细胞之间的相互识别、刺激和抑制来达到一种平衡状态,并将模型用于工业设备系统的传感器故障诊断中。但这种方法局限于只能对安装了传感器的元件进行诊断。Ishiguro 于 1994 年提出一种基于独特型免疫网络的设备故障诊断系统[45],将设备系统的故障传播的因果关系映射为免疫系统中免疫细胞之间的相互作用,用独特型免疫网络建立故障传播模型。本章提出的故障传播模型是在 Ishiguro 提出的模型[45,160]基础上进行改进的。

7.3　免疫网络模型

7.3.1　独特型网络和免疫调节

为了解释免疫系统的各种现象,在克隆选择学说的基础之上,1974 年,Jerne 首先提出了独特型免疫网络理论[16],对免疫系统进行定量的数学描述。Jerne 曾经说,如果不对免疫系统进行数学描述,免疫学只是实验结果的简单积累,不能够发展成为一门真正的科学。在这一思想的指导下,他提出了独特型免疫网络理论,并且提出了免疫网络的微分方程描述。免疫独特型网络是指免疫系统是由能识别独特型集合的抗体决定簇组成的巨大而复杂的网络。网络中的每一个抗体在识别抗原的同时也被其他抗体识别。淋巴细胞能够对正或负的识别信号做出反应。一个正反应信号将导致细胞扩增、细胞活化和抗体分泌,而负反应信号则导致耐受和抑制。

机体内的抗体之间既被识别又识别其他抗体,形成动态过程,被识别的抗体受到抑制,识别其他抗体的抗体则增殖。抗原刺激机体产生特异性抗体,特异性抗体的独特型又可作为抗原,诱导机体产生抗独特型抗体,抗独特型抗体又可诱导产生抗-抗独特型抗体,从而形成独特型网络。在没有外界抗原刺激的情况下,独特型网络仍然在运作。这是因为独特型抗原决定簇具有引起免疫应答的特征,所以独特型抗原决定簇又称为外界抗原的内影像。抗原内影像可模拟抗原,增强、放大抗原的免疫效应。由此,独特型免疫网络成为机体免疫调节的重要机制之一。例如,假设一种抗体数量过多,它将诱导抗独特型抗体进行抑制,于是使免疫系统达到某种稳定状态。外界抗原的侵入扮演破坏上述平衡的作用,即选择与抗原决定簇互补的抗体发生增殖,并导致免疫应答。待抗原消灭后,又依赖独特型网络调节使抗体数量达到新的平衡。由于独特型免疫网络调节的作用,系统处于既稳定又能及时对外部刺激产生应答的状态。

独特型免疫网络理论的主要思想是把整个免疫系统看成一个由免疫细胞组成的系统,免疫系统中各个细胞克隆不是处于一种独立状态,而是通过自我识别、相互刺激、相互制约构成一个动态平衡的网络结构,这些彼此之间相互刺激和抑制的细胞在某种程度上导致了网络结构的相互稳定。如果两个细胞之间的亲和力超过一定的阈值,那么这两个细胞就彼此连接,连接强度与它们之间的亲和力直接相关。这种抑制功能规范细胞过度刺激的机制,维持了一个网络稳定的结构。在这一模型中,淋巴细胞通过识别而相互刺激或抑制,因而形成一个相互作用的动态网络,免疫系统对抗原的识别不是局部行为,而是整个网络的整体行为,可用一个不等式来描述免疫网络的动态特性。

不仅抗原具有能够被抗体识别并结合的抗原决定簇(表位),抗体本身也是大分子糖蛋白,具有抗原性,具有能够被其他抗体识别并结合的抗原决定簇。抗体上能够被其他抗体识别的部位,叫独特型(idiotype,Id)抗原决定簇。独特型抗原决定簇形成独特位(idiotope),又叫表位(epitope)。抗体上能够识别抗原表位和其他抗体表位的部位,叫抗体决定簇(paratope),又叫对位。抗体具有表位,反映抗体自身具有抗原的特性,它可以在无抗原作用下像抗原一样刺激其他抗体,而激活其他抗体,产生免疫应答的特征。抗体的对位可以用来识别抗原表位或识别其他抗体表位。这样,抗体便具有识别抗原或其他抗体,反过来又被其他抗体所识别的双重特性。能够识别抗原的抗体进一步又能被其他抗体所识别并结合,如此类推,构成一个网络结构。如果抗原被某抗体 1 识别,抗体 1 的表位又被抗体 2 上的抗体对位所识别,则抗体 2 被称为抗独特型,抗体 2 被抗体 3 识别,依次类推,就形成了抗体相互作用的网络,即独特型网络,如图 7.2 所示。图中形象地说明了免疫网络理论的基本准则,这里 B 细胞 1 刺激 B 细胞 2、B 细胞 3、B 细胞 4,并且也得到其他三个细胞的刺激。

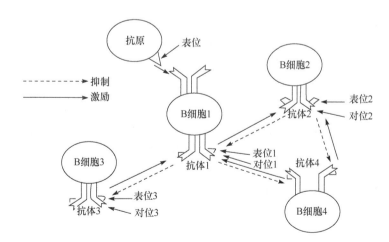

图 7.2　免疫网络模型

　　Jerne 构造了一个微分方程来描述一组相同的淋巴细胞的动力学系统。Jerne 描述的相同细胞是指它们在分化的状态、受体以及产生的抗体分子方面都是完全一样的。为了说明 Jerne 的想法，将这组相同的淋巴细胞称为类型 i 淋巴细胞，并且用 L_i 来表示 i 淋巴细胞的数量。i 淋巴细胞与其他类型的淋巴细胞是相互作用的。例如，j 淋巴细胞经由独特位以及结合簇与 unit 抗体相互作用。这种相互作用可以被激励也可以被抑制。j 淋巴细胞与其他类型的淋巴细胞相互作用，其他类型的淋巴细胞也可以和另外的淋巴细胞相互作用，如此往复。Jerne 建议一个特殊类型的淋巴细胞数量的增减比率以如下公式表示：

$$\frac{\mathrm{d}L_i}{\mathrm{d}t} = \alpha - \beta L_i + L_i \sum_{j=1}^{m} \varphi(E_j, K_j, t) - L_i \sum_{j=1}^{n} \psi(I_j, K_j, t) \qquad (7.1)$$

其中，α 表示免疫系统中淋巴细胞从其他位置进入集合 i 的比率；β 表示淋巴细胞死亡或者离开集合的比率（每个淋巴细胞）；函数 φ 和 ψ 记录激励和抑制信号。第一个求和覆盖了所有由集合 E_j 中的独特位产生的激励信号，E_j 与关联常量 K_j 通过 i 淋巴细胞的结合簇相互识别。第二个求和覆盖了由集合 I_j 中的淋巴细胞产生的抑制交互，I_j 的结合簇识别 L_i 中细胞上的独特位。抑制和激励集合中的元素数量都应及时更新，并且网络中的每个元素都使用这种类型的微分方程描述。

　　现在考虑更多的克隆，当注入的抗原被某个克隆识别时，一个重要的现象是：不是整个系统的克隆都受到重大的影响，只有识别出抗原的克隆其邻近的几个克隆会有大的变化，而其他较远的克隆依然处于初始态。具体地说，如果某个克隆将进入免疫态并取值 H，与这一独特性作用的可独特性的克隆才会从初始态变到 L。这一叠加性质允许将两种克隆的分析结果组合起来形成最终的系统结果。

　　网络模型能随着外部环境变化而变化的自组织功能，被称为亚动力特性，此特性给工程领域中的联想记忆、故障诊断系统的设计提供了可行的设计思想。同时，免疫系统独特型网络模型可较好地模拟免疫系统的动态行为，利用微分方程对抗体进行评价，可以使抗体包含亲和力和浓度的信息，目前独特型网络模型已在机器人、故障诊断和控制工程等领域获得成功应用。

　　生物免疫系统中，T 细胞对 B 细胞产生抗体发挥反馈调节作用。

7.3.2　通用免疫网络模型

　　免疫网络调节学说主要与抗体有关，它强调免疫系统中各个细胞克隆不是处于一种孤立状态,而是通过自我识别、相互激励和相互制约构成一个动态平衡的网络结构。

在 Jerne 免疫网络理论的基础上,Farmer 等[161]提出了一类独特型网络动力学模型,该模型主要考虑了抗体集合和抗原集合间的相互关系,免疫网络模型中,抗体之间的连接强度不仅由抗体的匹配系数确定,而且由抗体的浓度所决定。设有 N 种抗体,$x_1, x_2, \cdots, x_N$ 表示各自的浓度,n 种抗原浓度分别为 $y_1, y_2, \cdots, y_n$,抗体决定基与抗原决定基之间、抗体决定基之间的相互作用,用微分方程组表示:

$$\frac{\mathrm{d}x_i}{\mathrm{d}t} = c\Big[\sum_{j=1}^n m_{ji} x_i x_j - k_1 \sum_{j=1}^N n_{ij} x_i x_j + \sum_{j=1}^n m_{ji} x_i y_j\Big] - k_2 x_i \qquad (7.2)$$

其中,k_1 表示抗体之间相互激励与抑制的关系;c 为一个比例常数,与每个单位时间抗原与抗体之间的碰撞数目和由碰撞激励产生的抗体比例有关;k_2 为自然死亡率;m_{ji} 和 n_{ij} 表示匹配特异性,m_{ji} 表示抗体 j 对抗体 i 产生的激励,n_{ij} 表示抗体 i 被抗体 j 识别后产生的抑制作用,计算公式为

$$m_{ji} = \sum_{k=1}^r G\Big[\sum_{n=1}^l e_j(n+k) \oplus p_i(n) - s + 1\Big] \qquad (7.3)$$

$$n_{ij} = \sum_{k=1}^r G\Big[\sum_{n=1}^l e_i(n+k) \oplus p_j(n) - s + 1\Big] \qquad (7.4)$$

其中,$e_i(n)$ 表示第 i 个抗原决定基的第 n 位的值;$p_j(n)$ 表示第 j 个抗体决定基的第 n 位的值;$\oplus$ 表示或运算;s 为激励阈值;当 z>0 时,$G(z)=z$,否则 $G(z)=0$;$l = \min(\text{len}(e_i), \text{len}(p_j))$,$r = l - s, s \leqslant 1$。

外部输入 y_i 表示抗原(问题与约束)的噪声或干扰信息,如果假设外部输入 $y_i = 0$,即不考虑该噪声或干扰信息,并且对抗体的浓度之和作总量的限制,则式(7.2)可以简化为

$$x_i = \Big[c \sum_{j=1}^N (m_{ji} - k_1 n_{ij}) x_j - k_2\Big] x_i, \quad x_i \geqslant 0, \sum_{i=1}^N x_i = 1 \qquad (7.5)$$

式(7.3)和式(7.4)体现了免疫系统中抗体间的激励和抑制规律。

通用人工免疫网络算法描述如下:

输入(A:抗原集)
初始化
    初始 B 细胞集赋值为 B
    初始化网络结构 L
满足停止条件之前重复执行
    抗原与 B 细胞的亲和力

对所有 $a \in A, b \in B$,计算 $f_{\text{affinity}}(a,b)$

抗原与 B 细胞的激励

对所有 $a \in A$ 且 $b \in B$ 计算 $f^A_{\text{stimulation}}(b,a)$

B 细胞与 B 细胞之间的激励/抑制

对于所有 $b, b' \in B$ 计算 $f^B_{\text{stimulation}}(b',b)$ 和 $f^B_{\text{suppression}}(b',b)$

激励总值

计算

$$F(b) := \sum f^A_{\text{stimulation}}(a,b) + \sum f^B_{\text{stimulation}}(b',b)$$
$$+ \sum f^B_{\text{suppression}}(b',b), \quad b \in B, a \in A, b' \in B, b' \neq b$$

创建 B 细胞 b 的克隆 $f_{\text{cloning}}(b)$ 并对其进行变异

计算所有新生成 B 细胞的激励值

删除/创建 B 细胞及其连接

更新网络结构 L

返回免疫网络

返回 (B,L)

这个算法接收一组抗原作为输入(由集合 A 表示),这些抗原将要被提呈给网络,并且返回由 B 细胞及其之间的连接组成的免疫网络。

(1) 创建一组原始 B 细胞(由集合 B 表示),然后通过将抗原提呈给网络开始迭代过程。

(2) 对于每个抗原和每个 B 细胞,这种激励都被计算。由下面的公式表示:

$$f^A_{\text{stimulation}} : A \times B \rightarrow \mathbf{R} \tag{7.6}$$

(3) 在大多数的模型中,激励是一种亲和力测量函数,它在 B 细胞和抗原所表示的空间内定义。在这种情况下,激励测量作如下定义:

$$f^A_{\text{stimulation}}(a,b) := g(f_{\text{affinity}}(a,b)) \tag{7.7}$$

(4) 和抗原/B 细胞激励相似,B 细胞/B 细胞激励(和抑制)可以用一种 B 细胞/B 细胞亲和力函数计算。B 细胞所有激励可以用累计抗原和网络之间的交互产生的影响计算:

$$F(b) = \sum_{a \in A} f^A_{\text{stimulation}}(a,b) + \sum_{b' \in B, b' \neq b} f^B_{\text{stimulation}}(b',b)$$
$$+ \sum_{b' \in B, b' \neq b} f^B_{\text{suppression}}(b',b), \quad b \in B \tag{7.8}$$

免疫系统中的免疫细胞通过相互识别而联系起来,当免疫细胞受到抗原或免疫细胞激励时,该免疫细胞被激励;同时,当免疫细胞被其他免疫细胞识

别时,它将被抑制。因此,每个免疫细胞都有一个受激程度,来自于网络中免疫细胞的激励和抑制及抗原的激励:

$$S = N_{st} - N_{sup} + A_s \qquad (7.9)$$

其中,S 为受激程度;N_{st} 为网络激励;N_{sup} 为网络抑制;A_s 为抗原激励。

7.4 基于免疫网络的故障传播模型

本章提出的诊断方法引入分步诊断的思想,将故障诊断分为粗糙诊断和精确诊断两步进行,算法首先根据故障传播模型的网络结构用粗糙诊断方法对故障进行初步定位,如果能诊断出故障则算法结束,否则继续根据计算故障发生率的微分方程进行更精确的诊断,对初步确定的可能故障子集进行进一步隔离,缩小可能发生的故障范围。对于该诊断算法,一个故障传播模型由如下部分组成:

(1) 故障传播模型的有限节点集 $N = \{1, 2, \cdots, n\}$;

(2) 可测试的测点有限集合 $D = \{d_1, d_2, \cdots, d_P\}$;

(3) 每个测点 d_i 所对应一个测试节点集合 $\{x_1, x_2, \cdots, x_i\}$;

(4) 故障传播模型的符号描述,$DG = \{A, D, M\}$,其中 M 表示相邻节点之间的激励与抑制率集合;

(5) 故障传播模型中节点的故障发生率集合,$A(t) = \{a_1(t), a_2(t), \cdots, a_i(t)\}$,其中 $a_i(t)$ 为第 i 个节点在 t 时刻的故障发生率。

7.4.1 B 细胞网络与故障传播的关系

复杂机电系统是由大量基本单元(可以是设备、子系统或零部件等)所构成的复杂网络结构,根据系统中信号的传播属性,有信号传播的基本单元之间连接比较紧密,而无信号传播的相对比较稀疏。因此,对复杂系统进行结构分解,将系统分离成多个相互之间有一定关联的子系统或零部件。将系统中的基本单元看成网络的节点,把它们之间的影响关系表示为节点间的有向连接,将系统模型转化为线图的形式,并将其拓扑结构映射为 B 细胞免疫网络结构,应用 B 细胞免疫网络特性对复杂系统的故障特征进行分析。

设备系统的拓扑结构与 B 细胞免疫网络的映射关系如下:

(1) 将设备网络中的节点映射为 B 细胞免疫网络中的 B 细胞节点。

(2) 故障传播网络结构中每个节点的故障发生率映射为免疫网络中 B 细胞的浓度。

(3) 故障传播的强度映射为免疫网络中 B 细胞之间的激励与抑制。

(4) 系统检测时设置的每个传感器测点映射为一个 T 细胞。

这样构成的基于 B 细胞免疫网络的故障传播网络结构就具有了免疫网络中的动力学特性,可以使用微分方程表示故障传播特性。并通过有限的测点在故障传播网络中增加 T 细胞回路构建故障传播模型,实现故障定位。

7.4.2 基于免疫网络的故障传播模型描述

系统发生故障时,故障的影响范围会从故障源沿着故障传播的路径传递到每个可能受影响的节点。故障影响是沿着传播的路径分支扩散。根据故障源和故障传播的影响路径,可以建立进行故障传播分析的故障传播网络。

1) 故障传播网络结构

为了建立故障传播模型,首先对复杂系统进行结构分解,将系统分离成多个相互之间有一定关联的子系统。同理,对子系统还可以进一步细分,用集合 $N=\{1,2,\cdots,n\}$ 表示不同级别系统中的基本单元,称之为元素。引入免疫网络的节点连接特性来构建故障传播网络模型。在这种表示方法中,节点表示系统中的元素,将每个节点看成一个 B 细胞,节点间的有向连接表示元素之间的影响关系,故障传播的影响强度与免疫网络的激励与抑制相对应。

基于 B 细胞免疫网络的故障传播模型如图 7.3 所示,其中:

(1) 故障源:表示可能发生故障的节点集合。

(2) 影响端:表示从故障节点沿着信号的传播方向所影响的终端节点。

(3) 抑制 $d(a_{i-1}(t))$:表示故障传播强度,其方向与故障传播方向一致,即从故障源到影响端的方向为抑制作用,用虚箭头表示(为了方便图形表示,在以下各种类型的网络结构图中激励与抑制合并为一条线描述,并且抑制方向用"—⊣"符号表示)。

(4) 激励 $b(a_{i+1}(t))$:表示控制故障传播作用,其方向与故障传播方向相反,从影响端到故障源为激励作用,用实箭头表示。

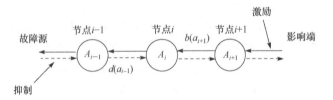

图 7.3　B 细胞网络故障传播模型

故障传播网络中激励与抑制对应于生物免疫网络中的激励与抑制。

2) 故障发生率与激励/抑制

为了实现精确故障诊断,对故障传播网络中每个节点定义一个反映设备状态的变量A_i,称之为故障发生率。所定义变量A_i的值在[0,1]范围内,其含义为:若某一元件的故障发生率增加,则元件发生故障的可能性就增加;反之则下降。故障传播网络结构中的故障发生率对应于免疫网络中B细胞的浓度。

在B细胞网络中,某一节点的故障发生率是随其两边相邻节点的激励和抑制而变化的,而激励和抑制的大小又基于相邻节点的故障发生率而改变。这正是独特型免疫网络模型的动力学特性,激励和抑制的值反映了故障的传播强度。

如果节点i与$i+1$之间没有激励与抑制,则B细胞i与$i+1$具有相同的故障发生率。当发生故障时,B细胞i被$i+1$所激励,而B细胞$i+1$被i所抑制,此时B细胞i的故障发生率A_i比$i+1$的故障发生率A_{i+1}要大,这就意味着节点i是可能的故障节点。

为便于理解,用图7.3中的简单系统来说明激励与抑制的相互作用。当从测点检测到节点i出现故障状态时,它激励(增加)节点i的故障发生率A_i,故障发生率A_i的增加意味着节点i可能发生了故障,但故障状态也可能是由于其他节点存在的故障传播影响而引起的。因此,沿着故障源方向,即故障传播的反方向,与节点i相邻的$i-1$节点的故障发生率A_{i-1}随节点i的激励而增加。而$i+1$节点的故障发生率A_{i+1}随节点i的抑制而减小。节点之间激励与抑制的交互起着一个优先级调节机制的作用。

由上述考虑,用下列方程表示第i个节点的故障发生率A_i的值:

$$\frac{dA_i(t)}{dt} = [b(a_{i+1}(t)) - d(a_{i-1}(t)) - k]a_i(t) \tag{7.10}$$

$$a_i(t+1) = \frac{1}{1 + \exp[0.5 - A_i(t+1)]} \tag{7.11}$$

式中,$b(a_{i+1}(t))$和$d(a_{i-1}(t))$分别表示相邻节点对节点i的激励和抑制;k表示保持免疫网络的全局稳定性而定义的平衡因子。方程(7.11)是标准的故障发生率计算公式,其值在[0,1]范围内。

故障发生率的微分方程表述了故障的传播特性,考虑了故障传播时间因素、故障传播强度以及故障发生概率。

3) T 细胞回路

故障对监测点信号的影响关系如何,如何利用从测点获得的诊断信息对故障进行定位,这就需要从故障的传播特性入手了解故障与测点之间的相互关系。通过借鉴免疫系统 T 细胞的调节功能,在 B 细胞网络中增加 T 细胞回路构建故障传播模型。

在构建故障传播模型时,将系统中的每个测点对应于不同的 T 细胞,将 T 细胞的调节作用结合到 B 细胞网络中。用 T 细胞描述每个测点所包含的节点集合。

故障传播的路径和被测系统中信息传播的路径是相同的,由于设备中元器件构成的复杂性,使得系统故障传播的网络拓扑结构非常复杂,故障对各测点的影响也变得非常复杂,而且对于同一被测系统中不同特性的故障,其网络传播拓扑结构也可能不同。经过分析,将复杂的网络传播拓扑结构分解为三种基本结构类型:线型结构、聚集型结构、发散型结构。而所有的网络结构都可以由这三种基本类型组合而成。

7.4.3　基于传播模型的故障诊断

基于 B 细胞免疫网络的故障传播模型进行故障诊断,其诊断过程采用分步诊断方法,分为粗糙诊断和精确诊断两步(为了与图中描述的节点符号一致,以下使用节点的故障发生率符号 A_i 表示节点)。

(1) 根据故障传播模型的网络结构用粗糙诊断方法进行故障源候选节点筛选。假设 d_i 表示出现异常状态的测点,用 $\{x_i\}$ 表示存在到达 d_i 的传播路径的节点集,即通过从 d_i 沿箭头回溯得到的节点集,称之为故障源点。

如果粗糙诊断结果得到的故障源候选解只包括一个节点,则故障点确定,算法结束;否则根据计算故障发生率的动力学微分方程进行更精确的诊断,对初步确定的可能故障子集进行进一步诊断,缩小可能发生的故障范围。

(2) 对故障源候选点集合 $\{x_i\}$ 中的每个节点计算故障发生率,利用考虑了故障传播动态特性的故障发生率计算方程,根据所求得的故障发生率进行故障源排序,将故障发生率最大的节点确定为故障点。因此,利用故障传播模型进行故障诊断的过程分为两个阶段:基于故障传播模型的故障源候选节点筛选和故障发生率计算。

1. 粗糙诊断——计算故障源候选解

设 d_i 为出现异常状态的测点,$\{x_i\}$ 为从测点开始的传播路径上的节点集,即故障源候选节点。由于故障源总是比异常监测点更接近故障节点,在故障传播模型结构中,只需要从异常监测点向故障源(抑制)方向搜索即可。在相当多的情况下会出现一个以上的故障节点,此时按各个监测点的候选点交集 $\bigcap_i\{x_i\}$ 计算故障源候选节点。

下面对构成故障传播网络模型的三种基本结构类型分别进行讨论。

1) 线型结构

图 7.4 是一个线型结构例子,该系统由 6 个节点 $A_1 \sim A_6$ 和 3 个测点 $d_1 \sim d_3$ 组成。测点的状态为正常或异常。

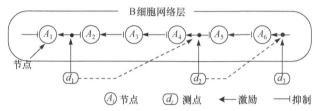

图 7.4　线型结构

对于每个测点 d_i,沿激励方向回溯得到测点 d_i 的故障源候选点集合。测点 d_3、d_2、d_1 的故障源候选点集合分别为:$\{x_3\}=\{A_1,A_2,A_3,A_4,A_5,A_6\}$、$\{x_2\}=\{A_1,A_2,A_3,A_4\}$、$\{x_1\}=\{A_1\}$。然后对各正常测点的故障源候选点集合进行并集运算 $\bigcup_j\{y_j\}$;对各异常测点的故障源候选点集合进行交集运算 $\bigcap_i\{x_i\}$;再对其结果计算交集 $S=(\bigcap_i\{x_i\})\bigcap(\bigcup_j\{y_j\})$,则故障源候选节点集合为 $\bigcap_i\{x_i\}-S$。

如果测点 d_3 出现故障信号,而 d_1、d_2 显示正常,则 $\bigcap_i\{x_i\}=\{A_1,A_2,A_3,A_4,A_5,A_6\}$,$\bigcup_j\{y_j\}=\{A_1,A_2,A_3,A_4\}$。将它们求交运算得到 $S=(\bigcap_i\{x_i\})\bigcap(\bigcup_j\{y_j\})=\{A_1,A_2,A_3,A_4\}$,所以故障源为 $\bigcap_i\{x_i\}-S=\{A_5,A_6\}$。

如果测点 d_2、d_3 出现故障信号,而 d_1 显示正常,则 $\bigcap_i\{x_i\}=\{A_1,A_2,A_3,A_4\}$,$\bigcup_j\{y_j\}=\{A_1\}$,因此 $S=(\bigcap_i\{x_i\})\bigcap(\bigcup_j\{y_j\})=\{A_1\}$,故障源为 $\bigcap_i\{x_i\}-S=\{A_2,A_3,A_4\}$。

如果测点 d_1 出现故障信号,接着测点 d_2、d_3 也出现故障信号,则 $\bigcap_i\{x_i\}=\{A_1\}$,因此 $S=(\bigcap_i\{x_i\})\bigcap(\bigcup_j\{y_j\})=\varnothing$,故障源为 $\bigcap_i\{x_i\}=\{A_1\}$。

利用这种方法可以有效地监测到故障源候选节点。测点信号与故障源候选解之间的关系如表 7.1 所示。

表 7.1　测点信号与故障源候选解之间的关系

d_1	d_2	d_3	故障源候选解
$\surd$	$\surd$	$\surd$	无
$\surd$	$\surd$	$\times$	A_5,A_6
$\surd$	$\times$	$\surd\rightarrow\times$	A_2,A_3,A_4
$\times$	$\surd\rightarrow\times$	$\surd\rightarrow\times$	A_1

注:$\surd$:正常;$\times$:异常;$\surd\rightarrow\times$:经传播时间后,状态由正常变为异常。

2) 聚集型结构

在聚集型结构网络中,某些节点的信息是由两条或多条路径传播输入。如图 7.5 所示,该故障传播网络中包括 9 个节点和 3 个测点,在这种类型的结构中,节点 A_4 有多个抑制输入,来自节点 A_3 和节点 A_9。

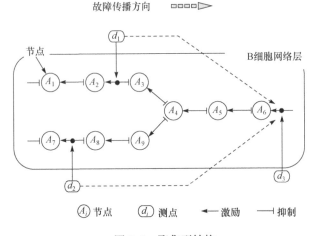

图 7.5　聚集型结构

测点 d_3、d_2、d_1 的故障源候选点集合分别为:$\{A_1,A_2,A_3,A_4,A_5,A_6,A_7,A_8,A_9\}$、$\{A_7\}$、$\{A_1,A_2\}$。

如果测点 d_3 出现故障信号,d_2、d_1 显示正常,则 $\bigcap_i\{x_i\}=\{A_1,A_2,A_3,A_4,A_5,A_6,A_7,A_8,A_9\}$,$\bigcup_j\{y_j\}=\{A_1,A_2,A_7\}$,因此 $S=(\bigcap_i\{x_i\})\bigcap(\bigcup_j\{y_j\})=\{A_1,A_2,A_7\}$,故障源为 $\bigcap_i\{x_i\}-S=\{A_3,A_4,A_5,A_6,A_8,A_9\}$。

如果测点 d_2 出现故障信号,接着测点 d_3 也出现故障信号,则 $\bigcap_i\{x_i\}=\{A_7\}$;d_1 显示正常,沿测点 d_1 向前回溯得 $\{A_1,A_2\}$。因此,$S=(\bigcap_i\{x_i\})\bigcap(\bigcup_j\{y_j\})=\varnothing$,故障源为 $\bigcap_i\{x_i\}=\{A_7\}$。

测点信号与故障源候选解之间的关系如表 7.2 所示。

表 7.2　测点信号与故障源候选解之间的关系

d_1	d_2	d_3	候选故障源
√	√	√	无
√	√	×	A_3,A_4,A_5,A_6,A_8,A_9
√	×	√→×	A_7
×	√	√→×	A_1,A_2

注:√:正常;×:异常;√→×:经传播时间后,状态由正常变为异常。

3) 发散型结构

在发散型结构网络中,连接点的故障信息向多条分支路径传播。如图 7.6 所示,该故障传播网络中包括 8 个节点和 3 个测点,在这种类型的结构中,节点 A_3 有多个激励输入,来自节点 A_4 和 A_6。

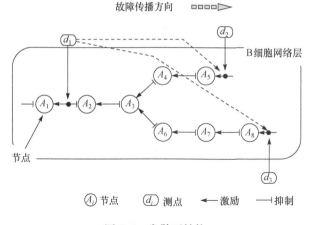

图 7.6　发散型结构

测点 d_3、d_2、d_1 的故障源候选点集合分别为:$\{A_1,A_2,A_3,A_6,A_7,A_8\}$、$\{A_1,A_2,A_3,A_4,A_5\}$、$\{A_1\}$。

如果测点 d_1 出现故障信号,接着测点 d_2 和 d_3 出现故障信号,则 $\bigcap_i\{x_i\}=\{A_1\}$,因此 $S=(\bigcap_i\{x_i\})\bigcap(\bigcup_j\{y_j\})=\varnothing$,故障源为 $\bigcap_i\{x_i\}-S=\{A_1\}$。

如果测点 d_2 出现故障信号,d_1、d_3 显示正常,则 $\bigcap_i\{y_i\}=\{A_1,A_2,A_3,A_4,A_5\}$,$\bigcup_j\{y_j\}=\{A_1,A_2,A_3,A_6,A_7,A_8\}$,因此 $S=(\bigcap_i\{x_i\})\bigcap(\bigcup_j\{y_j\})=\{A_1,A_2,A_3\}$,故障源为 $\bigcap_i\{x_i\}-S=\{A_4,A_5\}$。然后对所有选出的故障源按概率排序。

测点信号与故障源候选解之间的关系如表 7.3 所示。

表 7.3　测点信号与故障源候选解之间的关系

d_1	d_2	d_3	候选故障源
$\checkmark$	$\checkmark$	$\checkmark$	无
$\checkmark$	$\checkmark$	$\times$	A_6, A_7, A_8
$\checkmark$	$\times$	$\checkmark$	A_4, A_5
$\checkmark$	$\times$	$\checkmark \rightarrow \times$	A_2, A_3
$\times$	$\checkmark \rightarrow \times$	$\checkmark \rightarrow \times$	A_1

注:$\checkmark$:正常;$\times$:异常;$\checkmark \rightarrow \times$:经传播时间后,状态由正常变为异常。

2. 精确诊断——基于微分方程的故障发生率计算

上述所得的故障源候选解并没有准确定位于故障点,根据免疫网络的动力学方程,按照抗体浓度的大小选择抗体这一机理,在研究中,利用微分方程(7.10)与(7.11)计算节点的故障发生概率,按照故障发生率的大小选择故障点。因此,对第一阶段所求得的故障源候选解中的每个节点,根据免疫网络的动力学方程,考虑每个节点故障传播的时间因素、节点间的交互作用,计算各节点的故障发生率。

但是考虑到聚集型结构和发散型结构(非线性结构)中,某些节点的激励与抑制是由多个节点而不是单个节点引起的,方程(7.10)中的激励与抑制率需进行修改。

在聚集型结构网络中,某些节点的信息是由两条或多条路径传播输入,如图 7.5 所示。这种类型的结构中,节点 A_4 有多个抑制输入,来自节点 A_3 和节点 A_9。将式(7.10)中的抑制项进行修改,假设节点 A_i 受到 m 个节点的抑制,则节点 A_i 的抑制项应改为

$$d(a_{i-1}(t)) \rightarrow \frac{\sum_{j=1}^{m} d(a_j(t))}{m} \tag{7.12}$$

其中,a_j 表示对节点 A_i 有抑制作用的节点 A_j 的故障发生率。将其加入式(7.10)就可以计算故障源点。

在发散型结构网络中,需要设计的要点是位于连接点的激励值。假设节点 A_i 被 n 个元件所激励,式(7.10)中的激励项由以下公式所替代:

$$b(a_{i+1}(t)) \rightarrow \frac{\sum_{k=1}^{n} b(a_k(t))}{n} \tag{7.13}$$

将该计算公式替代式(7.10)中的激励项,则可以监测发散型结构网络的故障节点。

7.4.4　算法描述

1. 预处理过程

(1) 确定模型中包含的节点与测点,定义包含 T 细胞回路的 B 细胞网络故障传播模型。

(2) 定义每个测点所包含的传播路径的节点集合。

(3) 定义节点间的相互影响,即各节点间的激励与抑制。

2. 粗糙诊断过程

(1) 找出信号显示为异常的测点 d_i,读取其节点集$\{x_i\}$;

(2) 是否存在其他信号显示为异常的测点,如果存在,则返回第(1)步;

(3) 计算各异常测点节点集的交集$\bigcap_i\{x_i\}$;

(4) 找出获取信号显示为正常的测点 d_j,读取其节点集$\{y_j\}$;

(5) 是否存在其他信号显示为正常的测点,如果存在,则返回第(4)步;

(6) 计算各正常测点节点集的并集$\bigcup_j\{y_j\}$;

(7) 将第(3)步运算结果与第(6)步运算结果进行交集运算,即($\bigcap_i\{x_i\}\bigcap$ $\bigcup_j\{y_j\}$),并令 $S=(\bigcap_i\{x_i\}\bigcap\bigcup_j\{y_j\})$;

(8) 求得故障源集合为$\bigcap_i\{x_i\}-S$。

3. 精确诊断过程

(1) 初始化。设故障源候选解$\bigcap_i\{x_i\}-S$ 中的节点个数为 N,设初始值 $i=1, k=1, A_i=0$。

(2) 读取故障源候选解$\bigcap_i\{x_i\}-S$ 中的第 i 个节点 A_i。

(3) 如果节点 A_i 有多个抑制输入,则根据式(7.12)计算节点 A_i 的抑制率。

(4) 如果节点 A_i 有多个激励输入,则根据式(7.13)计算节点 A_i 的激励率。

(5) 根据方程(7.10)与(7.11)计算节点 A_i 的故障发生率$a_i(t+1)$。

(6) 将计算结果$a_i(t+1)$与 A_i 的值进行比较,如果$a_i(t+1)>A_i$,则将计算结果$a_i(t+1)$赋值给 A_i,并将 i 的值赋给 k。

(7) 赋值 $i=i+1$,如果 $i<N$,返回第(2)步进行下一个节点故障发生率

计算。

（8）最终所求得的故障发生率最高的节点即为故障节点。如果所求得的节点个数不是一个，即两个或多个节点的故障发生率相等，都是最高故障发生率，则系统发生多重故障。

7.4.5　故障传播模型举例

为了证明所提出方法的有效性，利用 Kokawa 故障传播仿真实验中[162]的局部系统及数据对算法进行验证。首先根据该系统的原理图设计如图 7.7 所示的 B 细胞网络故障传播模型。在系统中，传感器安装在 15,16,17,18 部件上。

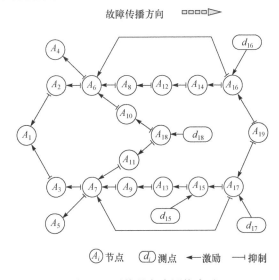

图 7.7　系统的免疫网络表示

诊断过程采用分步诊断方法，分为粗糙诊断和精确诊断。

1. 粗糙诊断

根据故障传播模型进行故障诊断，首先定义每个测点所包含的故障源候选点集合。

测点 d_{15}、d_{16}、d_{17}、d_{18} 的故障源候选点集合分别为

$\{x_{15}\} = \{A_1,A_3,A_7,A_9,A_{13},A_{15}\}$；

$\{x_{16}\} = \{A_2,A_4,A_6,A_8,A_{12},A_{14},A_{16}\}$；

$\{x_{17}\} = \{A_1,A_3,A_7,A_9,A_{13},A_{15},A_{17}\}$；

$\{x_{18}\} = \{A_1,A_2,A_3,A_4,A_5,A_6,A_7,A_{10},A_{11},A_{18}\}$。

　　然后对各正常测点的故障源候选点集合进行并集运算 $\bigcup_j \{y_j\}$；对各异常测点的故障源候选点集合进行交集运算 $\bigcap_i \{x_i\}$；再对其结果计算交集 $S = (\bigcap_i \{x_i\}) \bigcap (\bigcup_j \{y_j\})$，则故障源集合为 $\bigcap_i \{x_i\} - S$。测点信号与故障源候选解之间的关系如表 7.4 所示。

表 7.4　测点信号与故障源候选解之间的关系

d_{15}	d_{16}	d_{17}	d_{18}	候选故障源
√	√	√	√	无
√	×	√	√	$A_8, A_{12}, A_{14}, A_{16}$
√	×	√	√→×	A_2, A_4, A_6
×	√	√→×	√	A_9, A_{13}, A_{15}
√	√	×	√	A_{17}
√	√	√	×	A_{10}, A_{11}, A_{18}
×	√	√→×	√→×	A_3, A_7, A_5
√→×	×	√→×	√→×	A_1

注：√:正常(无故障)；×:异常(故障)；√→×:经传播时间后,状态由正常转为异常。

2. 精确诊断

　　对第一阶段所求得的故障源候选解中的每个节点,根据免疫网络的动力学方程,考虑每个节点故障传播时间因素、节点间的交互作用,计算各节点的故障发生率,对故障源节点按概率排序,确定故障点。

　　仿真实验中的参数设置,设常量 $k = 0.005$,所有元件的激励/抑制的阈值都相同。以第一步诊断结果的两种模式为例依据故障发生率计算方程确定故障源。

　　(1) 以传感器 d_{16} 检测到故障,其他传感器检测状态正常为例,对粗糙诊断结果的故障源候选解 $\{A_8, A_{12}, A_{14}, A_{16}\}$ 进一步诊断。

　　根据故障发生率计算公式计算出不同时间各故障源候选节点的故障发生率,如表 7.5 所示。节点 A_8、A_{12}、A_{14}、A_{16} 故障发生率初始值都是 0.50,由于系统处于正常状态,各节点故障发生率相同。80ms 后,A_{16} 的故障发生率变为 0.15,同时传感器 d_{16} 监测到异常状态,随后在短时间内 A_{16} 的值迅速增加,A_{14}、A_{12}、A_8 的故障发生率在一段时间后也相继增加。在 100ms 左右,A_{16} 的故障发生率变为 0.75,为各节点最大值。在 A_{16} 的故障传播影响下,A_{14}、A_{12}、A_8 的值也分别在一定时间后达到 1.00。因此,根据各节点故障发生率随时间的变化可以判断 A_{16} 为故障点。

表 7.5 故障源候选节点在不同时间点的故障发生率

时间/ms	A_8	A_{12}	A_{14}	A_{16}
80	0.19	0.07	0.11	0.15
100	0.14	0.08	0.11	0.75
150	0.13	0.10	0.20	1.00
350	0.15	0.90	1.00	1.00
400	0.95	1.00	1.00	1.00

(2) 以传感器 d_{16} 检测到故障,随后 d_{18} 也由正常状态变化为异常状态,其他传感器检测状态正常为例,对粗糙诊断结果的故障源候选解 $\{A_2, A_4, A_6\}$ 进一步诊断。

根据故障发生率计算公式计算出不同时间各故障源候选节点的故障发生率,如表 7.6 所示。同样系统处于正常状态时,各节点故障发生率相同,均为 0.50。在 100ms 时,传感器 d_{16} 监测到异常状态,A_{16} 的故障发生率迅速增加,在 A_{16} 的激励下,节点 A_{14} 的故障发生率随后也增加。在 200ms 时,传感器 d_{18} 也监测到异常状态,而 A_{18} 对 A_{16} 有抑制作用,因此导致 A_{16} 的故障发生率降低,A_{16} 对 A_{14} 的激励作用也逐渐降低,所以 A_{14} 的故障发生率也随之降低。在 A_{18} 和 A_{16} 的共同激励作用下,A_6 的故障发生率迅速增加,并且在 A_6 的激励下,A_2 和 A_4 的故障发生率也随之增加,A_6 在 400ms 时故障发生率首先达到 1.00,A_2 和 A_4 随后也达到 1.00,并且 A_6 的值没有随其他节点的抑制而下降,因此可以判断 A_6 为故障点。

表 7.6 故障源候选节点在不同时间点的故障发生率

时间/ms	A_2	A_4	A_6	A_{14}	A_{16}
150	0.10	0.10	0.11	0.14	0.90
200	0.11	0.11	0.12	0.18	0.95
240	0.11	0.11	0.12	0.63	0.63
300	0.10	0.10	0.10	1.00	0.30

续表

时间/ms	A_2	A_4	A_6	A_{14}	A_{16}
370	0.08	0.08	0.45	0.45	0.13
400	0.13	0.13	1.00	0.20	0.11
450	0.85	0.85	1.00	0.10	0.08
500	1.00	1.00	1.00	0.08	0.07

7.5　小　　结

　　故障传播模型是表示故障现象在设备中传播关系的有效方法。为了更好地研究基于免疫网络的故障传播诊断方法,本章介绍了目前常用的几种故障传播模型。利用 B 细胞免疫网络理论建立了故障传播模型,并给出了算法的实现。在传播模型中,B 细胞网络描述故障节点传播关系,T 细胞描述监测点回路,将免疫网络的动力学特性映射为故障传播的延时性。使用这种方法可以实现设备系统的实时诊断,并能够反映故障随时间变化的动态传播特性。

第8章　免疫诊断模型在电机故障诊断中的应用

　　本章实验以异步电动机为对象。异步电动机是用于驱动各种机械和工业设备的通用装置。作为工矿企业大型的动力机械,其工作负荷较重,工作环境差,因此在机械、电气方面的故障非常普遍,如定子铁心故障、绕组绝缘故障、定子端部线圈故障、转子绕组故障、转子本体故障、电气不平衡故障、轴承故障等。

　　异步电动机的故障是多方面的,故障征兆也是多种多样的,为了保证它无故障运行,就要对电动机进行准确的早期故障诊断,将故障征兆消灭在萌芽状态。为此,本章首先对电机故障机理进行分析,清楚地了解其发生故障的原因,掌握故障在各个发展阶段征兆的特点和变化规律;提取出反映异步电动机运行状态的特征向量,为实现所建立的诊断模型实验提供重要的信息资料;并对模型中故障诊断层已知故障的检测和未知故障的学习机制进行有效性验证。

8.1　异步电动机故障机理分析

　　电机运行中由于不同的运行条件和内、外因素作用会导致结构、部件劣化,逐渐失去原有的功能,技术性能下降以及故障甚至损坏。为保证电机的正常运转和技术性能指标的稳定,并做到防患于未然,就必须要:了解电机故障的起因和故障征兆;对将要出现和发生故障的电机进行有效诊断;采取有效技术措施排除故障并确保电机正常运行。

　　异步电动机一般可分为笼型异步电动机和绕线型异步电动机,其结构特点是前者以中、小型为主,结构简单,多自带风扇通风,气隙小;后者以中、大型为主,可串入电阻启动和调速,气隙小。上述两种异步电动机容易产生的故障及部位有:转子偏心、断条,绕组过热和转子匝间短路、开焊;此外,还有轴承部位的振动、漏油和发热[163]。

　　下面对上述主要故障的失效机理及原因进行分析。

8.1.1　转子绕组故障

转子绕组故障常表现为以下几种情况：

（1）断条、开焊：主要是由于设计制造缺陷、焊接不良和前期过载，以及启动次数频繁，造成电流摆动，启动困难、振动，滑差增加和换向火花加大，进而引起电机故障和失效。

（2）接地故障：主要是由于绝缘损伤、绕组过热，造成电机振动、局部放电。

（3）匝间短路：主要是由于绝缘损伤、绕组过热和污垢积存，造成三相阻抗不平衡、振动以及绝缘热分解。

（4）转子本身铁心、支架移动、支架开裂、与定子相擦：主要是由于冲击负荷使键连接松动、匝间短路或断条、转子绕组或端环移位、偏心产生的单边磁拉力以及轴承磨损，造成电机振动、噪声、焊缝开裂、温升增加和电流摆动。

8.1.2　定子绕组故障

定了绕组故障常表现为以下几种情况：

（1）绝缘体污染及裂缝：主要是由于冷却空气质量下降、轴承漏油、端罩漏风、端部固定不良和机械振动过大，导致绝缘电阻下降，泄漏电流增加，严重时导致局部放电造成电机故障。

（2）连接线损坏和电晕：主要是由于焊接不良，振动、电流过大，铁心出口处电位梯度过大和绝缘层间间隙制造工艺缺陷，导致局部放电、绝缘电阻下降、电腐蚀和由电晕引起的绝缘强度降低。

（3）绕组窜位和匝间短路：主要是由于线圈与槽有间隙、端部绑扎不紧、绑扎垫块脱落、启动时电动力过大、机械碰撞使绕组变形，以及制造缺陷，导致三相电流不对称、电机振动以及在短路匝线圈温升较高时引起电机运行故障。

（4）绝缘局部破坏和磨损：主要是由于安装运行中碰撞、多次启动、定子绕组松动、设计制造缺陷、绕组端绑扎不紧和铁心松动、电机松动，导致局部放电、泄漏电流增加、端部振动加大，而影响电机运行，造成故障。

8.1.3　电机轴承故障

电机轴承故障常表现为以下几种情况：

（1）温度高：主要是由于轴瓦间隙过小和润滑不良，其失效征兆是电机运行过热、超过规定指标，严重时会造成失效。

（2）运行带电：主要是由于接地不良、轴电压过高，导致轴电流、轴瓦和轴颈上出现电火花，产生麻点。

（3）振动：主要是由轴承内、外圈和轴承滚动体损坏及油膜振荡造成的，严重时可影响电机的正常运行，造成故障。

（4）漏油：主要是由于密封失效，导致电刷跳动、换向火花大和片间短路，而影响电机的正常运行。

电机故障一般以单一类型故障为主，有时也伴随多故障发生。常见的电机设备故障诊断可以分为电机轴承故障诊断、电机转子故障诊断、电机定子故障诊断等多个部位。而轴承故障诊断又可分为对推力轴承损坏、轴承座松动、不等轴承刚度、温度过高诊断等；转子故障诊断也可分为转子径向碰磨、共生松动故障、喘振等。

8.2　信号采集及故障特征分析

通过对异步电动机的故障机理进行分析可以发现，其故障机理非常复杂，其故障原因与其征兆之间通常不存在简单的一一对应关系，而往往是同一故障表现为多个征兆，某一征兆又可能同时反映不同的故障状态。异步电动机的故障表现在多物理效应上，并且具有相互耦合的特征，如最明显的特征表现在振动、定子电流等信号的频率上，因此常常基于这些信号对电机状态进行检测和故障诊断。

根据现场实际的需要，认为电机的电流、功率、电压、振动、温度等信号以及定子阻抗、转子电阻等参数包含了异步电动机较全面的特征，所以主要对这些信号和参数进行监测、辨识和分析。

实验所采用电动机型号为 Y160M2-8，额定功率 5.5kW，额定频率为 50Hz，额定电压为 380V，额定电流为 13.3A，极对数为 4，额定转速为 715r/min，三角形接法。

为了有效地将电机偏心、断条、三相电压不平衡、轴承等故障检测出来,对振动信号进行采集时,通过多次实验、比较,在实验中选取了四个测点,分别在减速机轴部、电机头部、电机尾部、电机底座等部位安装了振动传感器。且每个传感器分别对三个方向,即轴向、切向、径向进行测量,并规定将电机振动信号的方向表示为 X:轴向,Y:切向,Z:径向。

振动信号的采集参数:

(1) 采样频率:$f_s = 10\text{kHz}$。

(2) FFT 的运算点数:$N = 1024$。

(3) 采样周期:$T_s = 1/f_s = 0.0001\text{s}$。

对异步电动机在无故障正常运行的振动信号及定子电流信号进行采样;模拟实际的轴承故障,采集此故障状态下的振动信号及电流信号,包括轴承的内圈故障、轴承的滚珠故障以及轴承的内圈与滚珠复合故障,并且对轴承进行不同磨损程度的故障模拟;对异步电动机正常与故障状态下定子电流信号进行采样,包括转子鼠笼断条故障、定子匝间绝缘下降故障等,提取出能够反映电机故障的特征向量。

8.2.1　特征数据提取

采用短时傅里叶算法对电机故障进行诊断。首先对电路时域波形进行不失真离散采样,运用傅里叶变换对波形数据进行处理,由时域变换到频域,提取某一时间段的频域信号分析各次谐波的幅值和相角,获取故障波形特征,形成故障特征信息。

图 8.1 分别为原始信号和使用短时傅里叶算法对电机正常运行时电流采样信号进行降噪处理的结果。其中,图 8.1(a)为电机正常运行时电流时域信号;图 8.1(b)为使用 FFT 算法降噪处理后的信号。

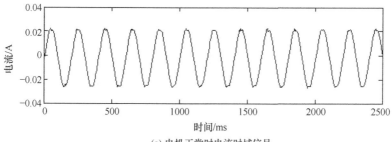

(a) 电机正常时电流时域信号

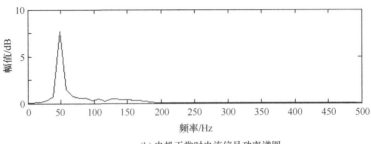

(b) 电机正常时电流信号功率谱图

图 8.1　电机正常时电流的时域信号与功率谱图

图 8.2 为发生转子鼠笼断条故障时电机电流采样的原始信号和使用傅里叶变换对非平稳信号进行降噪处理的结果。其中,图 8.2(a) 为故障原始信号;图 8.2(b) 为使用傅里叶变换进行降噪处理后的信号。

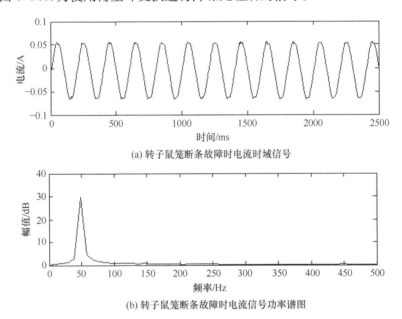

(a) 转子鼠笼断条故障时电流时域信号

(b) 转子鼠笼断条故障时电流信号功率谱图

图 8.2　转子鼠笼断条故障时的电流波形

这里利用电流故障特征与振动故障特征提取相结合来对各种故障加以区分。取实验中定子电流信号与电机头部传感器、减速机轴部传感器的振动信号进行特征分析。通过对各种类型故障在某些故障电流信号特征低频段的幅值进行对照,可以看出其幅值有很大差别,能够作为特征值进行故障的诊断。

根据电机发生故障时,在其电流信号中出现的特征频率,实际中选取电流信号的 S_1(25～75Hz)、S_2(75～125Hz)、S_3(125～175Hz)、S_4(175～225Hz)、S_5(225～275Hz) 5 个频段作为故障特征频率段,以对各种故障进行区分。

此外,还选取径向振动信号进行分析,根据峰值整体特征,将频率分为 4 个频段,分别为 T_1(200～300Hz)、T_2(300～400Hz)、T_3(400～500Hz)、T_4(500～600Hz),作为判断非线性振动故障的特征频率段。

从表 8.1 的电流特征峰值中可以看出,电机在故障状态和无故障状态下,各个特征频段的峰值存在很大差别。尤其在低频段上,故障与无故障时其峰值差异的相对值均超过 4 倍,故障与无故障之间存在着明显差异。例如,发生轴承重度内圈故障状态时,在 50Hz 左右频段,峰值比无故障时明显增加,因此能够实现较准确的故障诊断。而不同故障类型之间有个别差异不明显的情况,故采用振动信号特征进一步加以区分。

表 8.1 电机正常和故障时电流与振动的峰值对照(单位:dB)

频段 状态	S_1	S_2	S_3	S_4	S_5	T_1	T_2	T_3	T_4
电机正常	7.37	0.59	0.45	0.18	0.19	2.27	2.69	1.75	0.79
转子鼠笼断条	29.59	2.36	0.95	0.45	0.74	3.46	2.09	3.26	5.67
转子鼠笼断条与 轴承磨损复合故障	43.17	3.60	2.76	0.48	0.98	18.10	5.36	5.56	3.80
匝间绝缘下降	39.25	2.28	1.01	0.55	0.98	3.56	2.55	3.33	3.15
轴承内圈故障	58.40	18.74	2.52	1.87	3.20	1.37	2.90	1.03	0.49
轴承滚珠故障	32.70	2.39	1.67	0.40	0.75	5.00	2.49	5.05	10.90
轴承重度滚珠与 重度内圈复合故障	56.26	16.97	2.67	2.21	3.78	3.36	1.49	1.72	0.56
轴承重度滚珠与 轻度内圈复合故障	57.92	18.21	2.09	2.45	3.29	2.08	1.33	2.18	0.68

从振动特征峰值中可以看出,电机在故障与无故障状态下,其峰值变化主要在 0～10dB 这个小范围,并且峰值活跃在 0～1000Hz 频段内。从特征值角度分析可以看出,所有的特征值都在 0～500Hz 频率内,但是其对应的频率差异很大,没有固定的规律。通过观察分析可以看出,无故障电机峰值比较稳定,在各个频段都低于故障状态的峰值。但是故障电机在不同的频段也显示出各自特点,如转子与轴承复合故障特征值在 200～300Hz 频段,而轴承滚珠

故障的特征值却在 500～600Hz 频段。其他故障也不同地体现出这一特征。不能明显区分的转子鼠笼断条故障和匝间绝缘下降故障峰值差异也在 1.6 倍;可以明显区分的故障状态如转子鼠笼断条与轴承磨损复合故障,特征值是无故障电机的 6 倍以上。

根据以上分析,对电流信号和振动信号进行特征数据处理,采用电流故障特征与振动故障特征提取相结合对各种故障进行区分,构成 9 维特征向量作为系统待测数据,对所介绍的算法进行验证。其中,特征向量描述为

$$X_i = (x_{i1}, x_{i2}, \cdots, x_{i9})　　　　　　　　(8.1)$$

在算法实现之前,对待测的特征数据进行归一化处理,使实验数据具有强分辨力和代表性。

8.2.2　特征数据归一化

将特征数据进行归一化处理,用极值标准化公式(8.2),把特征值压缩到 [0,1]区间:

$$x = \frac{x' - x'_{min}}{x'_{max} - x'_{min}}　　　　　　　　(8.2)$$

当 $x' = x'_{max}$ 时,$x=1$;$x' = x'_{min}$ 时,$x=0$。

将实验中所采集的实验数据经过特征提取、归一化处理后,作为样本数据对所提出的免疫诊断模型进行仿真分析与验证。

8.3　基于免疫模型的故障诊断实验

在诊断系统中,对已明确故障类型的七种电机故障和正常样本数据进行训练、辨识及学习。七种电机故障包括:转子鼠笼断条、转子鼠笼断条与轴承磨损复合故障、匝间绝缘下降、轴承重度内圈故障、轴承滚珠故障、轴承重度滚珠与重度内圈复合故障、轴承重度滚珠与轻度内圈复合故障。对于电机正常及各种故障分别采集的数据,经过特征提取、归一化数据处理后作为训练、检测样本及学习样本。其中,转子鼠笼断条与轴承磨损复合故障、匝间绝缘下降、轴承重度内圈故障、轴承滚珠故障、轴承重度滚珠与重度内圈复合故障五种状态的数据作为训练算法的样本数据,训练结果保存于知识库中,并利用知识库数据对轴承重度内圈故障和鼠笼断条轴承磨损故障进行已知故障的检测识别。将轴承重度滚珠与轻度内圈复合故障和转子鼠笼断条故障作为未知故障进行在线学习。在实验中收集 20 组数据用于性

能分析,然后将这 20 组数据分为两部分,其中 10 组作为训练样本或学习样本,10 组用于诊断验证。

根据所研究的诊断方法,故障检测诊断实验分为三个阶段进行:训练阶段、诊断阶段和连续学习阶段。诊断实验中,设定抗原的表示分别为 9 维表示的特征向量 $X_i = (x_{i1}, x_{i2}, \cdots, x_{i9})$,检测器由 B 细胞及其所包含的若干抗体组成,其中检测器的 B 细胞表示为(B 细胞中心,B 细胞半径),抗体表示为(抗体中心,抗体半径,所属 B 细胞)。

8.3.1　训练阶段

提取电机系统正常、故障状态下的特征参数经特征提取、归一化处理后作为训练样本,采用第 5 章给出的检测器生成算法对样本数据进行训练。当样本数据训练结束后,将得到一组带有故障类型和 B 细胞及其抗体结构的记忆检测器集合,生成自体库及故障知识库。

1) 自体检测器

将电机系统正常状态下提取的特征数据经归一化处理后作为自体检测器训练样本,计算训练样本各维的平均值,得到的向量 $(\overline{X_1}, \overline{X_2}, \cdots, \overline{X_L})$ 作为训练样本的特征向量,得到向量值(0.0012, 0.0025, 0.0108, 0.0036, 0.0008, 0.0017, 0.0967, 0.0097, 0.0019)。以该特征向量值为中心,在状态空间内生成一个 B 细胞,其中心点即为(0.0012, 0.0025, 0.0108, 0.0036, 0.0008, 0.0017, 0.0967, 0.0097, 0.0019),B 细胞的半径由 $R_B = \max(\mathrm{ag}_{i\max} - \overline{\mathrm{ag}_i}) + \psi$ 计算,其中设 $\psi = 0.0124$。

训练结束后生成自体检测器,自体(self)的结构为

$(0.0012, 0.0025, 0.0108, 0.0036, 0.0008, 0.0017, 0.0967, 0.0097, 0.0019, 0.0226, \mathrm{self})$

将训练获得的自体检测器存储于自体库中。

2) 故障检测器

以轴承重度内圈故障为例,用样本数据训练免疫系统,生成故障检测器。

取轴承重度内圈故障实验数据进行傅里叶变换,将处理后所得的特征向量作为训练样本进行训练,生成轴承重度内圈故障检测器 B_SIR。生成的检测器由 B 细胞及其产生的抗体集组成。

轴承重度内圈故障检测器 B_SIR 为

$(0.9989, 0.9824, 0.9402, 0.7584, 0.8446, 0.1049, 0.9978, 0.2650, 0.0623, 0.5117, \mathrm{B\_SIR})$

其包含的部分抗体为

(0.9901,0.9807,0.9399,0.7575,0.8413,0.1081,0.9918,0.2712,0.0634,0.0133,B_SIR)

(0.9919,0.9792,0.9407,0.7550,0.8465,0.1049,0.9966,0.2720,0.0592,0.0115,B_SIR)

(0.9961,0.9819,0.9406,0.7561,0.8399,0.1055,0.9997,0.2684,0.0619,0.0071,B_SIR)

(0.9947,0.9755,0.9389,0.7571,0.8380,0.1054,0.9935,0.2717,0.0593,0.0134,B_SIR)

(0.9993,0.9812,0.9366,0.7524,0.8435,0.1036,0.9955,0.2671,0.0564,0.0098,B_SIR)

(0.9997,0.9765,0.9419,0.7619,0.8438,0.1100,0.9946,0.2622,0.0596,0.0101,B_SIR)

(0.9945,0.9781,0.9370,0.7548,0.8393,0.1035,0.9925,0.2644,0.0642,0.0109,B_SIR)

(0.9981,0.9763,0.9354,0.7551,0.8463,0.1011,0.9955,0.2712,0.0633,0.0115,B_SIR)

(0.9919,0.9799,0.9363,0.7597,0.8446,0.1069,0.9946,0.2719,0.0602,0.0118,B_SIR)

(0.9935,0.9831,0.9419,0.7550,0.8432,0.1061,0.9931,0.2667,0.0603,0.0083,B_SIR)

......

以类同的方法分别生成转子鼠笼断条与轴承磨损复合故障、匝间绝缘下降故障、轴承滚珠故障、轴承重度滚珠与重度内圈复合故障对应的检测器。其中：

转子鼠笼断条与轴承磨损复合故障对应 B 细胞 B_BRotor 的结构为

(0.2245,0.0568,0.3212,0.0439,0.0744,0.9987,0.5265,0.8485,0.2977,0.1324,B_BRotor)

匝间绝缘下降故障对应 B 细胞 B_Stator 的结构为

(0.1998,0.0319,0.0779,0.0542,0.0744,0.0815,0.0741,0.3519,0.2334,0.1204,B_Stator)

轴承滚珠故障对应 B 细胞 B_BBall 的结构为

(0.1588,0.0340,0.1697,0.0322,0.0527,0.1725,0.0644,0.7350,0.9920,0.1003,B_BBall)

轴承重度滚珠与重度内圈复合故障对应 B 细胞 B_SBSIR 的结构为

(0.9616,0.9045,0.9774,0.9004,0.9832,0.4637,0.3527,0.7082,0.0801,0.4506,B_SBSIR)

系统对故障样本数据进行训练生成的各种故障类型的检测器存储于故障知识库中。在故障知识库中，生成的检测器结构描述见表8.2。

表 8.2　检测器结构描述

B 细胞	B 细胞半径	B 细胞内的抗体数量	对应故障类型
B_SIR	0.5117	158	轴承重度内圈故障
B_BRotor	0.1324	41	转子鼠笼断条与轴承磨损复合故障
B_Stator	0.1204	37	匝间绝缘下降故障
B_BBall	0.1003	31	轴承滚珠故障
B_SBSIR	0.4506	139	轴承重度滚珠与重度内圈复合故障

　　根据所提出的算法,所产生的抗体大部分应位于 B 细胞中心到边缘的中间区域,并且这些抗体的检测半径值也应是中间值。如图 8.3 所示,在轴承重度内圈故障样本训练结束后,生成的检测器 B_SIR 的抗体检测半径大部分集中在 0.010～0.020。

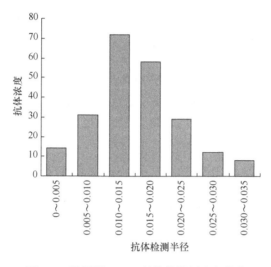

图 8.3　检测器 B_SIR 的抗体检测半径分布

8.3.2　故障诊断阶段

1. 参数设置

首先,对故障诊断各阶段使用到的重要参数进行设置:

1) 抗体生成常数 K

抗体生成常数 K 直接影响 B 细胞内初始抗体的数量。抗体生成常数越大,B 细胞内的初始抗体数量越多,耐受时需要的迭代次数越少,但迭代次数少会导致抗体的多样性减少。算法中,抗体生成常数 K 设定为 30。

2) 繁殖系数 β

繁殖系数 β 影响着每个抗体的克隆个体数量,β 越大,克隆出的个体数量越多,记忆抗体的搜索空间也就越大,但算法计算量也相应增加;而如果 β 值越小则算法迭代次数越多。通过实验分析,诊断系统设置繁殖系数 β 为 1。

3）惯性系数 ω、加速常数 c

粒子群优化算法中的惯性系数用来调节对上一时刻速度的保持程度,加速常数用来调节向全局最优的移动速度。系统中,为了保持多样性,抗体的移动速度不宜太快,以免导致抗体在 B 细胞中心位置聚集,所以惯性系数 ω 和加速常数 c 的取值要比基本粒子群算法时小很多。通过实验分析,将这两个参数分别设置为 0.04 和 0.30。

4）重叠度阈值 ε

抗体在进行克隆变异时,不可避免地会产生重叠较大、功能较差的冗余个体。重叠度阈值 ε 的设定对这些冗余抗体的消除至关重要:若 ε 过小,则会减少抗体对整个系统空间的覆盖,增加漏报率;若 ε 过大,则会导致抗体数量大幅增加,以致降低了系统的检测效率。算法中,选择重叠度阈值 ε 为 0.0084。

5）B 细胞生命周期 T

在线学习过程产生的 B 细胞存在生命周期 T。T 设置较小时,如果某种类型的抗原再次出现,而对应该故障类型的 B 细胞已经消亡,那么系统需要再次对该抗原进行学习,而导致系统效率降低;T 设置较大时,如果系统长期检测不到某种类型的抗原,而对应的 B 细胞却参与了对所有抗原的检测过程,也会在一定程度上造成系统效率下降。经过实验分析,将 B 细胞生命周期 T 设置为 32。

2. 固有故障诊断

依据自体库中的正常数据通过自体-非自体识别模块进行异常数据检测,当自体-非自体模块检测到异常时,调用固有免疫诊断模块,读取故障知识库中的记录与检测信息计算亲和力,若亲和力达到阈值,则告警。

分别以轴承重度内圈故障以及转子鼠笼断条和轴承磨损复合故障为例,获取某一时间片的数据集进行检测诊断。取轴承重度内圈故障实验数据进行特征提取处理,处理后的数据作为待检测样本。

1）轴承重度内圈故障

图 8.4 为电机发生轴承重度内圈故障时,降噪处理后的电流与振动原始信号以及经过傅里叶变换后的电流及振动信号。读取其特征量,作为待测样本。

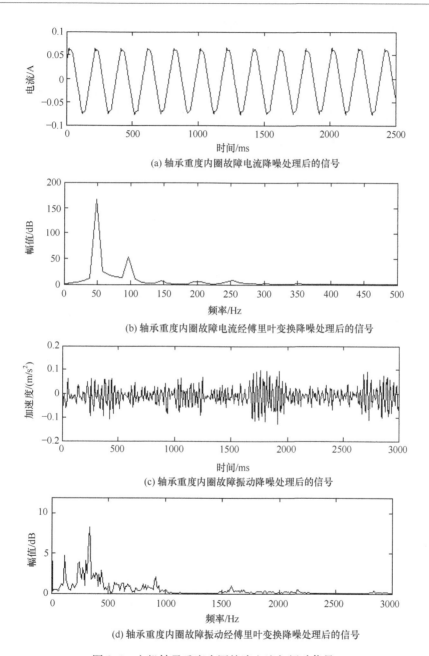

(a) 轴承重度内圈故障电流降噪处理后的信号

(b) 轴承重度内圈故障电流经傅里叶变换降噪处理后的信号

(c) 轴承重度内圈故障振动降噪处理后的信号

(d) 轴承重度内圈故障振动经傅里叶变换降噪处理后的信号

图 8.4　电机轴承重度内圈故障电流与振动信号

　　将轴承重度内圈故障的待诊断故障数据样本作为抗原集,对这一时间片内的 10 组抗原进行自体-非自体识别。首先从自体库中读取自体检测器对抗原集进行检测,计算自体检测器与抗原集的距离为

　　(2.2548,2.2521,2.2566,2.2549,2.2575,2.2529,2.2512,2.2599,2.2781,2.2543)

　　与自体检测器半径相比,抗原位于自体区域之外,系统产生异常信号。下面对系统出现的异常信号进一步进行故障识别。从故障知识库中依次读取故障检测器,并计算故障检测器与抗原的距离,其中 B_SIR 检测器与抗原之间的距离为

　　(0.004,0.0136,0.011,0.0129,0.0158,0.011,0.0122,0.0093,0.013,0.0133)

　　由于抗原与 B_SIR 检测器之间的距离小于 B_SIR 检测器半径,所以抗原位于 B_SIR 检测器区域内。进一步读取 B 细胞 B_SIR 内的各抗体,分别对抗原进行识别,其中抗体(0.9919,0.9799,0.9363,0.7597,0.8446,0.1069,0.99426,0.2719,0.06024,0.0118,B_SIR)与抗原平均值(0.9950,0.9855,0.9366,0.762,0.8466,0.1053,0.9961,0.2689,0.0631)的距离为 0.0085,小于抗体的检测半径,证明抗体(0.9919,0.9799,0.9363,0.7597,0.8446,0.1069,0.99426,0.2719,0.06024,0.0118,B_SIR)能够识别该抗原。因此,可诊断出系统发生了轴承重度内圈故障。

　　2) 转子鼠笼断条与轴承磨损复合故障

　　同理,通过对图 8.5 电机转子与轴承复合故障的电流与振动信号的分析,形成故障特征向量。

　　与轴承重度内圈故障的诊断过程类同,将转子与轴承复合故障的待诊断故障数据样本作为抗原集,首先进行自体-非自体识别,计算自体检测器与抗原集之间的距离为

　　(1.4615,1.4531,1.4583,1.4531,1.4496,1.4561,1.4557,1.4523,1.4636,1.4527)

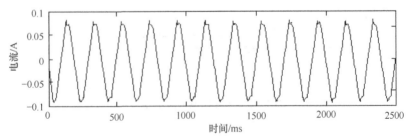

(a) 转子与轴承复合故障电流降噪处理后的信号

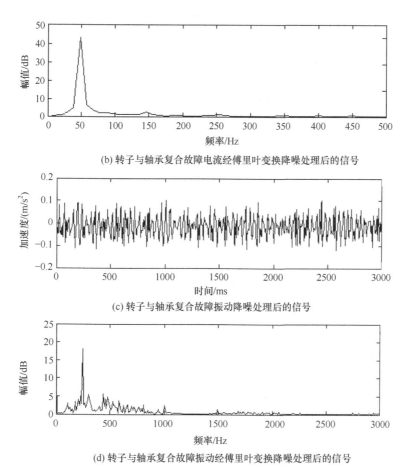

(b) 转子与轴承复合故障电流经傅里叶变换降噪处理后的信号

(c) 转子与轴承复合故障振动降噪处理后的信号

(d) 转子与轴承复合故障振动经傅里叶变换降噪处理后的信号

图 8.5　电机转子与轴承复合故障电流与振动信号

　　通过与自体检测器半径相比,抗原位于自体区域之外,系统产生异常报警。从故障知识库中读取故障检测器识别抗原的类别,其中 B_BRotor 检测器与抗原之间的距离为

(0.0073, 0.0136, 0.0128, 0.0108, 0.0111, 0.0053, 0.0068, 0.0111, 0.0089, 0.0104)

表明抗原位于 B_BRotor 检测器区域内。进一步使用 B_BRotor 内的抗体识别抗原,其中 (0.2189, 0.0531, 0.3170, 0.0459, 0.0730, 0.9962, 0.5218, 0.8494, 0.2957, 0.0126, B_BRotor) 与抗原的平均值 (0.2235, 0.0566, 0.321, 0.0451, 0.0724, 0.9945, 0.5281, 0.8483, 0.2986) 之间的距离为 0.0101,小于

抗体的检测半径。通过多个抗体的检测证明 B_BRotor 检测器内存在识别抗原的若干抗体,结果可确定系统发生了转子与轴承复合故障。

8.3.3　连续学习阶段

在上述第一阶段训练结束后,生成了自体检测器及各种故障类型的检测器,保存于自体库与故障知识库中各检测器的状态空间分布如图 8.6 所示。

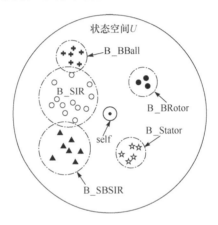

图 8.6　检测器状态空间分布图

当诊断系统检测到非自体抗原出现时,如果故障知识库中的现有检测器都未能识别该抗原集,则将抗原以参数的形式传递给适应性连续学习模块进行在线学习。

以轴承重度滚珠与轻度内圈复合故障实验数据为例,如图 8.7 所示,将经过数据处理得到的特征向量作为样本数据,定义其为抗原集。

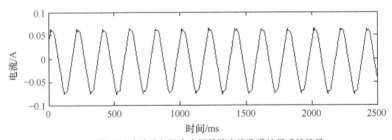

(a) 轴承重度滚珠与轻度内圈故障电流降噪处理后的信号

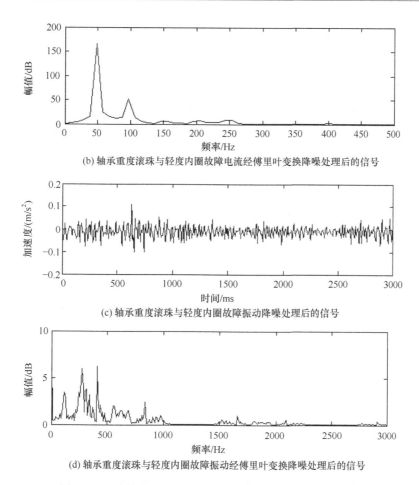

(b) 轴承重度滚珠与轻度内圈故障电流经傅里叶变换降噪处理后的信号

(c) 轴承重度滚珠与轻度内圈故障振动降噪处理后的信号

(d) 轴承重度滚珠与轻度内圈故障振动经傅里叶变换降噪处理后的信号

图 8.7　电机轴承重度滚珠与轻度内圈故障电流与振动信号

　　首先读取自体库中的自体检测器对抗原集进行检测,求得抗原与自体检测器之间的距离为 $(2.2988, 2.296, 2.2946, 2.2992, 2.2953, 2.2996, 2.296, 2.2977, 2.2975, 2.2955)$,大于自体检测器半径,检测到异常状态。然后读取故障知识库中的已知故障检测器对抗原集进行故障诊断,分别计算各故障检测器与抗原的距离,求得抗原与检测器 B_SIR、B_BRotor、B_Stator、B_BBall、B_SBSIR 之间的距离分别为 $1.0749, 1.9615, 1.9927, 2.0933, 0.4629$,均大于各检测器 B 细胞的半径,因此故障知识库中已知的故障检测器均未能识别该抗原,系统出现未知故障类型,需要对新抗原进行 B 细胞在线学习,将抗原提呈至学习模块进行学习。

1. B 细胞学习

首先定义新检测器为 B_SBLIR，并对抗原集进行学习产生新的 B 细胞。以抗原集出现区域的平均值(0.9907,0.9727,0.7651,0.982,0.8722,0.2298, 0.2759,0.9959,0.1175)为中心点生成一个新的 B 细胞，由 $R_B = \max(\text{ag}_{imax} - \overline{\text{ag}_i}) + \psi$ 计算 B 细胞半径，其中常数 $\psi = 0.0124$，各维的 ag_{imax} 分别为 0.9933, 0.9857,0.8694,0.9967,0.8946,0.4326,0.7710,0.9992,0.2431，各维的 $\overline{\text{ag}_i}$ 分别为 0.9907,0.9727,0.7651,0.9820,0.8722,0.2298,0.2759,0.9959, 0.1175，求得 $R_B = \max(\text{ag}_{imax} - \overline{\text{ag}_i}) + \psi = 0.5104$。所产生的 B 细胞为 (0.9907,0.9727,0.7651,0.9820,0.8722,0.2298,0.2759,0.9959,0.1175,0.5075,B_SBLIR)

由于该 B 细胞与自体检测器之间的距离为 1.9641，大于自体检测器半径 (0.0226)与 B 细胞半径(0.5075)之和 0.5301，所以 B_SBLIR 检测器与自体没有重叠。

2. 生成抗体

在新生成的 B 细胞内生成抗体集。根据实际情况和实验数据的综合分析，令形状空间跨度 $\Gamma = 1$，抗体生成常数 $K = 30$，由 $N = (R_B / \Gamma) \times K$ 计算生成抗体的数量，B 细胞 B_SBLIR 生成的抗体数量 $N = 15$。

在 B 细胞范围内随机产生若干候选抗体，并由 $r = (R_B - d)/\lambda$ 计算每一个抗体的检测半径。例如，某一抗体中心为(0.9931,0.9767,0.7934,0.9802, 0.8924,0.2946,0.2997,0.9974,0.1823)，形状空间的维数 $L = 9$，该抗体与 B 细胞中心之间的距离为 0.1009，实验中 λ 取值为 30，求得该抗体的半径为 0.0136，将所产生的抗体定义为 (0.9931,0.9767,0.7934,0.9802,0.8924,0.2946,0.2997,0.9974,0.1823,0.0136,B_SBLIR)

3. 克隆变异因子

将候选抗体进化为成熟抗体集。将 B 细胞内的候选抗体按照每个抗体与 B 细胞中心之间的距离大小排序，如某一抗体(0.9931,0.9767,0.7934, 0.9802,0.8924,0.2946,0.2997,0.9974,0.1823,0.0136,B_SBLIR)与 B_SBLIR 中心的距离为 0.1103，在 15 个候选抗体中按顺序排在第 6 位，因此根据公式 $N_{ci} = \text{round}(\beta \times N/i)$，它将克隆 2 个个体(其中 $N = 15, i = 6, \beta = 1$)。克隆产生的抗体都会随机赋予一个初速度。这两个子个体的中心、半径和母体完全一致,但经过变异之后,由于随机赋予的初速度不同及变异过程中随机数的引入,两个个体就会出现差异。

母体抗体(0.9931,0.9767,0.7934,0.9802,0.8924,0.2946,0.2997,0.9974,0.1823,0.0136,B_SBLIR)的初速度为(0.0476,0.6301,0.3422,0.1017,0.4256,0.1004,0.2107,0.0041,0.1714),以第9维的变异为例,第9维的值为0.1823,其初始速度在该维的分速度为0.1714,而全局最优在该维的值为0.1175(B细胞中心),惯性系数ω设置为0.04,加速常数c为0.30,随机数s此时为0.59,则可根据抗体变异公式计算出抗体下一时刻的速度在该维的分速度为 -0.0046,所以根据公式可计算出该抗体第9维在下一时刻的值为0.1777。

经过一次变异之后,该抗体变异成为(0.9928,0.9732,0.7901,0.9807,0.8901,0.2893,0.2917,0.9968,0.1777,0.0144,B_SBLIR),与B细胞中心之间的距离为0.0914,比母体与B细胞中心之间的距离值0.1009要小,因此变异后的子抗体优于母抗体。

4. 检测器评估

在某次迭代过程中产生的两个抗体分别为(0.9897,0.9726,0.7663,0.9830,0.8675,0.2281,0.2811,0.9912,0.1139,0.0136,B_SBLIR)和(0.9947,0.9725,0.7622,0.9836,0.8695,0.2377,0.2902,0.9958,0.1224,0.0147,B_SBLIR),它们之间的距离为0.0177,由于$r+r'-D=0.0106>0$,所以两个抗体之间有重叠。根据$w(Ab,Ab')=(e^{\delta}-1)^L$可得两个抗体之间的重叠度为0.0013($L=9,\delta=(r+r'-D)/(2r)=0.3897$)。此时还有另外两个抗体与抗体(0.9897,0.9726,0.7663,0.9830,0.8675,0.2281,0.2811,0.9912,0.1139,0.0136,B_SBLIR)有重叠,且重叠度分别为 0.0045 和 0.0017,因此对于抗体(0.9897,0.9726,0.7663,0.9830,0.8675,0.2281,0.2811,0.9912,0.1139,0.0136,B_SBLIR),其他抗体对它的重叠度为0.0085,大于重叠度阈值0.0084,该抗体属于"冗余"抗体,将其删除掉。

5. 检测器生成

设新产生的B_SBLIR检测器为轴承重度滚珠与轻度内圈故障检测器,其B细胞为

(0.9907,0.9727,0.7651,0.9820,0.8722,0.2298,0.2759,0.9959,0.1175,0.5075,B_SBLIR)

　　所包含的部分抗体为

$(0.9927,0.9704,0.7692,0.9781,0.8712,0.2308,0.2669,0.9898,0.1099,0.0132,B\_SBLIR)$

$(0.9889,0.9713,0.7740,0.9832,0.8733,0.2277,0.2720,0.9921,0.1097,0.0123,B\_SBLIR)$

$(0.9871,0.9677,0.7697,0.9819,0.8693,0.2237,0.2738,0.9961,0.1172,0.0112,B\_SBLIR)$

$(0.9952,0.9689,0.7739,0.9782,0.8754,0.2328,0.2692,0.9915,0.1124,0.0135,B\_SBLIR)$

$(0.9906,0.9719,0.7717,0.9846,0.8721,0.2265,0.2677,0.9895,0.1137,0.0126,B\_SBLIR)$

$(0.9939,0.9710,0.7711,0.9790,0.8690,0.2320,0.2714,0.9911,0.1117,0.0088,B\_SBLIR)$

$(0.9933,0.9661,0.7703,0.9783,0.8727,0.2237,0.2693,0.9956,0.1178,0.0141,B\_SBLIR)$

$(0.9907,0.9705,0.7651,0.9824,0.8669,0.2239,0.2687,0.9949,0.1190,0.0122,B\_SBLIR)$

$(0.9884,0.9680,0.7700,0.9817,0.8727,0.2248,0.2686,0.9917,0.1105,0.0142,B\_SBLIR)$

$(0.9886,0.9681,0.7723,0.9757,0.8680,0.2331,0.2694,0.9955,0.1189,0.0109,B\_SBLIR)$

　　……

　　以类同的方法可学习生成对应转子故障的 B_Rotor 检测器,其 B 细胞为

$(0.1393,0.0334,0.0695,0.0395,0.0518,0.0752,0.0018,0.3363,0.4827,0.0907,B\_Rotor)$

　　学习结束后增加了新检测器,包括轴承重度滚珠与轻度内圈复合故障检测器 B_SBLIR 和转子故障检测器 B_Rotor,其空间结构示意图如图 8.8 所示。

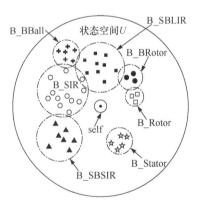

图 8.8　学习结束后生成的检测器

　　由于在 B-PCLONE 学习机制中采用粒子群优化算法的寻优公式来指导抗体的变异方向,发挥抗体间的信息共享,使抗体能够向着有益的方向发展,因此最佳亲和力的收敛速度相对较快,并且学习精度也较高。图 8.9 给出了分别采用 B-PCLONE 算法、CLONE 算法和 PSO 算法对电机故障实验

数据进行学习的过程描述。在迭代 228 次时 B-PCLONE 算法的最佳亲和力收敛到 0.94 左右,而 CLONE 算法和 PSO 算法的最佳亲和力都在 0.9 以下。这意味着 B-PCLONE 算法的学习效率比 CLONE 算法和 PSO 算法更好。

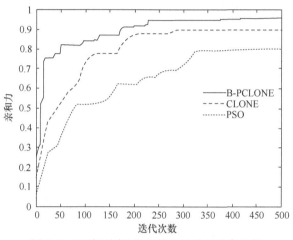

图 8.9　三种不同的学习算法的学习效率比较

6. 二次响应

　　上面以轴承重度滚珠与轻度内圈复合故障为例介绍了未知故障的学习过程,这种学习过程是对抗原的初次学习,学习结束所产生的新检测器 B_SBLIR 除了保存于记忆细胞库,还要将其反馈回故障知识库中保存,以便下一次这种故障类别再次出现时,能够快速有效地识别响应,即免疫系统中的初次响应与二次响应。

　　从轴承重度滚珠与轻度内圈故障的实验数据中取 10 组测试样本,用免疫系统对抗原集进行二次响应。

　　首先用自体检测器检测抗原,抗原集与自体检测器的距离为(2.2949, 2.2927, 2.2970, 2.2931, 2.2975, 2.2960, 2.2947, 2.2945, 2.2928, 2.2925),抗原集未在自体区域,系统出现异常状态。

　　取 10 组数据各维的平均值:0.9908, 0.9697, 0.6908, 0.9808, 0.7911, 0.2279, 0.2704, 0.9928, 0.1437。10 组数据的平均值与 B_SIR, B_BRotor, B_Stator, B_BBall, B_SBSIR, B_SBLIR, B_Rotor 匹配,平均距离分别为 1.0993, 1.9112, 1.9317, 2.0287, 0.5272, 0.1133, 2.0153;10 组数据与 B 细胞 B_SBLIR 中心的距离分别是为 0.0111, 0.0147, 0.0135, 0.0103, 0.0153,

0.0135,0.0121,0.013,0.0109,0.0139,均小于 B 细胞 B_SBLIR 半径,可以确定发生了轴承重度滚珠与轻度内圈复合故障。

以上描述了对抗原进行初次响应和二次响应的过程。系统对新抗原做出初次响应时,是对该故障类型的学习阶段,响应时间长,抗体浓度增加较慢。用学习结果 B_SBLIR 检测器进行二次响应,能够在较短时间内快速识别该抗原,并能识别其故障类型,如图 8.10 所示。

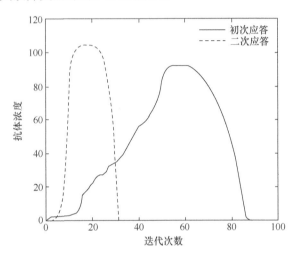

图 8.10　初次响应、二次响应比较曲线

以上实验表明,系统具有连续学习的特性,能够根据实时检测信号不断地更新知识库中的检测器集合,并使系统的检测能力不断提高。

8.4　实验结果分析

选定遗传算法与所提出算法进行比较。测试数据分别采集电机的正常运行数据与四种故障数据:

A_1——正常,A_2——重度内圈故障,A_3——重度滚珠与轻度内圈复合故障,A_4——匝间绝缘下降故障,A_5——轻度滚珠与重度内圈复合故障。

两种算法迭代次数均为 100,其余参数选定为使各种算法获得最佳效果时的参数,即遗传算法的交叉概率为 0.6,突变概率为 0.001。B-PCLONE 算法的参数如下:抗体生成常数 K 设置为 480,繁殖系数 β 设置为 1,惯性系数 ω 和加速常数 c 分别设置为 0.04 和 0.30,重叠度阈值 ε 设置为 0.0084。

通过对上述五种状态样本的检测和诊断,得到两种算法的比较结果,如表 8.3 所示。

表 8.3　不同算法诊断准确率比较

状态		A_1	A_2	A_3	A_4	A_5
遗传算法	样本数目	150	100	100	100	100
	平均适应度	0.9919	0.9900	0.9842	0.9850	0.9826
	准确率/%	97	80	91	83	92
B-PCLONE 算法	样本数目	150	100	100	100	100
	平均亲和力	0.9971	0.9916	0.9908	0.9894	0.9887
	准确率/%	100	100	100	99	99

8.5　小　　结

本章以电动机为例,首先对电动机的故障机理进行分析,设计了实验方案,采集了电机的各种故障数据,对实验数据的电流与振动信号进行频谱分析,提取特征向量作为样本数据对所提出的算法及模型的有效性进行了验证。实验内容主要包括:①自体检测器和故障检测器的生成;②已知故障类型的检测效率及故障识别率测试;③未知故障类型的连续学习算法效率及准确率的测试。测试结果表明,本书提出的免疫诊断模型既可以快速准确地实现已知故障识别,又能实现未知故障类型的连续学习。所提出的定义检测器算法具有更高的检测效率与识别率。

第9章 总结与展望

9.1 主要研究工作总结

借鉴生物免疫系统中问题求解的方法,及其连续学习、记忆存储、多样性、交互性、异常检测等特性,设计了应用于故障诊断的人工免疫系统——分层免疫诊断模型。模型借鉴生物免疫系统的多种重要机制,不仅考虑了系统对抗原的多层防御结构及其作用时相,还包括树突状细胞提呈加工抗原的危险信号识别模式。结合克隆选择与免疫网络模型的机理,同时还使用了免疫的初次应答和二次应答理论。研究了基于免疫机制的分层故障诊断模型的总体结构,对设备的检测和故障诊断方法、连续学习机制及基于免疫网络的故障传播模型等进行了理论和实验研究,为设备故障的检测、定位、诊断等提供了一个比较完整的理论基础,并根据这些理论进行了部分实用化设计和可行性分析。这些新的设计机制为研究将固有免疫系统和适应性免疫系统一体化的人工免疫系统提供了一个结构框架。

通过对异步电动机的实验验证,免疫故障诊断方法既能检测出已知故障,又能识别并预测早期及未知故障,在故障发生之前及时修复,从而缩短系统维修时间,减少损失。

9.2 主要创新点

1. 提出了用于故障诊断的分层免疫模型

借鉴生物免疫系统的分层防御机理以及层次间的相互激活作用,引入分层诊断的思想,提出了用于故障诊断的分层免疫诊断模型。考虑了生物免疫固有子系统和适应性子系统的层次关系以及克隆选择与免疫网络之间的关系,免疫诊断模型采用三层结构,第一层是以固有提呈细胞免疫应答机理为理论基础的异常追踪检测层,采用基于数据流相关性分析和变化点检测的树突状细胞算法对信号进行危险度检测;第二层以克隆选择自适应的方式解决新故障类型以及早期故障的学习;第三层以免疫网络机理建立免疫网络故障传播模型,检测诊断故障节点的影响通过整个系统进行传播的问题。通过层次间的交互作用传递检测参数、危险信号及诊断结果,实验表明包含了固有免疫细胞的人工免疫系统具有更好的特性;同时诊断结果表明使用分层免疫诊断模型既能诊断已知故障又能识别未知及早期故障。

2. 设计了基于时间序列树突状细胞算法的异常检测方法

针对树突状细胞算法中信号及参数的定义存在高度随机性问题,提出一种时间序列数据的异常检测树突状细胞算法;采用多维数据流相关性分析和变化点检测方法对抗原进行检测,遴选出能够反映突变状态的关键点数据作为异常活动候选解;基于变化点子空间追踪算法提取特征集,准确地获取及分类各种输入信号子空间;在算法的上下文评估中加入动态迁移阈值的概念,累积一定窗口时间内的抗原评估,有效地减少了误判率。

3. 构建了基于体液免疫的双重学习机制

针对复杂系统中故障样本获取困难的问题,设计了双重故障检测机制和基于体液免疫的连续学习算法,采用 B 细胞和抗体双重学习机制以提高学习精度;根据动态克隆选择算法对环境的适应性,提出了针对成熟检测器的基于增值策略和分级记忆策略的诊断模型,赋予系统一组能够按照系统行为模式的改变而变化的适应性故障检测器,同时系统的连续学习特性可以不断地更新故障检测器,提高检测故障的能力,并记忆存储检测器用于二次快速准确检测。通过不断补充和完善诊断知识,克服了故障知识的不完备问题,逐步使系统的诊断能力达到最优。

4. 利用免疫网络机理建立了免疫网络故障传播模型

利用免疫网络理论构建设备系统的故障传播模型,将设备系统中单元之间的故障传播的因果关系映射为免疫系统中细胞之间的交互识别关系,由 B 细胞网络描述故障节点传播关系,T 细胞描述测点回路。按照所构建的故障传播模型,采用免疫网络结构定位故障源点,用免疫网络的动态特性表示诊断中故障对系统影响的时间和空间特性。这种方法的主要优点在于模型结构简单直观,易于描述,提高了诊断效率,实现了准确的故障定位。

5. 区分 B 细胞和抗体的层次关系

将故障检测器定义为 B 细胞及其所包含的若干抗体结构。将故障类型映射为 B 细胞,将各种故障征兆映射为抗体种群,用 B 细胞内包含的若干抗体更准确地逼近故障征兆与故障的对应关系,在空间区域的分布上属于同一故障的各种故障征兆发生在这种故障的范围内。采用这种检测器机制不仅解决了故障征兆的混叠使得各故障难以明确区分的问题,而且可以提高故障检测的效率与准确率,提高连续学习的精度。

9.3　研　究　展　望

经过十几年的努力,对免疫系统和智能故障诊断方法进行了深入的研究和探索,得到了许多有益的经验和结论,在此基础上,可在以下几个方面进一步研究和探索:

(1)建立的分层免疫诊断模型中,仅强调了固有提呈细胞在适应性免疫应答中的作用。考虑加入诸多固有免疫细胞的特性,建立一个完整的人工免疫系统结构框架仍然是一个难题,需要更多的研究与突破。

(2)故障定位的核心是建立有效的描述故障传播属性的故障传播模型。对复杂系统中故障的层次性、传播性、延时性和不确定性进行研究,探索用更方便、简单的节点网络结构建立故障传播模型。

(3)检测器的定义中,每一个B细胞都是某种故障的空间映射,其定义的精确度对故障诊断结果具有很大影响。设计一种精确的B细胞产生算法将是对算法进行改进的一个研究重点。

参 考 文 献

[1] Farmer J D, Kauffman S A, Packard N H. Adaptive dynamic networks as models for the immune system and autocatalytic sets. Annals of the New York Academy of Sciences, 1987, 504(1):118-131.

[2] Dasgupta D. Artificial Immune Systems and Their Applications. Berlin: Springer-Verlag, 1999.

[3] De Castro L N, Von Zuben F J. The clonal selection algorithm with engineering applications. Workshop Proceedings of GECCO on Artificial Immune Systems and Their Applications, Las Vegas, 2000, 7:36-37.

[4] Forrest S, Perelson A S, Allen L, et al. Self-nonself discrimination in a computer. Proceedings of the IEEE Symposium on Research in Security and Privacy, Oakland, 1994: 202-212.

[5] Timmis J, Neal M. A resource limited artificial immune system for data analysis. Knowledge-Based Systems, 2001, 14(34):121-130.

[6] De Castro L N, Von Zuben F J. AiNet: An artificial immune network for data analysis. Data Mining: A Heuristic Approach, 2001:231-259.

[7] Ishida Y. Active diagnosis by an immunity-based Agent approach. Proceedings of the 7th International Workshop on Principles of Diagnosis, Val-Morin, 1996:1-10.

[8] 马笑潇, 黄席樾, 柴毅, 等. 免疫 Agent 概念与模型. 控制与决策, 2007, 4(17):509-512.

[9] Costa Branco P J, Dente J A, Vilela Mendes R. Using immunology principles for fault detection. IEEE Transactions on Industrial Electronics, 2003, 4(50):362-372.

[10] Knight T, Timmis J. A multi-layered immune inspired approach to data mining. Proceedings of the 4th International Conference on Recent Advances in Soft Computing, Nottingham, 2002:266-271.

[11] Knight T, Timmis J. A multi-layered immune inspired machine learning algorithm. Applications and Science in Soft Computing, 2003:1-9.

[12] Kim J, Bentley P J. Towards an artificial immune system for network intrusion detection: An investigation of dynamic clonal selection. Proceedings of Congress on Evolutionary Computation, Honolulu, 2002:1015-1020.

[13] 王磊, 潘进, 焦李成. 免疫算法. 电子学报, 2000, 28(7):74-78.

[14] 王磊, 潘进, 焦李成. 免疫规划. 计算机学报, 2000, 23(8):806-812.

[15] 焦李成, 杜海峰. 人工免疫系统进展与展望. 电子学报, 2003, 10(31):1540-1548.

[16] Jerne N K. Towards a network theory of the immune system. Annual Immunology, 1974, 125(12):373-389.

[17] Ishiguro A, Kuboshiki S. Gait control of hexapod walking robots using mutual-coupled immune networks. Advanced Robotics, 1996, 10(2):179-195.

[18] Tang Z, Yamaguchi T, Tashima K, et al. Multiple-valued immune network model and its simulation. Proceedings of the 27th International Symposium on Multiple-valued Logic, Antigonish, 1997:519-524.

[19] Herzenberg L A, Black S J. Regulatory circuits and antibody response. European Journal of Immune, 1980, 10:1-11.

[20] Hunt J E, Cooke D E. Learning using an artificial immune system. Journal of Network and Computer Applications, 1996, 19:189-212.

[21] Greensmith J, Aickelin U, Cayzer S. Introducing dendritic cells as a novel immune-inspired algorithm for anomaly detection. Conference on Interaction Design and Children, Alberta, 2005:153-167.

[22] 杨叔子, 丁洪, 史铁林, 等. 机械设备诊断学的再探讨. 华中理工大学学报, 1991, 19 (A2):1-7.

[23] 朱大奇, 于盛林, 陈小平. 基于故障树分析及虚拟仪器的电子部件故障诊断研究. 仪器仪表学报, 2002, 23(1):16-19.

[24] 师汉民, 陈吉红, 阎兴, 等. 人工神经网络及其在机械工程中的应用. 中国电力, 1996, 29(4):5-10.

[25] 韩炳山, 田玉玲. RS-CSA 在网络故障诊断中的算法研究. 计算机应用与软件, 2014, 31(2):77-81.

[26] Davis R. Diagnostic reasoning based on structure and behavior. Artificial Intelligence, 1984, 24(3):347-410.

[27] Reiter R. A theory of diagnosis from first principle. Artificial Intelligence, 1987, 32 (1):57-96.

[28] Immovilli F, Bianchini C, Cocconcelli M, et al. Currents and vibrations in asynchronous motor with externally induced vibration. Proceedings of the 8th IEEE International Symposium on Diagnostics for Electric Machines, Power Electronics and Drives, Bologna, 2011:580-584.

[29] Hu J H, Liu Y M. Designing and realization of intelligent data mining system based on expert knowledge. IEEE International Conference on Management of Innovation and Technology, Singapore, 2006:380-383.

[30] Yan R Q, Gao R X. Multi-scale enveloping spectrogram for vibration analysis in bearing defect diagnosis. Tribology International, 2009, 42:293-302.

[31] 朱大奇, 于盛林. 基于知识的故障诊断方法综述. 安徽工业大学学报, 2002, 19(3):197-204.

[32] 李伟, 黄席樾. 基于免疫原理的故障诊断推理模型研究. 计算机仿真, 2005, 7(22):111-114.

[33] Kim J, Bentley P J. An artificial immune model for network intrusion detection. 7th

European Conference on Intelligent Techniques and Soft Computing, Aachen, 1999: 1-7.

[34] 刘韬,皮国强. 人工免疫算法在网络入侵检测中的应用. 计算机仿真, 2011, 28(11): 91-95.

[35] 余航,焦李成,刘芳. 基于上下文分析的无监督分层迭代算法用于 SAR 图像分割. 自动化学报, 2014, 40(1): 100-116.

[36] Tarawa I, Koakutsu S, Hirata H. An optimization method based on the immune system. Proceedings of the World Congress on Neural Networks. International Neural Network Society Annual Meeting, San Diego, 1996: 1045-1049.

[37] 戚玉涛,刘芳,常伟远,等. 求解多目标问题的 Memetic 免疫优化算法. 软件学报, 2013, 24(7): 1259-1544.

[38] Reischuk R, Textor J. Stochastic search with locally clustered targets: Learning from T cells. Proceedings of the 10th International Conference on Artificial Immune Systems, Cambridge, 2011: 146-159.

[39] 徐立芳,莫宏伟. 一种免疫控制器在飞轮 BLDCM 中的应用. 华南理工大学学报(自然科学版), 2013, 41(5): 80-86.

[40] 田玉玲,安红梅,杨朋樽. 免疫 Agents 在网络故障诊断方法中的研究. 计算机与数字工程, 2010, 38(3): 41-43.

[41] Christensen A L, O'Grady R, Birattari M, et al. Fault detection in autonomous robots based on fault injection and learning. Autonomous Robots, 2008, 24: 49-67.

[42] Dasgupta D, Forrest S. Artificial immune systems in industrial applications. Intelligent Processing and Manufacturing of Materials, 1999: 257-266.

[43] Ishida Y. Fully distributed diagnosis by PDP learning algorithm: Towards immune network PDP model. Proceedings of the International Joint Conference on Neural Networks, San Diego, 1990: 777-782.

[44] Ishida Y. The immune system as a prototype of autonomous decentralized systems: An overview. 3rd International Symposium on Autonomous Decentralized Systems, Berlin, 1997: 85-92.

[45] Ishiguro A, Watanabe Y, Uchikawa Y. Fault diagnosis of plant systems using immune networks. Proceedings of the IEEE International Conference on Multi-sensor Fusion and Integration for Intelligent Systems, Las Vegas, 1994: 34-42.

[46] Koji W, Takashi T, Hiromitsu H. Fault diagnosis by immunity-based agent network using degree of similarity with specific fault mode. ICIC Express Letters, 2013, 7(6): 1761-1766.

[47] 杜海峰,王孙安. 基于 ART——人工免疫网络的多级压缩机故障诊断. 机械工程学报, 2002, 38(4): 88-90.

[48] 樊友平. 基于细胞免疫应答理论重建故障诊断智能体. 系统仿真学报, 2003, 15: 50-55.

[49] Bradley D, Tyrell A. Immunotronics: Hardware fault tolerance inspired by the immune system. Proceedings of the 3rd International Conference on Evolvable Systems, Berlin: Springer-Verlag, 2000: 11-20.

[50] Koji W, Takashi T, Hiromitsu H. Improving the performance of detection of simultaneous double faults on immunity-based system diagnosis. ICIC Express Letters, Part B: Applications, 2014, 5(1): 83-88.

[51] Calis H, Cakir A, Dandil E. Artificial immunity-based induction motor bearing fault diagnosis. Turkish Journal of Electrical Engineering and Computer Sciences, 2013, 21(1): 1-25.

[52] 刘树林, 张嘉钟, 王日新, 等. 基于免疫系统的旋转机械在线故障诊断. 大庆石油学院学报, 2001, 25(4): 96-100.

[53] 陈文, 李涛, 刘晓洁, 等. 一种基于自体集层次聚类的否定选择算法. 中国科学: 信息科学, 2013, 43(5): 611-625.

[54] 王凌霞, 焦李成, 颜学颖. 利用免疫克隆进行小波域遥感图像变化检测. 西安电子科技大学学报(自然科学版), 2013, 40(4): 108-113.

[55] Gonzalez F A, Dasgupta D. Anomaly detection using real-valued negative selection. Genetic Programming and Evolvable Machine, 2003, 4: 383-403.

[56] Dasgupta D, KrishnaKumar K, Wong D, et al. Negative selection algorithm for aircraft fault detection. Proceedings of 3rd International Conference on Artificial Immune Systems, Catania, 2004: 13-16.

[57] Twycross J, Aickelin U. Towards a conceptual framework for innate immunity. Proceedings of 4th International Conference on Artificial Immune Systems, Banff, 2005: 112-125.

[58] Twycross J. Integrated innate and adaptive artificial immune systems applied to process anomaly detection. Nottingham: University of Nottingham, 2007.

[59] 龚涛. 免疫计算的建模与鲁棒性分析研究. 长沙: 中南大学博士学位论文, 2007.

[60] Gong T, Cai Z X. Tri-tier immune system in anti-virus and software fault diagnosis of mobile immune robot based on normal model. Journal of Intelligent and Robotic Systems, 2008, 51: 187-201.

[61] De Castro L N. Learning and optimization using the clonal selection principle. IEEE Transactions on Evolutionary Computation, Special Issue on Artificial Immune Systems, 2002, 6: 239-251.

[62] 田玉玲. 多层免疫故障诊断模型的研究. 计算机工程与应用, 2008, 44(9): 245-248.

[63] Tian Y L, Yuan X F. Multi-layer model for network fault detection based on artificial

immune. Advanced Materials Research,2011:219-222.

[64] Amaral J L M. Fault detection in analog circuits using a fuzzy dendritic cell algorithm. Proceedings of the 10th International Conference on Artificial Immune Systems,Cambridge,2011:294-307.

[65] Hart E,Davoudani D. An engineering-informed modelling approach to AIS. Proceedings of the 10th International Conference on Artificial Immune Systems,Cambridge,2011:240-253.

[66] Gu F,Greensmith J,Oates R,et al. Pca 4 dca:The application of principal component analysis to the dendritic cell algorithm. Proceedings of the 9th Annual Workshop on Computational Intelligence,Nottingham,2009:352-358.

[67] Chelly Z,Elouedi Z. RC-DCA:A new feature selection and signal categorization technique for the dendritic cell algorithm based on rough set theory. Proceedings of the 11th International Conference on Artificial Immune Systems,Taormina,2012:152-165.

[68] Gu F,Feyereisl J,Oates R,et al. Quiet in class:Classification, noise and the dendritic cell algorithm. Proceedings of the 10th International Conference on Artificial Immune Systems,Cambridge,2011:173-186.

[69] Germain R N. An innately interesting decade of research in immunology. Nature Medicine,2004,10(12):1307-1320.

[70] 周光炎. 免疫学原理. 上海:上海科学技术文献出版社,2003.

[71] Hofmeyr S A. An interpretative introduction to the immune system. Design Principles for the Immune System and Other Distributed Autonomous Systems,2001,3:28-36.

[72] Parslow T G,Stites D P,Terr A L,et al. Medical Immunology (影印版). 北京:科学出版社,2006.

[73] Gonzalez F A. A study of artificial immune systems applied to anomaly detection. Memphis:University of Memphis,2003.

[74] Ayara M O. An immune-inspired solution for adaptable error detection in embedded systems. Canterbury:The University of Kent,2005.

[75] Forrest S,Hofmeyr S A. Immunology as information processing. Design Principles for the Immune System and Other Distributed Autonomous Systems,2000:361-387.

[76] 莫宏伟. 基于人工免疫网络的联想记忆器. 自动化技术与应用,2002,1:18-20.

[77] 肖人彬,王磊. 人工免疫系统:原理、模型、分析及展望. 计算机学报,2002,12:1281-1291.

[78] Wang L,Jiao L C. An immune neural network used for classification. Proceedings of the IEEE International Conference on Data Mining,San Jose,2001:856-861.

[79] De Castro L N,Von Zuben F J. Immune and neural network models:Theoretical and empirical comparisons. International Journal of Computational Intelligence and Appli-

cations,2001,1(3):239-257.

[80] 佘喜萍,田玉玲.基于 GAIS-BP 网络在故障诊断中的应用.计算机工程与设计,2014,35(2):681-685.

[81] 曾夏玲,余敏,彭雅丽,等.基于免疫和模糊综合评判的入侵检测模型研究.计算机应用,2007,9(27):2163-2166.

[82] 符海东,袁细国.基于双层防护体系结构的人工免疫模型.计算机工程,2008,1(34):178-180.

[83] Swimmer M. Using the danger model of immune systems for distributed defense in modern data networks. Computer Networks,2006,9:1-19.

[84] Dasgupta D, Gonzalez F. An immunity-based technique to characterize intrusions in computer networks. IEEE Transactions on Evolutionary Computation, 2002, 6 (3): 281-291.

[85] 姚云志,田玉玲.改进的基于人工免疫的入侵检测模型.计算机应用与软件,2014,31(1):308-310.

[86] Tian Y L, An H M, Wang J. Research on immune agents FOF network fault diagnosis. Proceedings of the 4th International Symposium on Knowledge Acquisition and Modeling,Sanya,2011:73-76.

[87] 田玉玲,任正坤.模糊免疫算法在电路故障诊断中的应用研究.太原理工大学学报,2012,43(3):353-357.

[88] Tian Y L. Application of fuzzy immune algorithm in fault diagnosis for circuits. Journal of Information and Computational Science,2013,10(14):4359-4366.

[89] Gao S C. A multi-learning immune algorithm for numerical optimization. IEICE Transactions on Fundamentals of Electronics, Communications and Computer Sciences, 2015,98(1):362-377.

[90] KrishnaKumar K. Immunized neuro control:Concepts and initial results combinations of genetic algorithms and neural networks. International Workshop,1992,2:146-168.

[91] Mitsumoto N,Fukuta T. Control of the distributed autonomous robotic system based on the biologically inspired immunological architecture. IEEE International Conference on Robotics and Automation,Albuquerque,1997,4:3551-3556.

[92] Takahashi K,Yamada T. A self-tuning immune feedback control for controlling mechanical systems. Proceedings of IEEE Conference on Advanced Intelligent Mechatronics,Tokyo,1997:101-107.

[93] Dasgupta D. An artificial immune system as a multi-agent decision support system. Proceedings of the IEEE International Conference on Systems, Man and Cybernetics, San Diego,1998:3816-3820.

[94] Kim J. Tuning of a PID controller using immune network model and fuzzy set. Proceedings of the IEEE International Symposium on Industrial Electronics, Pusan, 2001, 3:1656-1661.

[95] Hunt J E, Cooke D E. Recognizing promoter sequences using all artificial immune system. Proceedings of Intelligent Systems in Molecular Biology, Cambridge, 1995:89-97.

[96] De Castro L N, Von Zuben F J. Clonal selection algorithm. Proceedings of the Genetic and Evolutionary Computation Conference, Las Vegas, 2000:36-37.

[97] Hunt J E, Timmis J. Jisys: Development of an artificial immune system for real world applications. Artificial Immune Systems and Their Applications, 1998:157-186.

[98] Ahmad W, Narayanan A. Principles and methods of artificial immune system vaccination of learning systems. Proceedings of the 10th International Conference on Artificial Immune Systems, Cambridge, 2011:268-281.

[99] Tian Y L, Ren P. A clustering model inspired by humoral immunity. Proceedings of International Workshop on Intelligent Systems and Applications, Wuhan, 2009, 5:110-113.

[100] Ishida Y, Adachi N. Active noise control by an immune Algorithm: Adaptation in immune system as an evolution. Proceedings of the IEEE International Conference on Evolutionary Computation, Nagoya, 1996:150-153.

[101] Dasgupta D, Nine F. A comparison of negative and positive selection algorithm in novel pattern detection. Proceedings of the IEEE International Conference on Systems, Man and Cybernetics, Nashville, 2000:8-11.

[102] Chum J S, Lim J P. Optimal design of synchronous motor with parameter correction using immune algorithm. Proceedings of International Electric Machines and Drivers Conference, Milwaukee, 1997, 2:21-23.

[103] Tasswa I, Koakusu S. An evolutionary optimization based on the immune system and its application to the VLSI floor plan design problem. Electrical Engineering, 1998, 122(2):30-37.

[104] Dasgupta D, Attoh-Okine N. Immunity-based systems: A survey. Proceedings of the International Conference on Systems, Man and Cybernetics, Orlando, 1997, 1:869-874.

[105] 戚玉涛, 刘芳, 刘静乐, 等. 基于免疫算法和 EDA 的混合多目标优化算法. 软件学报, 2013, 24(10):2251-2266.

[106] 孙奕菲, 焦李成, 公茂果, 等. 基于和谐管理理论的免疫信息网络优化算法. 控制与决策, 2013, 28(3):374-378.

[107] Kim J, Bentley P J. Towards an artificial immune system for network intrusion detection: An investigation of clonal selection with a negative selection operator. Procee-

dings of the Congress on Evolutionary Computation, Seoul, 2001, 2: 1244-1252.

[108] D' Haeseleer P, Forrest S, Helman P. An immunological approach to change detection algorithms: Analysis and implications. The IEEE Symposium on Security and Privacy, 1996:110-119.

[109] De Castro L N, Timmis J. Artificial immune systems as a novel soft computing paradigm. Soft Computing, 2003, 7(8): 526-544.

[110] Stepney S, Smith R, Timmis J, et al. Towards a conceptual framework for artificial immune systems. Proceedings of the 3rd International Conference on Artificial Immune Systems, Catania, 2004: 53-64.

[111] Stepney S, Smith R, Timmis J, et al. Conceptual frameworks for artificial immune systems. International Journal of Unconventional Computing, 2005, 1(3): 315-338.

[112] Hart E, Timmis J. Application areas of AIS: The past, the present and the future applied soft computing. Applied Soft Computing, 2008, 8: 191-201.

[113] Polat K, Gunes S. Computer aided medical diagnosis system based on principal component analysis and artificial immune recognition system classifier algorithm. Expert Systems with Applications, 2008, 34: 773-779.

[114] Watkins A B, Timmis J, Boggess L. Artificial immune recognition system (AIRS): An immune-inspired supervised learning algorithm. Genetic Programming and Evolvable Machines, 2004, 5: 291-317.

[115] Timmis J, Andrews P, Owens N, et al. New perspectives on artificial immune systems. Proceedings of the 6th International Conference on Artificial Immune Systems, Banff, 2007: 6-23.

[116] Timmis J, Hone A N W, Stibor T, et al. Theoretical advances in artificial immune systems. Theoretical Computer Science, 2008: 11-32.

[117] 薛景文, 田玉玲. 基于改进克隆选择算法的云计算任务调度算法. 计算机应用与软件, 2013, 30(5): 167-170.

[118] 田玉玲, 薛景文. 基于基因重组的克隆选择算法. 计算机应用与软件, 2013, 30(10): 308-311.

[119] Matzinger P. Tolerance, danger, and the extended family. Annual Review of Immunology, 1994: 12: 991-1045.

[120] Matzinger P. Friendly and dangerous signals: Is the tissue in control? Nature Immunology, 2007, 8(1): 11-13.

[121] Matzinger P. The danger model: A renewed sense of self. Science, 2002, 296(5566): 301-305.

[122] Greensmith J, Aickelin U. Dendritic cells for SYN scan detection. Proceedings of the Genetic and Evolutionary Computation Conference, London, 2007: 49-56.

[123] Tian Y L. Multi-layer immune model for fault diagnosis. 2nd International Conference on Bioinformatics and Biomedical Engineering, Shanghai, 2008: 1939-1942.

[124] 田玉玲, 袁兴芳, 张志惠. 基于免疫原理的网络故障多层检测模型. 计算机工程, 2011, 37(24): 263-265.

[125] Tian Y L. On diagnosis prototype system for motor faults based on immune model. International Conference on Business Intelligence and Financial Engineering, Beijing, 2009: 126-129.

[126] Banchereau J, Briere F, Caux C, et al. Immunobiology of dendritic cells. Annual Review of Immunology, 2000, 18: 767-811.

[127] Greensmith J. The dendritic cell algorithm. Nottingham: University of Nottingham, 2007.

[128] Tian Y L, Li H. Network fault detection using immune danger model. 24th Chinese Control and Decision Conference, Taiyuan, 2012: 1293-1296.

[129] Gu F. Theoretical and empirical extensions of the dendritic cell algorithm. Nottingham: University of Nottingham, 2011.

[130] Kim J, Bentley P J, Wallenta C. Danger is ubiquitous: Detecting malicious activities in sensor networks using the dendritic cell algorithm. Proceedings of the 5th International Conference on Artificial Immune Systems, Oeiras, 2006: 390-403.

[131] Liu S, Ke J. Method of locating anomaly source in software system based on dendritic cell algorithm. Applied Mechanics and Materials, 2014, 556: 6255-6258.

[132] Mosmann T R, Livingstone A M. Dendritic cells: The immune information management experts. Nature Immunology, 2004. 5(6): 564-566.

[133] Lutz M B, Schuler G. Immature, semi-mature and fully mature dendritic cells: Which signals induce tolerance or immunity? Trends in Immunology, 2002, 23(9): 991-1045.

[134] Aickelin U, Cayzer S. The danger theory and its application to artificial immune systems. Proceedings of the 1st International Conference on Artificial Immune Systems, Canterbury, 2002: 141-148.

[135] Aickelin U, Bentley P, Cayzer S. Danger theory: The link between AIS and IDS? Proceedings of the 2nd International Conference on Artificial Immune Systems, Canterbury, 2003: 147-155.

[136] 张伟, 田玉玲. 一种改进的树突状细胞算法及其性能稳定性实验. 计算机应用与软件, 2013, 30(10): 147-150.

[137] 田玉玲. 面向异常检测的时间序列树突状细胞算法. 西安电子科技大学(自然科学版), 2014, 41(4): 144-150.

[138] Strobach P. The fast recursive row-householder subspace tracking algorithm. Signal Processing, 2009, 89(12): 2514-2528.

[139] Bassevilleand M, Nikiforov I V. Detection of Abrupt Changes: Theory and Applica-

tion. Upper Saddle River：Prentice Hall，1993.

[140] 李桂玲，王元珍，杨林权. 基于 SAX 的时间序列相似性度量方法. 计算机应用研究，2012，29(3)：893-896.

[141] Watkins A B. Exploiting immunological metaphors in the development of serial，parallel，and distributed learning algorithms. Canterbury：The University of Kent，2005.

[142] Kim J，Bentley P J. Immune memory in the dynamic clonal selection algorithm. Proceedings of the 1st International Conference on Artificial Immune Systems，Canterbury，2002：1-9.

[143] Kim J，Bentley P J. Immune memory and gene library evolution in the dynamic clonal selection algorithm. Genetic Programming and Evolvable Machines，2004，5：361-391.

[144] 田玉玲. 双重免疫学习机制在故障诊断中的应用. 南京航空航天大学学报，2013，45(4)：544-549.

[145] Tian Y L，Liu Y H. Research on dynamic clonal selection algorithm combined with artificial fish school. Applied Mechanics and Materials，2011：552-556.

[146] Tian Y L，Wang F. Research on artificial immune algorithm based on controllable optimal objectives. International Conference on Computer Application and System Modeling，Taiyuan，2010：2119-2122.

[147] 杨进，刘晓洁，李涛. 人工免疫系统中变异算法研究. 计算机工程，2007，17(33)：37-39.

[148] 刘丽珏，蔡自兴，唐琎. 采用粒子群优化的免疫克隆算法. 计算机应用，2006，26(4)：886-954.

[149] Tian Y L. Study on the topological structure of the particle swarm algorithm. Journal of Computational Information Systems，2013，9(7)：2737-2745.

[150] 张志惠，田玉玲，刘宇浩. 基于克隆扩增策略的免疫算法. 计算机应用研究，2010，27(11)：4067-4071.

[151] 张志惠，田玉玲，袁兴芳. 基于分级记忆策略的免疫算法. 计算机工程，2011，37(18)：201-203.

[152] 严宣辉. 应用疫苗接种策略的免疫入侵检测模型. 电子学报，2009，37(4)：780-785.

[153] 刘若辰，贾建，赵梦玲，等. 一种免疫记忆动态克隆策略算法. 控制理论与应用，2007，25(4)：777-784.

[154] 刘若辰，杜海峰，焦李成. 一种免疫单克隆策略算法. 电子学报，2004，32(11)：1880-1884.

[155] De Castro L N，Timmis J. Artificial Immune Systems：A New Computational Intelligence Approach. Berlin：Springer-Verlag，2002.

[156] Hofmeyr S A. An immunological model of distributed detection and its application to computer security. Albuquerque：University of New Mexico，1999.

[157] 王亮只. 实值空间动态克隆选择算法研究. 哈尔滨:哈尔滨理工大学硕士学位论文,2009.

[158] 张文修,梁怡. 遗传算法的数学基础. 西安:西安交通大学出版社,2000.

[159] Deb S,Pattipati K R,Raghavan V,et al. Multi-signal flow graphs:A novel approach for system testability analysis and fault diagnosis. IEEE Aerospace and Electronics Magazine,1995,10(5):14-25.

[160] Watanabe Y,Ishiguro A,Shirai Y. Emergent construction of behavior arbitration mechanism based on the immune system. Proceedings of the International Conference on Electronic Commerce,Anchorage,1998:481-486.

[161] Farmer J D,Packard N H,Perelson A S. The immune system,adaptation,and machine learning. Physica,1986,22:187-204.

[162] Kokawa M,Miyazaki S,Shingai S. Failure propagating simulation and nonfailure paths search in network systems. Automatica,1982:335-341.

[163] 沈标正. 电机故障诊断技术. 北京:机械工业出版社,1996.